付强 傅静涛 ◎著

物联网系统开发

从0到1构建IoT平台

第2版

机械工业出版社
CHINA MACHINE PRESS

图书在版编目（CIP）数据

物联网系统开发：从 0 到 1 构建 IoT 平台 / 付强，傅静涛著. -- 2 版. -- 北京：机械工业出版社，2025.4. （物联网技术丛书）. -- ISBN 978-7-111-78039-7

Ⅰ. TP393.4；TP18

中国国家版本馆 CIP 数据核字第 2025LP4167 号

机械工业出版社（北京市百万庄大街 22 号　邮政编码 100037）
策划编辑：杨福川　　　　　　　　　责任编辑：杨福川　李　艺
责任校对：颜梦璐　杨　霞　景　飞　责任印制：张　博
北京铭成印刷有限公司印刷
2025 年 6 月第 2 版第 1 次印刷
186mm×240mm・19.5 印张・433 千字
标准书号：ISBN 978-7-111-78039-7
定价：99.00 元

电话服务　　　　　　　　网络服务
客服电话：010-88361066　机 工 官 网：www.cmpbook.com
　　　　　010-88379833　机 工 官 博：weibo.com/cmp1952
　　　　　010-68326294　金 书 网：www.golden-book.com
封底无防伪标均为盗版　　机工教育服务网：www.cmpedu.com

Preface 前　言

为什么要写这本书

2011年我在硅谷的时候，曾经参与设计和开发了一个物联网平台。这个平台的目的是为各种物联网设备提供统一的通信接口，以及提供数据存储和分析功能，降低物联网设备商的开发和运营成本。不过，由于物联网设备的异构性太强，同时平台的愿景过于超前，而当时物联网应用的发展包括资本的投入都远不及现在，这个项目不得不半路中止。

2015年，我在国内和朋友联合创办了一家物联网相关的公司。为了支持公司的硬件产品，我们开发了一个提供统一通信和数据服务的物联网平台，不过吸取了之前的教训，这个平台只对同一组织（公司）里的多个产品提供支持。当时各大云服务商，比如阿里云，提供了非常成熟的物联网套件，我们将这些物联网套件中的一些功能移植到了自研的物联网平台上。这个平台从技术层面很好地支持了公司从0到1、从1到N持续盈利的全流程。

在这个过程中我遇到过一些问题，也总结出一些非常有用的经验。在此期间，我也加入了一些物联网开发者的社区。在日常的技术交流里，我发现一些开发人员对常用的物联网协议的理解是有问题的，对一些功能应该在协议层面实现还是在业务层面实现不是很清楚。我曾在互联网上搜索过相关的技术文章，发现系统性讲解协议的规范和特性的文章非常少，不是只对一两个功能进行介绍，就是只翻译协议规范，缺乏代码示例。

在这种情况下，我在GitChat的专栏写了我的第一篇文章《MQTT协议快速入门》，详细地讲解了物联网应用中最常见的MQTT协议的规范和特性，并对每一个特性附以丰富的代码示例。

加入专栏文章的读者交流群后，我又发现读者还有很多关于设计、业务架构的疑问，深入理解MQTT协议并不能解决这些问题。这让我意识到，物联网应用开发并不像Web开发那样有成熟的设计模式和框架可以使用，开发者往往都是从协议级别开始往上搭，重复地造轮子。

因此，我觉得有必要把我们在开发物联网平台中遇到的困难和总结的经验分享出来，从协议开始讲起，再覆盖物联网后台开发中常见的设计模式和最佳实践，让其他的物联网开发者少走一些弯路，少造一些轮子，进而更快速、更高效地上线自己的产品。

读者对象

- 物联网应用开发人员
- 物联网架构师
- 物联网平台开发人员
- 对物联网感兴趣的开发人员
- 有一定经验的 IM 平台、移动推送平台开发人员
- 渴望学习更多物联网实际开发经验的人员

如何阅读本书

本书涵盖物联网应用开发 80% 的场景，理论和实战并重。本书内容分为三大部分。

第一部分（第 1 ~ 2 章）为物联网基础知识介绍，涵盖物联网的概念和常用协议。

第二部分（第 3 ~ 6 章）为 MQTT 协议详解，通过详尽的示例代码对 MQTT 3.1.1 和 MQTT 5.0 协议的规范和特性进行讲解。

第三部分（第 7 ~ 14 章）为物联网平台开发实战，从零开始用开源的组件搭建一个名为 Maque IotHub 的物联网平台，在这个过程中讲解物联网后台开发中常见的设计模式和最佳实践。

本书最后补充有结语与附录。结语总结了本书讲到的相关系统与知识体系，附录介绍了运行 Maque IotHub 的方法和步骤。

如果你对 MQTT 协议已经非常了解，可以直接从第三部分开始看起，第二部分可作为协议规范参考指南。

如果你是一名初学者，请务必从第 1 章的基础知识开始学习。

勘误和支持

由于作者的水平有限，书中难免会出现一些错误或者不准确的地方，恳请读者批评指正。书中大量的实例代码都可以从我的 GitHub 站点（https://github.com/sufish）下载。你也可以关注我在 GitChat 的专栏（https://gitbook.cn/gitchat/author/59ed8409991df70ecd5a0f8f），并加入专栏读者群进行交流。如果你有更多的宝贵意见，也欢迎发邮件到 yfc@hz.cmpbook.com。

期待能够得到你们的真挚反馈。

致谢

  首先要感谢 EMQX 的开发者和贡献者，开发和维护一款强大的开源 MQTT Broker 非常不易。

  感谢 GitChat 提供平台并促成了本书的出版。

  感谢在写作过程中很多人的支持与帮助，他们是：赵华振、李斌锋、邓斌、戚祥、于伟、皮文星、陈育春、陆正武、虞晓东、张恒汝、高喆、刘威、刘冉、付志涛、宗杰、王大平、李振捷、李波、张鹏、管西京、闫芳、王玉芹、王秀明、杨振珂。

  感谢公司的全体同人，大家的共同努力才给我提供了一个能够实践自己想法的机会。

  最后感谢关心我的家人，尤其是我的妻子和女儿，她们的支持是我完成本书的动力！

  谨以此书献给我最亲爱的家人，以及广大物联网开发者！

付　强

目录 Contents

前言

第一部分 物联网基础

第1章 什么是物联网 ……… 2
1.1 物联网和人工智能 ……………… 3
1.2 物联网的现状与前景 …………… 4

第2章 常见的物联网协议 ……… 6
2.1 MQTT 协议 …………………… 6
2.2 MQTT-SN 协议 ………………… 7
2.3 CoAP ………………………… 8
2.4 LwM2M 协议 ………………… 9
2.5 HTTP ………………………… 9
2.6 LoRaWAN 协议 ……………… 9
2.7 NB-IoT 协议 ………………… 10
2.8 本章小结 ……………………… 10

第二部分 MQTT 协议详解与实战

第3章 MQTT 协议基础 ……… 13
3.1 MQTT 协议的通信模型 ……… 13

3.2 MQTT 的不同版本 …………… 14
3.3 MQTT Client …………………… 14
3.4 MQTT Broker ………………… 16
3.5 MQTT 协议数据包格式 ……… 17
3.6 本章小结 ……………………… 19

第4章 MQTT 3.1.1 协议详解 … 20
4.1 建立到 Broker 的连接 ………… 20
  4.1.1 CONNECT 数据包 ……… 20
  4.1.2 CONNACK 数据包 ……… 23
  4.1.3 关闭连接 ………………… 25
  4.1.4 代码实践 ………………… 26
4.2 订阅与发布 …………………… 29
  4.2.1 PUBLISH 数据包 ……… 30
  4.2.2 代码实践：发布消息 …… 32
  4.2.3 订阅一个主题 …………… 32
  4.2.4 代码实践：订阅主题 …… 35
  4.2.5 取消订阅 ………………… 37
4.3 QoS 及其最佳实践 …………… 40
  4.3.1 MQTT 协议中的 QoS 等级 … 40
  4.3.2 QoS0 ……………………… 40
  4.3.3 QoS1 ……………………… 41

		4.3.4	QoS2 ………………………… 42
		4.3.5	代码实践：使用不同的 QoS 发布消息 ………………… 45
		4.3.6	实际的 QoS ………………… 48
		4.3.7	QoS 的最佳实践 …………… 48
	4.4	Retained 消息和 LWT …………… 49
		4.4.1	Retained 消息 ……………… 49
		4.4.2	代码实践：发布和接收 Retained 消息 ……………… 50
		4.4.3	LWT ………………………… 52
		4.4.4	代码实践：监控 Client 连接状态 …………………… 52
	4.5	Keep Alive 与连接保活 …………… 54
		4.5.1	Keep Alive ………………… 54
		4.5.2	代码实践 …………………… 56
		4.5.3	连接保活 …………………… 57
	4.6	本章小结 ………………………… 59

第 5 章　MQTT 5.0 协议详解 ………… 60

	5.1	协议包内容扩展 ………………… 60
		5.1.1	属性集 ……………………… 60
		5.1.2	原因码 ……………………… 60
	5.2	更完善的连接管理 ……………… 63
		5.2.1	获取 MQTT Broker 的连接属性 ……………………… 63
		5.2.2	代码实践：建立 MQTT 5.0 连接 ……………………… 65
		5.2.3	Client 主动断开连接 ……… 65
		5.2.4	代码实践：主动断开连接，触发遗愿机制 …………… 66
		5.2.5	Broker 主动断开连接 ……… 67

		5.2.6	代码实践：处理客户端标识符冲突 …………………… 67
	5.3	更完善的会话管理 ……………… 68
		5.3.1	清理会话启动 ……………… 69
		5.3.2	会话过期时间 ……………… 69
		5.3.3	代码实践：在 CONNECT 数据包中设定会话过期时间 … 70
		5.3.4	代码实践：在 DISCONNECT 数据包中更新会话过期时间 … 70
	5.4	新增消息过期机制 ……………… 71
		5.4.1	消息过期时间 ……………… 71
		5.4.2	代码实践：发布带有过期时间的消息 ………………… 72
	5.5	协议级别支持共享订阅 ………… 73
		5.5.1	如何使用共享订阅 ………… 73
		5.5.2	代码实践：使用共享订阅 … 74
		5.5.3	代码实践：使用带通配符的共享订阅 ………………… 75
		5.5.4	代码实践：多个共享订阅组 … 76
	5.6	数据包可携带用户属性 ………… 77
		5.6.1	为什么要引入用户属性 …… 77
		5.6.2	典型的使用场景 …………… 78
	5.7	可声明消息体格式 ……………… 79
		5.7.1	为什么要声明消息体格式 … 79
		5.7.2	如何声明消息体格式 ……… 79
		5.7.3	代码实践：发布带有消息体格式的消息 ……………… 79
	5.8	可设置主题别名 ………………… 80
		5.8.1	主题名映射 ………………… 81
		5.8.2	代码实践：使用主题别名 … 81
	5.9	新增请求 / 响应模式 …………… 82

5.9.1	MQTT 5.0 之前的解决方案 ……	82
5.9.2	MQTT 5.0 的解决方案 ……………	83
5.9.3	代码实践：使用请求 / 响应模式进行数据交互 …………………	84
5.10	订阅时可指定订阅标识符 ………	85
5.10.1	订阅标识符 …………………	85
5.10.2	代码实践：使用订阅标识符 …………………………	85
5.11	更完善的订阅选项 ………………	86
5.11.1	QoS 等级选项 ………………	87
5.11.2	非本地选项 …………………	87
5.11.3	保留 Retain 标识符选项 ……	87
5.11.4	保留消息处理选项 …………	87
5.11.5	代码实践：设置非本地选项 …………………………	87
5.11.6	代码实践：设置保留 Retain 标识符选项 ………………	88
5.11.7	代码实践：设置保留消息处理选项 …………………	89
5.12	更完善的认证机制 ………………	91
5.13	本章小结 …………………………	92

第 6 章 MQTT 协议实战 …………… 93

6.1	"AI+IoT" 项目实战 ………………	93
6.1.1	用 TensorFlow 在 Android 系统上进行物体识别 …………	93
6.1.2	如何在 MQTT 协议里传输大文件 …………………………	94
6.1.3	消息去重 ……………………	95
6.1.4	最终的消息数据格式 ………	95
6.1.5	代码实践：上传识别结果 …	95
6.1.6	在浏览器中运行 MQTT Client ………………………	97
6.1.7	代码实践：接收识别结果 ……	97
6.1.8	搭建私有 MQTT Broker ……	98
6.1.9	传输层安全 …………………	100
6.2	MQTT 常见问题解答 ……………	101
6.3	开发物联网应用，学会 MQTT 协议就够了吗 …………………	101
6.4	本章小结 …………………………	103

第三部分 实战：从零开始搭建一个 IoT 平台

第 7 章 准备工作台 ………………… 107

7.1	安装需要的组件 …………………	107
7.2	Maque IotHub 的组成部分 ……	108
7.3	项目结构 …………………………	109
7.3.1	IotHub Server ……………	109
7.3.2	IotHub DeviceSDK ………	109
7.4	本章小结 …………………………	111

第 8 章 设备生命周期管理 ………… 112

8.1	设备注册 …………………………	112
8.1.1	设备三元组 …………………	112
8.1.2	EMQX 的认证方式 …………	113
8.1.3	设备接入流程 ………………	117
8.1.4	Server API：设备注册 ……	118
8.1.5	调整 EMQX 配置 ……………	120
8.1.6	修改 DeviceSDK ……………	121
8.1.7	Server API：设备信息查询 ………………………	122

8.1.8　Server API：获取接入 IotHub
　　　　　　的一次性密码（JWT）··········123
　　　8.1.9　完善细节·····················125
　8.2　设备连接状态管理·····················127
　　　8.2.1　Poor man's Solution ············127
　　　8.2.2　使用 EMQX 的解决方案·······128
　　　8.2.3　管理设备的连接状态···········132
　8.3　设备的禁用与删除·····················136
　　　8.3.1　禁用设备·····················136
　　　8.3.2　删除设备·····················141
　8.4　设备权限管理·························142
　　　8.4.1　为什么要控制 Publish 和
　　　　　　Subscribe 权限················142
　　　8.4.2　EMQX 的 ACL 功能···········142
　　　8.4.3　集成 EMQX 的 ACL 功能······146
　8.5　给 IotHub 加一点扩展性···············148
　　　8.5.1　EMQX 的纵向扩展············148
　　　8.5.2　EMQX 的横向扩展············149
　8.6　本章小结·····························151

第 9 章　上行数据处理·····················152

　9.1　选择一个可扩展的方案···············152
　　　9.1.1　完全基于 MQTT 协议的方案···153
　　　9.1.2　基于 WebHook 的方案·········154
　　　9.1.3　数据格式·····················155
　　　9.1.4　主题名规划···················156
　　　9.1.5　上行数据存储·················156
　　　9.1.6　通知业务系统·················157
　　　9.1.7　上行数据查询·················157
　　　9.1.8　上行数据处理流程·············157
　9.2　实现上行数据处理功能···············158

　　　9.2.1　DeviceSDK 的功能实现········158
　　　9.2.2　IotHub Server 的功能实现······160
　　　9.2.3　代码联调·····················162
　　　9.2.4　通知业务系统·················164
　　　9.2.5　Server API 历史消息查询······167
　9.3　设备状态上报·························168
　　　9.3.1　设备状态·····················168
　　　9.3.2　DeviceSDK 的实现············169
　　　9.3.3　IotHub Server 的实现·········169
　　　9.3.4　Server API：查询设备状态·····171
　　　9.3.5　代码联调·····················172
　　　9.3.6　为何不用 Retained 消息········172
　9.4　时序数据库···························173
　　　9.4.1　时序数据·····················173
　　　9.4.2　时序数据库概述···············174
　　　9.4.3　收集设备连接状态变化的
　　　　　　数据··························174
　9.5　本章小结·····························177

第 10 章　下行数据处理····················178

　10.1　选择一个可扩展的方案··············179
　　　10.1.1　完全基于 MQTT 协议的
　　　　　　 方案·························179
　　　10.1.2　基于 EMQX RESTful API 的
　　　　　　 方案·························180
　　　10.1.3　下行数据格式················180
　　　10.1.4　主题名规划··················181
　　　10.1.5　如何订阅主题················182
　　　10.1.6　设备端消息去重··············182
　　　10.1.7　指令回复····················183
　10.2　DeviceSDK 端的实现················183

10.2.1　消息去重……………………183
　　10.2.2　提取元数据…………………184
　　10.2.3　处理指令……………………185
　　10.2.4　回复指令……………………186
10.3　服务端的实现…………………………187
　　10.3.1　更新 ACL 列表………………187
　　10.3.2　EMQX 发布功能……………187
　　10.3.3　Server API：发送指令………188
　　10.3.4　Broker 自动订阅……………189
　　10.3.5　通知业务系统………………190
　　10.3.6　代码联调……………………192
10.4　本章小结………………………………195

第 11 章　IotHub 的高级功能…………196

11.1　RPC 式调用……………………………196
　　11.1.1　主题规划……………………197
　　11.1.2　等待指令回复………………198
　　11.1.3　服务端实现…………………198
　　11.1.4　Server API：发送 RPC 指令…200
　　11.1.5　更新设备 ACL 列表…………201
　　11.1.6　更新服务器订阅列表………201
　　11.1.7　DeviceSDK 端实现…………202
　　11.1.8　代码联调……………………203
11.2　设备数据请求…………………………204
　　11.2.1　更新设备 ACL 列表…………205
　　11.2.2　服务端实现…………………206
　　11.2.3　DeviceSDK 端实现…………207
　　11.2.4　代码联调……………………207
11.3　NTP 服务………………………………209
　　11.3.1　IotHub 的 NTP 服务…………209
　　11.3.2　DeviceSDK 端实现…………210

　　11.3.3　服务端实现…………………211
　　11.3.4　代码联调……………………212
11.4　设备分组………………………………212
　　11.4.1　功能设计……………………213
　　11.4.2　服务端实现…………………215
　　11.4.3　DeviceSDK 端实现…………218
　　11.4.4　代码联调……………………221
11.5　M2M 设备间通信……………………223
　　11.5.1　主题名规划…………………223
　　11.5.2　服务端实现…………………224
　　11.5.3　DeviceSDK 端实现…………225
　　11.5.4　代码联调……………………225
11.6　OTA 升级………………………………227
　　11.6.1　功能设计……………………227
　　11.6.2　服务端实现…………………229
　　11.6.3　DeviceSDK 端实现…………233
　　11.6.4　代码联调……………………235
11.7　设备影子………………………………238
　　11.7.1　什么是设备影子……………238
　　11.7.2　设备影子的数据结构………238
　　11.7.3　设备影子的数据流向………239
　　11.7.4　服务端实现…………………241
　　11.7.5　DeviceSDK 端实现…………246
　　11.7.6　代码联调……………………248
11.8　本章小结………………………………250

第 12 章　扩展 EMQX Broker…………251

12.1　EMQX 的插件系统……………………251
　　12.1.1　Erlang 语言…………………252
　　12.1.2　安装编译工具………………252
12.2　我们会用到的 Erlang 特性……………253

12.2.1　Erlang 简介 ············· 253
　　12.2.2　变量和赋值 ············· 254
　　12.2.3　特殊的 Erlang 数据类型 ····· 255
　　12.2.4　模式匹配 ············· 255
　　12.2.5　模块与函数 ············ 256
　　12.2.6　宏定义 ·············· 257
　　12.2.7　OTP ················ 257
12.3　搭建开发和编译环境 ·········· 257
　　12.3.1　使用插件模板 ·········· 257
　　12.3.2　代码结构 ············· 257
　　12.3.3　编译和打包 ············ 260
12.4　实现基于 RabbitMQ 的 Hook
　　　插件：emqx_rabbitmq_plugin ···· 260
　　12.4.1　插件配置文件 ·········· 260
　　12.4.2　建立 RabbitMQ 的连接池 ··· 261
　　12.4.3　处理 client.connected 事件 ··· 263
　　12.4.4　处理 client.disconnected
　　　　　 事件 ················ 263
　　12.4.5　处理 message.publish 事件 ··· 264
12.5　使用 emqx_rabbitmq_plugin
　　　插件 ···················· 265
　　12.5.1　安装和启用插件 ········· 265
　　12.5.2　测试插件 ············· 266
　　12.5.3　管理插件配置 ·········· 267
　　12.5.4　集成 emqx_rabbitmq_plugin
　　　　　 插件 ················ 268
　　12.5.5　IotHub 的全新架构 ······· 269
12.6　本章小结 ················ 270

第 13 章　集成 CoAP ············ 271

13.1　CoAP 简介 ··············· 271

　　13.1.1　CoAP 的消息模型 ········ 272
　　13.1.2　CoAP 的请求 / 响应机制 ···· 272
　　13.1.3　CoAP OBSERVE ········· 273
　　13.1.4　CoAP HTTP 网关 ········ 273
13.2　集成 CoAP 到 IotHub ········· 274
　　13.2.1　EMQX 的 CoAP 网关 ······ 274
　　13.2.2　设备发起连接 ·········· 277
　　13.2.3　设备上报数据 ·········· 279
　　13.2.4　设备发送心跳 ·········· 280
　　13.2.5　设备主动断开连接 ········ 281
13.3　本章小结 ················ 282

**第 14 章　使用其他语言扩展
　　　　　EMQX** ············· 283

14.1　EMQX 的 gRPC 钩子 ········· 283
14.2　gRPC 简介 ··············· 284
14.3　基于 EMQX 的 gRPC 钩子实现
　　　插件功能 ················· 284
　　14.3.1　ExHook 的服务定义 ······ 284
　　14.3.2　代码结构 ············· 286
　　14.3.3　OnProviderLoaded 接口 ···· 287
　　14.3.4　OnClientConnected 接口 ···· 288
　　14.3.5　OnClientDisconnected
　　　　　 接口 ················ 290
　　14.3.6　OnMessagePublish 接口 ···· 290
14.4　启用 emqx_rabbitmq_node_
　　　plugin ··················· 293
14.5　本章小结 ················ 294

结语　我们学到了什么 ············ 295

附录 A　如何运行 Maque IotHub ····· 299

第一部分 *Part 1*

物联网基础

- 第 1 章 什么是物联网
- 第 2 章 常见的物联网协议

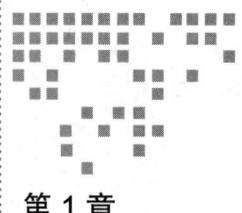

第 1 章

什么是物联网

物联网（Internet of Things）这个概念读者应该不会陌生。它最早于 1999 年被提出来，曾被称为继计算机、互联网之后，世界信息产业发展的第三次浪潮，到现在已经发展了 20 余年。如今，在日常生活中，我们已经可以接触到非常多的物联网产品，例如各种智能家电、智能门锁等，这些都是物联网技术比较成熟的应用。

物联网最早的定义是：把所有物品通过射频识别等信息传感设备与互联网连接起来，实现智能化识别和管理。当然，物联网发展到今天，它的定义和范围已经有了扩展与变化。下面是现代物联网具有的两个特点。

1. 物联网也是互联网

物联网，即物的互联网，属于互联网的一部分。物联网将互联网的基础设施作为信息传递的载体，即现代的物联网产品一定是"物"通过某种方式接入了互联网，而"物"通过互联网上传/下载数据，以及与人进行交互。举个通过手机 App 远程启动汽车的例子，当用户通过 App 完成启动操作时，指令从已接入互联网的手机发送到云端平台，云端平台找到已接入互联网的车端电脑，然后下发指令，车端电脑执行启动命令，并将执行的结果反馈到云端平台；同时，用户的这次操作被记录在云端，用户可以随时从 App 上查询远程开锁记录历史。这就是一个典型的物联网场景，属于互联网应用的一种。"物"接入互联网，数据和信息通过互联网交互，同时数据和其他互联网应用一样汇聚到了云端。

再举一个例子，一个具有红外模块的手机，可以通过发送红外信号来控制客厅的电视机，这种应用在功能机时代十分常见，那么它属于物联网应用吗？看起来很像，同样是用手机操纵一个物体，不过此时你的电视机并没有接入互联网，你的手机可能也没有，手机和电视机的交互数据没有汇聚到云端，所以这个场景不属于现代物联网场景。

2. 物联网的主体是"物"

前面说现代物联网应用是一种互联网应用，但是现代物联网应用和传统互联网应用又有一个很大的不同，那就是传统互联网生产和消费数据的主体是人，而现代物联网生产和消费数据的主体是物。

我们可以回想一下自己上网娱乐的场景：刷微博、写微博的是人，看微博的也是人；看短视频是人，拍短视频也是人；上淘宝买东西、下单的是人，收到订单进行发货的也是人；上在线教育网站写课程的是人，学习课程的也是人。在传统互联网的应用场景中，生产的数据是和人息息相关的，人生产数据，也消费数据，互联网平台在采集这些数据之后，将分析和汇总的结果也应用到人这个主体上，比如通过你的偏好推送新闻、商品等。

不过，在现代物联网的应用场景下，情况就有所不同了。数据的生产者是"物"，比如智能设备或者传感器，数据的消费者往往也是"物"。这里举个例子，在智慧农业的应用中，孵化室中的温度传感器将孵化室中的温度周期性地上传到控制中心。当温度低于一定阈值时，控制中心按照预设的规则远程打开加温设备。在这一场景中，数据的生产者是温度传感器，数据的消费者是加温设备，二者都是"物"，人并没有直接参与其中。

当然，在很多现代物联网的应用场景中，人作为个体，也会参与数据的消费和生产，比如在上面的例子中，打开加温设备的规则是人设置的，相当于生产了一部分数据。同时，在打开加温设备时，设备可能会通知管理人员，相当于消费了一部分数据。但是在大多数场景下，人生产和消费数据的频次和黏度是非常低的。例如，笔者可能会花3个小时来写一篇博客，但只会花几分钟来设置温度的阈值规则；笔者可能会刷一下午抖音，但不会花整个下午的时间一条条地看孵化室的温度记录，只要在特定事件发生的时候收到一个通知就可以了。在这些场景下，数据的主体仍然是"物"。

这就是现代物联网和传统互联网最大的不同：数据的生产者和消费者主要是物，数据内容也是和物息息相关的。

1.1 物联网和人工智能

既然说到了物联网，那么这里有必要再提一下人工智能。

人工智能可谓近年来IT领域最火的词语之一。人工智能的概念是在1956年提出的，之前一直不温不火，直到最近几年才飞速发展，尤其是以神经网络为代表的深度学习，发展尤为迅速。

 神经网络是深度学习中的一种非常重要的技术，它用类似于大脑神经元的架构来组织学习网络，在分类、计算机视觉方面应用广泛。它的特点之一就是需要大量的数据进行训练。

纵观人工智能的发展路线，我们可以看到，人工智能的发展之所以能够突飞猛进，主要有以下两个原因。

- 硬件的发展使得深度学习神经网络的学习时间迅速缩短。
- 在大数据时代，获取大量数据的成本变低。

事实上，第二个原因尤为重要，神经网络由于其特性，需要海量的数据进行学习，可供学习的有效数据量往往决定了最后训练出的神经网络的效果，甚至算法的重要性都可以排在有效数据量之后。

而物联网设备，比如智能家电、可穿戴设备等，每天都在产生海量数据，这些数据经过处理和清洗后，都可以作为不错的训练数据反哺神经网络。同时，训练出来的神经网络又可以重新应用到物联网设备中，进而形成一个良性循环。这里举个例子，通过交通探头，我们可以采集大量的实时交通图片。经过处理，我们把图片"喂给"神经网络，比如 SSD（Single Shot MultiBox Detector，单次多框检测器）。SSD 先学会在图片中标注出人和汽车的位置，然后把模型部署到探头端，接着探头就可以利用深度学习的结果，实时分析人流和车流情况了。

 提示　SSD 是在物体识别中常用的一种神经网络。

图 1-1 所示为物联网应用人工智能方法进行数据采集–迭代的循环。通过物联网设备采集训练数据，在数据中心完成训练后，将模型应用到物联网设备，并评估效果进行下一次迭代。

物联网是人工智能落地的一个非常好的应用场景。随着人工智能的迅速发展，物联网这个同样在很多年前就提出的理论和技术，也会迎来新的春天。

目前，互联网数据入口渐渐朝着几大巨头（例如阿里、腾讯）汇聚，规模较小的公司获取

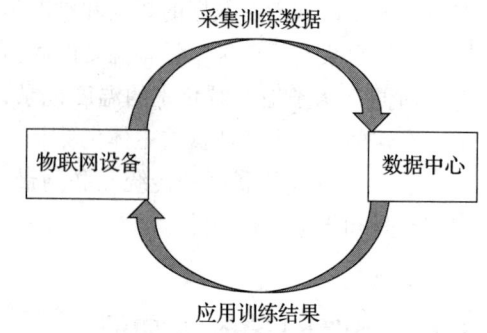

图 1-1　数据采集–迭代的循环

数据的代价越来越高，物联网这块还未完全开发的数据领域显得尤为重要。

这也是本书侧重于物联网平台开发而略过前端设备开发的原因，因为前端设备最终会趋于相同，出现同质化竞争，而如何采集和使用好设备产生的海量数据，才是能否具有竞争优势的决定性因素。

1.2　物联网的现状与前景

随着 5G 时代的来临，物联网的发展将会非常迅速。同时，物联网方向的新增融资也一

直处于上升趋势。下面再从应用场景的角度来谈一下物联网行业的发展前景。

物联网的应用场景非常广泛，包括：
- 智慧城市
- 智慧建筑
- 车联网
- 智慧社区
- 智能家居
- 智慧医疗
- 工业物联网
- ……

在不同的场景下，物联网应用的差异非常大，终端和网络架构的异构性强，这意味着物联网行业中存在足够多的细分市场，因此很难出现一家在市场份额上具有统治力的公司，同时由于市场够大，因此能够让足够多的公司存活。这种情况在互联网行业是不常见的，互联网行业的头部效应非常明显，市场绝大部分份额往往被头部的两三家公司占据。

物联网模式相对于互联网模式来说更"重"一些。物联网的应用总是伴随着前端设备，这就意味着用户的切换成本相对较高，毕竟拆除设备、重新安装设备比动动手指重新下载一个应用要复杂得多。这也意味着，资本的推动作用在物联网行业中相对更弱。如果你取得了先发优势，那么后来者想光靠资本的力量赶上或者将你挤出市场，付出的代价要比在互联网行业中大得多。

所以说，物联网行业目前仍然是一片蓝海，小规模公司在这个行业中也完全有能力和大规模公司同台竞争。在 AI 和区块链的热度冷却后，物联网很有可能会成为下一个风口。作为程序员，在风口来临之前，提前进行一些知识储备是非常有必要的。

下面我们将从协议开始学习，一步步搭建起一个完善的物联网平台。

Chapter 2 第 2 章

常见的物联网协议

本章将简单介绍一些常见的物联网协议，包括物理层协议、数据链路层协议和应用层协议。

2.1 MQTT 协议

MQTT（Message Queue Telemetry Transport，消息队列遥测传输）协议是 IBM 的 Andy Stanford-Clark 和 Arcom 的 Arlen Nipper 于 1999 年为了一个通过卫星网络连接输油管道的项目开发的。为了满足低电量消耗和低网络带宽的需求，MQTT 协议在设计之初就包含了以下几个特点：

- 实现简单。
- 提供数据传输的 QoS（Quality of Service，服务质量）。
- 轻量、占用带宽低。
- 可传输任意类型的数据。
- 可保持的会话（Session）。

此后，IBM 一直将 MQTT 协议作为一个内部协议用于其产品中。直到 2010 年，IBM 公开发布了 MQTT 3.1 版本。2014 年，MQTT 协议正式成为 OASIS（结构化信息标准促进组织）的标准协议。随着多年的发展，MQTT 协议的应用重点不再只是嵌入式系统，而是更广泛的物联网世界。

简单来说，MQTT 协议有以下特性：

- 基于 TCP 的应用层协议。
- 采用 C/S 架构。
- 使用订阅 / 发布模式，将消息的发送方和接收方解耦。
- 提供 3 种消息的 QoS：至多一次、最少一次、只有一次。
- 收发消息都是异步的，发送方不需要等待接收方应答。

MQTT 协议的架构由 Broker 和连接到 Broker 的多个 Client 组成，如图 2-1 所示。

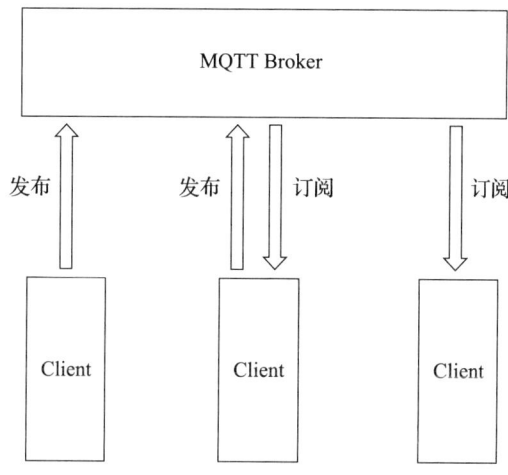

图 2-1　MQTT 协议的架构

MQTT 协议可以为大量低功率、工作网络环境不可靠的物联网设备提供通信保障。而它在移动互联网领域也大有作为，很多 Android App 的推送功能都是基于 MQTT 协议实现的，一些 IM 也是基于 MQTT 协议实现的。

MQTT 协议可以说是目前应用最广的协议。下面的章节将对 MQTT 协议及其特性进行详细的讲解。

2.2　MQTT-SN 协议

MQTT-SN（MQTT for Sensor Network）协议是 MQTT 协议的传感器版本。MQTT 协议虽然是轻量的应用层协议，但是它是运行于 TCP 协议栈之上的，TCP 对于某些计算能力和电量非常有限的设备来说，比如传感器，就不太适用了。

MQTT-SN 协议运行在 UDP 上，同时保留了 MQTT 协议的大部分信令和特性，如订阅和发布等。MQTT-SN 协议引入了 MQTT-SN 网关这一角色，网关负责把 MQTT-SN 协议转换为 MQTT 协议，并和远端的 MQTT Broker 进行通信。MQTT-SN 协议支持网关的自动发现。MQTT-SN 协议的通信模型如图 2-2 所示。

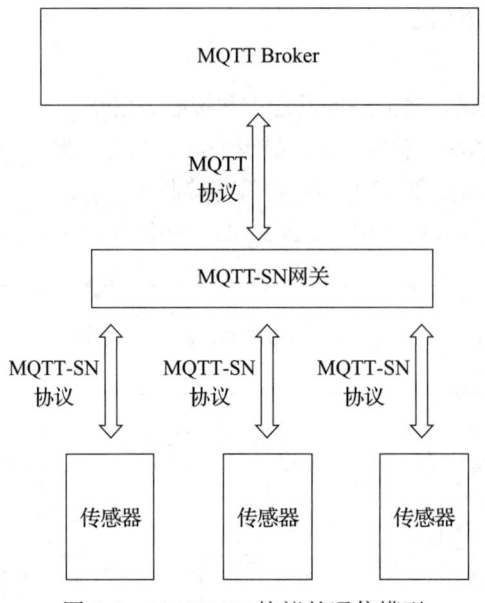

图 2-2 MQTT-SN 协议的通信模型

2.3 CoAP

CoAP（Constrained Application Protocol）是一种运行在资源比较紧张的设备上的协议。和 MQTT-SN 协议一样，CoAP 通常也是运行在 UDP 上的。

CoAP 设计得非常小巧，最小的数据包只有 4 个字节。CoAP 采用 C/S 架构，使用类似于 HTTP 的请求 – 响应交互模式。设备可以通过类似于 coap://192.168.1.150:5683/2ndfloor/temperature 的 URL 来标识一个实体，并使用类似于 HTTP 的 PUT、GET、POST、DELET 请求指令来获取或者修改这个实体的状态。

同时，CoAP 提供一种观察模式，使得观察者可以通过 OBSERVE 指令向 CoAP 服务器指明观察的实体对象。当实体对象的状态发生变化时，观察者就可以收到实体对象的最新状态，类似于 MQTT 协议中的订阅功能。CoAP 的通信模型如图 2-3 所示。

我们会在第 13 章中对 CoAP 进行详细讲解。

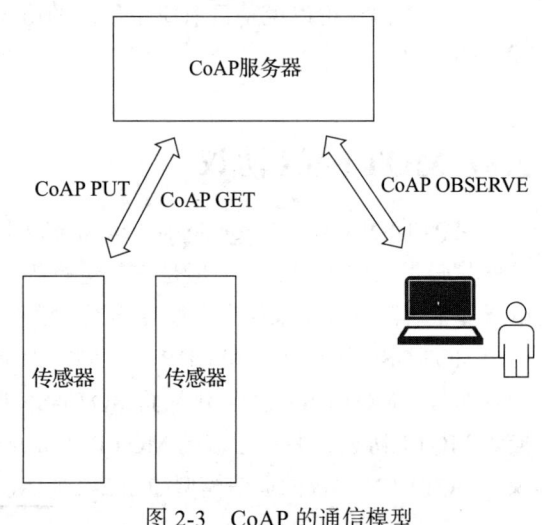

图 2-3 CoAP 的通信模型

2.4 LwM2M 协议

LwM2M（Lightweight Machine-To-Machine）协议是由 Open Mobile Alliance（OMA）定义的一套适用于物联网的轻量级协议。它使用 RESTful 接口，提供设备的接入、管理和通信功能，也适用于资源比较紧张的设备。LwM2M 协议的架构如图 2-4 所示。

LwM2M 协议底层使用 CoAP 传输数据和信令。在 LwM2M 协议的架构中，CoAP 可以运行在 UDP 或者 SMS（短信）之上，通过 DTLS（数据包传输层安全）来实现数据的安全传输。

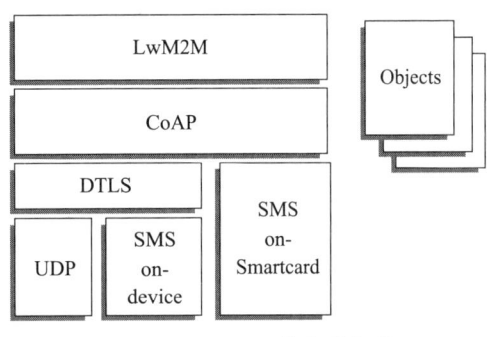

图 2-4 LwM2M 协议的架构

> 在没有移动数据网络覆盖的地区，比如偏远地区的水电站，用短信作为信息传输的载体已经有比较长的历史了。

LwM2M 协议的架构主要包含 3 种实体——LwM2M Bootstrap Server、LwM2M Server 和 LwM2M Client。

LwM2M Bootstrap Server 负责引导 LwM2M Client 注册并接入 LwM2M Server，之后 LwM2M Server 和 LwM2M Client 就可以通过协议指定的接口进行交互了。

2.5 HTTP

正如我们之前所讲，物联网也是互联网，HTTP 这个在互联网中广泛应用的协议，在合适的环境下也可以应用到物联网中。在一些计算和硬件资源比较充沛的设备上，比如运行安卓操作系统的设备，完全可以使用 HTTP 上传和下载数据，就好像在开发移动应用一样。设备也可以使用运行在 HTTP 上的 WebSocket 主动接收来自服务器的数据。

我们会在第三部分讲解如何在物联网平台中使用 HTTP。

2.6 LoRaWAN 协议

LoRaWAN 协议是由 LoRa 联盟提出并推动的一种低功率广域网协议，它和我们之前介绍的几种协议有所不同。MQTT 协议、CoAP 都是运行在应用层，底层使用 TCP 或者 UDP 进行数据传输，整个协议栈运行在 IP 网络上。LoRaWAN 协议则是物理层 / 数据链路层协议，它解决的是设备如何接入互联网的问题，并不运行在 IP 网络上。

说到设备如何接入互联网，我们很自然地想到 4G、Wi-Fi，如果设备上有 4G/Wi-Fi 模块，或者支持以太网的网卡，就可以和其他联网终端，比如手机，以同样的方式接入互联网。

但是在某些情况下，4G 或者 Wi-Fi 网络的覆盖非常困难，比如用于隧道施工的工程设备往往处于隧道几千米深处，不可能用 Wi-Fi 或者 4G 网络覆盖。而工程设备经常在移动，使用有线网络与现场环境也不匹配。

LoRa（Long Range）是一种无线通信技术，它具有使用距离远、功耗低的特点。在上面的场景下，用户可以使用 LoRaWAN 技术进行组网，在工程设备上安装支持 LoRA 的模块。通过 LoRa 的中继设备将数据发往位于隧道外部的、有互联网接入的 LoRa 网关，由 LoRa 网关将数据封装成可以在 IP 网络中通过 TCP 或者 UDP 传输的数据协议包（比如 MQTT 协议），然后发往云端的数据中心。

2.7　NB-IoT 协议

NB-IoT（Narrow Band Internet of Things）协议和 LoRaWAN 协议一样，是将设备接入互联网的物理层/数据链路层的协议。

和 LoRAWAN 协议不同的是，NB-IoT 协议构建和运行在蜂窝网络上，消耗的带宽较低，可以直接部署到现有的 GSM 网络或者 LTE 网络。设备安装支持 NB-IoT 的芯片和相应的物联网卡，连接到 NB-IoT 基站就可以接入互联网。而且 NB-IoT 协议不像 LoRaWAN 协议那样需要网关进行协议转换，接入的设备可以直接使用 IP 网络进行数据传输。

相比传统的基站，NB-IoT 协议增益提高了约 20dB，可以覆盖到地下车库、管道、地下室等之前信号难以覆盖的地方。

2.8　本章小结

本章简单介绍了一些常见的物联网协议，接下来进入实战的第一步，即 MQTT 协议详解与实战。

第二部分 *Part 2*

MQTT 协议详解与实战

- 第 3 章 MQTT 协议基础
- 第 4 章 MQTT 3.1.1 协议详解
- 第 5 章 MQTT 5.0 协议详解
- 第 6 章 MQTT 协议实战

在第一部分中我们介绍了几种常用的物联网协议，目前的物联网通信协议并没有统一的标准。在这些协议中，MQTT 协议（消息队列遥测传输协议）是目前应用最广泛的协议之一。可以这么说，MQTT 协议之于物联网，就像 HTTP 之于互联网。目前，基本上所有开放云平台（比如，阿里云、腾讯云、青云等）都支持 MQTT 的接入，我们可以来看一下它们提供的物联网套件服务。

这些物联网套件服务对 MQTT 协议的支持都是第一位的。所以，想入门物联网，学习和了解 MQTT 协议是非常必要的，它解决了物联网中一个最基础的问题，即设备和设备、设备和云端服务之间的通信。

在接下来的几章里，我们将逐一学习 MQTT 3.1.1 和 MQTT 5.0 协议的特性及其最佳实践，并辅以实际的代码来进行讲解。其内容包括：

- MQTT 协议数据包、数据收发流程详细解析。
- 如何在 Web 端和移动端正确地使用 MQTT 协议。
- 如何搭建自己的 MQTT Broker。
- 如何增强 MQTT 平台的安全性。
- 使用 MQTT 协议设计和开发 IoT 产品和平台的最佳实践。

最后，我们还会做一个"IoT+AI"的实战项目。

第 3 章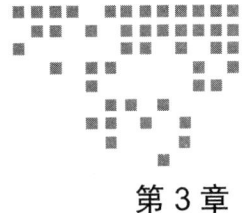

MQTT 协议基础

MQTT 协议是运行在 TCP 协议栈上的应用层协议，虽然 MQTT 协议的名称有 Message 和 Queue 两个词，但是它并不是像 RabbitMQ 那样的消息队列，这是初学者最容易搞混的一个问题。与传统的消息队列相比，MQTT 协议有以下几点不同。

1）传统消息队列在发送消息前必须先创建相应的队列。在 MQTT 协议中，不需要预先创建要发布的主题（可订阅的 Topic）。

2）传统消息队列中，未被消费的消息会被保存在某个队列中，直到有一个消费者将其消费。在 MQTT 协议中，如果发布一个没有被任何客户端订阅的消息，这个消息将被直接扔掉。

3）传统消息队列中，一个消息只能被一个客户端获取。在 MQTT 协议中，一个消息可以被多个订阅者获取，MQTT 协议也不支持指定消息被单一的客户端获取。

3.1 MQTT 协议的通信模型

就像我们之前提到的，MQTT 协议的通信是通过发布 / 订阅的方式来实现的，消息的发布方和订阅方通过这种方式进行解耦，它们之间没有直接的连接，所以需要一个中间方来对信息进行转发和存储。在 MQTT 协议里，我们称这个中间方为 Broker，称连接到 Broker 的订阅方和发布方为 Client。

一次典型的 MQTT 协议消息通信流程如图 3-1 所示。

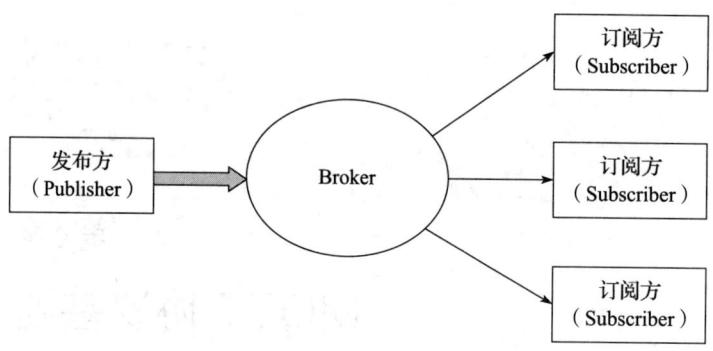

图 3-1 MQTT 协议消息通信流程

1）发布方和订阅方都建立了到 Broker 的 TCP 连接。
2）订阅方告知 Broker 它要订阅的消息主题（Topic）。
3）发布方将消息发送到 Broker，并指定消息的主题。
4）Broker 接收到消息以后，检查都有哪些订阅方订阅了这个主题，然后将消息发送到这些订阅方。
5）订阅方从 Broker 获取该消息。
6）如果某个订阅方此时处于离线状态，Broker 可以先为它保存此条消息，当订阅方下次连接到 Broker 的时候，再将这条消息发送到订阅方。

在本书的后续部分，我们将发送方称为 Publisher，将订阅方称为 Subscriber。

3.2 MQTT 的不同版本

MQTT 协议目前有 2 个常用版本——3.1.1 和 5.0，支持和使用最广泛的版本是 3.1.1。

2017 年 8 月，OASIS MQTT Technical Committee 发布了 MQTT 5.0 草案。2018 年，MQTT 5.0 正式发布。MQTT 5.0 并未改变 MQTT 协议通信的架构和流程，而是在 3.1.1 的基础上推出了一些新特性，用来解决 3.1.1 版本的缺陷和不足，提供更多功能，方便应用的开发。MQTT 5.0 并不向下兼容 MQTT 3.1.1。

在后续的章节里，我们将基于 MQTT 3.1.1 版本来详细讲解 MQTT 的架构和通信的细节，还会详细地讲解 MQTT 5.0 的新特性。

3.3 MQTT Client

任何终端，无论是嵌入式设备，还是服务器，只要运行了 MQTT 协议的库或者代码并连接了 MQTT Broker，我们都称其为 MQTT Client。Publisher 和 Subscriber 都属于 Client。一个 Client 是 Publisher 还是 Subscriber，只取决于该 Client 当前的状态——是在发布消息还是在订阅消息。当然，一个 Client 可以同时是 Publisher 和 Subscriber。

在大多数情况下，我们不需要自己按照 MQTT 协议规范来实现一个 MQTT Client，因为 MQTT Client 库在很多语言中都有实现，包括 Android、Arduino、Ruby、C、C++、C#、Go、iOS、Java、JavaScript 以及 .NET 等。如果你要查看相应语言的库实现，可以查看 https://github.com/mqtt/mqtt.github.io/wiki/libraries。图 3-2 展示了 MQTT Client 在各个平台上的实现。

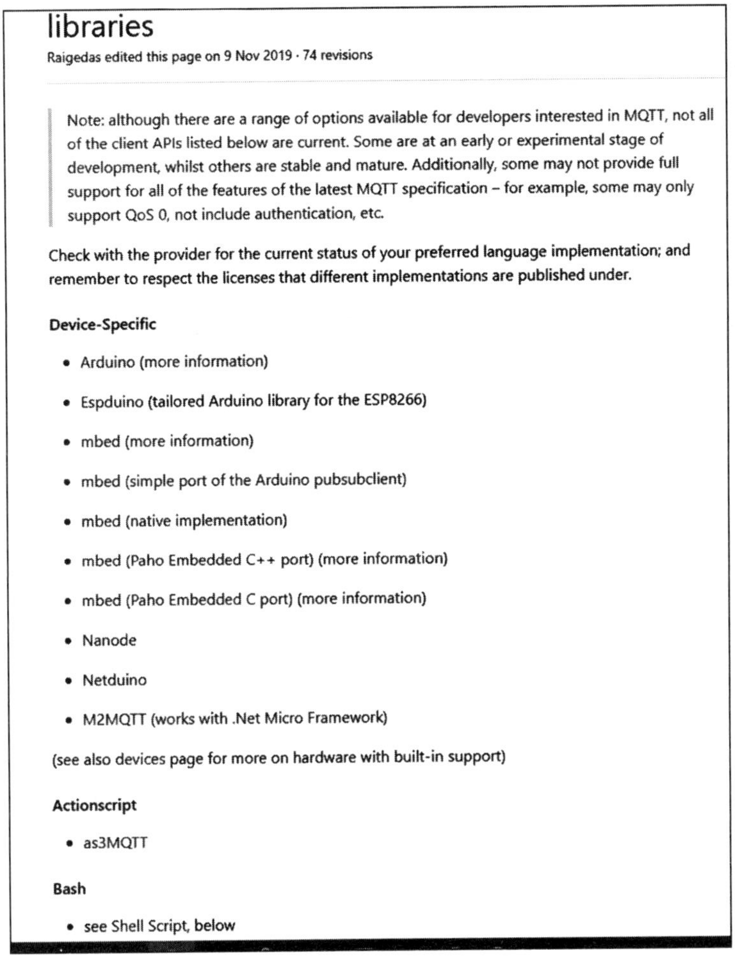

图 3-2 MQTT Client 在各个平台上的实现

在本书中，我们将使用 MQTT Client 在 Node.js 上进行代码演示和开发，首先你需要安装 Node.js，然后安装对应的 MQTT 协议包。

```
1. npm install mqtt -g
```

之后就可以在代码中使用 MQTT Client 的相关功能了。

3.4 MQTT Broker

搭建一个完整的 MQTT 协议环境，除了需要 MQTT Client 外，我们还需要一个 MQTT Broker。如前文所述，Broker 负责接收 Publisher 的消息，并将消息发送给相应的 Subscriber，它是整个 MQTT 协议订阅/发布的核心。

在实际应用中，一个 MQTT Broker 还应该提供如下功能：
- 可以对 Client 的接入进行授权，并对 Client 进行权限控制。
- 可以横向扩展，比如集群，满足海量的 Client 接入。
- 有较好的扩展性，可以比较方便地接入现有业务系统。
- 易于监控，满足高可用性。

下面列举了几个比较常用的 MQTT Broker。

（1）Mosquitto

Mosquitto 是一款用 C 语言编写的开源 MQTT Broker，单机配置和运行 Mosquitto 比较简单，官方并没有集群的解决方案。如果要扩展 Mosquitto 的功能，比如自定义的验证方式，实现过程比较复杂，对接现有的业务系统等也较为复杂，需要对 Mosquitto 代码比较熟悉。如果只是想搭建一个测试 Broker 或者单机验证功能的环境，Mosquitto 还是比较合适的，但如果想在生产系统中使用，则需要自行解决集群和扩展的问题。

（2）EMQX

EMQX 是由我国开发并提供商业支持的 MQTT Broker。EMQX 同时提供开源社区版和付费企业版。EMQX 是用 Erlang 语言编写的，官方提供集群解决方案，并可以通过编写插件的方式对 Broker 的功能进行扩展。EMQX 的开发者社区比较活跃，青云提供的物联网套件就是基于 EMQX 的。在生产系统中使用 EMQX 已经有几年了，EMQX 的性能在笔者看来是很不错的，唯一的缺点就是 Erlang 这门语言比较小众，而且学习曲线较陡，编写插件的时候可能需要重新学习一门语言。第 6 章会对 EMQX 进行详细介绍。

（3）HiveMQ

HiveMQ 是用 Java 编写的 MQTT Broker，支持集群，同时也可以通过插件的方式对功能进行扩展。Java 语言的受众较广，功能扩展相对简单。不过 HiveMQ 是闭源的，只有付费企业版。

（4）VerneMQ

VerneMQ 是开源的、用 Erlang 编写的 MQTT Broker，且由一家位于瑞士的公司提供商业服务。VerneMQ 同样支持集群，并可以使用插件的方式对功能进行扩展。

> 除了上面提到的几个常用的 MQTT Broker，你还可以在 https://github.com/mqtt/mqtt.github.io/wiki/servers 找到更多的 MQTT Broker。

除了自建 Broker，我们还可以使用前面提到的阿里云、腾讯云、青云之类的云服务商提供的物联网云平台的 MQTT 协议服务。

如果只是抱着学习或者测试的目的，我们还可以使用一些公共的 MQTT Broker，这里我们先使用一个公共的 MQTT Broker（mqtt.eclipse.org）讲解和学习 MQTT 协议，在后面的章节里，再学习如何搭建一个 MQTT Broker。

3.5　MQTT 协议数据包格式

不同于 HTTP，MQTT 协议使用的是二进制数据包。MQTT 协议的数据包非常简单，一个 MQTT 协议数据包由固定头（Fix Header）、可变头（Variable Header）、消息体（Payload）这 3 个部分依次组成。

- 固定头：存在于所有的 MQTT 协议数据包中，用于表示数据包类型及对应标识，表明数据包大小。
- 可变头：存在于部分类型的 MQTT 协议数据包中，具体内容由相应类型的数据包决定。
- 消息体：存在于部分 MQTT 协议数据包中，存储消息的具体数据。

这里我们首先看一下固定头，可变头和消息体将在讲解各种具体类型的 MQTT 协议数据包的时候详细讨论。

MQTT 协议数据包的固定头格式如图 3-3 所示。

位	7	6	5	4	3	2	1	0
字节 1	\multicolumn{4}{c|}{MQTT 协议数据包类型}	\multicolumn{4}{c|}{标识位（Flag），内容由数据包类型指定}
字节 2	\multicolumn{8}{c|}{数据包剩余长度}

图 3-3　MQTT 协议数据包的固定头格式

（1）数据包类型

MQTT 协议数据包的固定头的第一个字节的高 4 位用于指定该数据包的类型。MQTT 协议数据包类型如表 3-1 所示。

表 3-1　MQTT 协议数据包类型

名称	值	方向	描述
Reserved	0	不可用	保留位
CONNECT	1	Client 到 Broker	Client 请求连接到 Broker
CONNACK	2	Broker 到 Client	连接确认
PUBLISH	3	双向	发布消息
PUBACK	4	双向	发布确认

（续）

名称	值	方向	描述
PUBREC	5	双向	发布收到
PUBREL	6	双向	发布释放
PUBCOMP	7	双向	发布完成
SUBSCRIBE	8	Client 到 Broker	Client 请求订阅
SUBACK	9	Broker 到 Client	订阅确认
UNSUBSCRIBE	10	Client 到 Broker	Client 请求取消订阅
UNSUBACK	11	Broker 到 Client	取消订阅确认
PINGREQ	12	Client 到 Broker	PING 请求
PINGRESP	13	Broker 到 Client	PING 应答
DISCONNECT	14	Client 到 Broker	Client 主动中断连接
Auth	15	双向	用于交换授权信息（MQTT 5.0）

（2）数据包标识位

MQTT 协议数据包的固定头的第一个字节的低 4 位用于指定数据包的标识位（Flag）。在不同类型的数据包中，标识位的定义是不一样的，每种数据包对应的标识位如表 3-2 所示。

表 3-2 MQTT 协议数据包的固定头的标识位含义

数据包	标识位	位 3	位 2	位 1	位 0
CONNECT	保留位	0	0	0	0
CONNACK	保留位	0	0	0	0
PUBLISH	MQTT 3.1.1/5.0 使用	DUP	QoS	QoS	Retain
PUBACK	保留位	0	0	0	0
PUBREC	保留位	0	0	0	0
PUBREL	保留位	0	0	0	0
PUBCOMP	保留位	0	0	0	0
SUBSCRIBE	保留位	0	0	0	0
SUBACK	保留位	0	0	0	0
UNSUBSCRIBE	保留位	0	0	0	0
UNSUBACK	保留位	0	0	0	0
PINGREQ	保留位	0	0	0	0
PINGRESP	保留位	0	0	0	0
Auth	保留位	0	0	0	0

注：DUP、QoS、Retain 标识的含义将在后文进行详细讲解。

（3）数据包剩余长度

从固定位的第二个字节开始，是用于标识当前数据包剩余长度的字段，剩余长度等于可变头长度加上消息体长度。

这个字段最少为 1 个字节,最多为 4 个字节。其中,每一个字节的最高位叫作延续位(Continuation Bit),用于标识在这个字节之后是否还有一个用于表示剩余长度的字节。剩下的低 7 位用于标识值,范围为 0 ～ 127。

例如,剩余长度字段的第一个字节的最高位为 1,那么意味着剩余长度至少还有 1 个字节,然后继续读下一个字节,下一个字节的最高位为 0,那么剩余长度字段到此为止,一共 2 个字节。

剩余长度字段可标识的数据包长度如表 3-3 所示。

表 3-3 剩余长度字段可标识的数据包长度

字节数	可标识的最小长度	可标识的最大长度
1	0（0x00）	127（0x7F）
2	128(0x80, 0x01)	16383(0xFF, 0x7F)
3	16384(0x80, 0x80, 0x01)	2097151(0xFF, 0xFF, 0x7F)
4	2097152(0x80, 0x80, 0x80, 0x01)	268435455（0xFF, 0xFF, 0xFF, 0x7F）

所以,4 个字节最多可标识的数据包长度为（0xFF, 0xFF, 0xFF, 0x7F）=268435455 字节,即 256MB,这是 MQTT 协议中数据包的最大长度。

3.6 本章小结

本章介绍了 MQTT 协议的通信模型,以及 Client 和 Broker 的概念,同时讲解了 MQTT 协议数据包的格式。接下来,我们将从建立 MQTT 协议连接开始,详细讲解 MQTT 协议的规范以及特性,并辅以实例代码。

Chapter 4 第 4 章

MQTT 3.1.1 协议详解

本章将从 MQTT 协议连接的建立开始，逐一讲解 MQTT 3.1.1 的架构和通信细节。

4.1 建立到 Broker 的连接

Client 在可以发布和订阅消息之前，必须先连接到 Broker。Client 建立到 Broker 的连接的流程如图 4-1 所示。

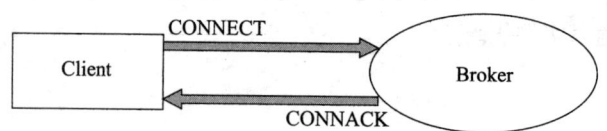

图 4-1　Client 建立到 Broker 的连接的流程

1）Client 向 Broker 发送一个 CONNECT 数据包。

2）Broker 在收到 Client 的 CONNECT 数据包后，如果允许 Client 接入，则回复一个 CONNACK 包，该 CONNACK 包的返回码为 0，表示 MQTT 协议连接建立成功；如果不允许 Client 接入，也回复一个 CONNACK 包，该 CONNACK 包的返回码为一个非 0 的值，用来标识接入失败的原因，然后断开底层的 TCP 连接。

4.1.1　CONNECT 数据包

CONNECT 数据包的格式如下。

1. 固定头

CONNECT 数据包的固定头格式如图 4-2 所示。

位	7	6	5	4	3	2	1	0
字节 1	\multicolumn{4}{c}{1（CONNECT）}				
字节 2	\multicolumn{8}{c}{数据包剩余长度}							

图 4-2 CONNECT 数据包的固定头格式

固定头中的 MQTT 协议数据包类型字段的值为 1，代表 CONNECT 数据包。

2. 可变头

可变头由 4 部分组成，依次为：协议名称、协议版本、连接标识和 Keep Alive。

1）协议名称是一个 UTF-8 编码字符串。在 MQTT 协议数据包中，字符串会有 2 个字节的前缀，用于标识字符串的长度。

协议名称的值固定为"MQTT"，加上前缀一共 6 个字节，如图 4-3 所示。

位	值	7	6	5	4	3	2	1	0
字节 1	0	0	0	0	0	0	0	0	0
字节 2	4	0	0	0	0	0	1	0	0
字节 3	'M'	0	1	0	0	1	1	0	1
字节 4	'Q'	0	1	0	1	0	0	0	1
字节 5	'T'	0	1	0	1	0	1	0	0
字节 6	'T'	0	1	0	1	0	1	0	0

图 4-3 协议名称字段

如果协议名称不正确，Broker 会断开与 Client 的连接。

2）协议版本长度为 1 个字节，是一个无符号整数，MQTT 3.1.1 的版本号为 4，如图 4-4 所示。

位	值	7	6	5	4	3	2	1	0
字节 7	4	0	0	0	0	0	1	0	0

图 4-4 协议版本号字段

3）连接标识长度为 1 个字节，字节中不同的位用于标识不同的连接选项，如图 4-5 所示。

位	值	7	6	5	4	3	2	1	0
字节 8		用户名标识	密码标识	遗愿消息 Retain 标识	遗愿消息 QoS 标识		遗愿标识	会话清除标识	保留

图 4-5 连接标识字段

除保留位外，每一个标识位的含义如下所示。

- 用户名标识（User Name Flag）：标识消息体中是否有用户名字段，长度为 1 位，值为 0 或 1。
- 密码标识（Password Flag）：标识消息体中是否有密码字段，长度为 1 位，值为 0 或 1。
- 遗愿消息 Retain（Will Retain）标识：标识遗愿消息是不是 Retain 消息，长度为 1 位，值为 0 或 1。
- 遗愿消息 QoS（Will QoS）标识：标识遗愿消息的 QoS，长度为 2 位，值为 0、1 或 2。
- 遗愿标识（Will Flag）：标识是否使用遗愿消息，长度为 1 位，值为 0 或 1。
- 会话清除（Clean Session）标识：标识 Client 是否建立一个持久会话，长度为 1 位，值为 0 或 1。当会话清除标识设为 0 时，代表 Client 希望建立一个持久会话的连接，Broker 将存储该 Client 订阅的主题和未接收的消息，否则 Broker 不会存储这些数据，并在建立连接时清除这个 Client 之前存在的持久会话所保存的数据。

4）可变头的最后 2 个字节代表连接的 Keep Alive，即连接保活字段，如图 4-6 所示。

位	7	6	5	4	3	2	1	0
字节 9	Keep Alive 高 8 位							
字节 10	Keep Alive 低 8 位							

图 4-6 连接保活字段

Keep Alive 代表一个单位为秒的时间间隔，Client 和 Broker 在这个时间间隔之内至少要有一次消息交互，否则 Client 和 Broker 会认为它们之间的连接已经断开，具体会在 4.5 节中进行详细讲解。

3. 消息体

CONNECT 数据包的消息体依次由 5 个字段组成：客户端标识符、遗愿主题、遗愿消息、用户名和密码。除了客户端标识符外，其他 4 个字段都是可选的，由可变头里对应的连接标识来决定是否包含在消息体中。

这些字段有一个 2 个字节的前缀，用来标识字段的长度，如图 4-7 所示。

位	7	6	5	4	3	2	1	0
字节 1	数据长度高 8 位							
字节 2	数据长度低 8 位							
字节 3	数据内容							

图 4-7　MQTT 协议的变长字段格式

1）客户端标识符（Client Identifier）：这是用来标识 Client 身份的字段，在 MQTT 3.1.1 中，该字段的长度是 1～23 个字节，而且只能包含数字和 26 个英文字母（包括大小写），Broker 通过这个字段来区分不同的 Client。连接时，Client 应该保证它的 Identifier 是唯一的，通常我们可以使用 UUID、唯一的设备硬件标识或者 Android 设备的 DEVICE_ID 等作为客户端标识符的取值来源。

MQTT 协议中要求 Client 连接时必须带上客户端标识符，但也允许 Broker 在实现时接收客户端标识符为空的 CONNECT 数据包，这时 Broker 会为 Client 分配一个内部唯一的 Identifier。如果你需要使用持久会话，那就必须自己为 Client 设定一个唯一的 Identifier。

2）遗愿主题（Will Topic）：如果可变头中的遗愿标识为 1，那么消息体中将包含遗愿主题。当 Client 非正常地中断连接时，Broker 将向指定的遗愿主题发布遗愿消息。

3）遗愿消息（Will Message）：如果可变头中的遗愿标识为 1，那么消息体中将包含遗愿消息。当 Client 非正常地中断连接时，Broker 将向指定的遗愿主题发布由该字段指定的内容。

4）用户名（Username）：如果可变头中的用户名标识为 1，那么消息体中将包含用户名字段，Broker 可以使用用户名和密码对接入的 Client 进行验证，只允许已授权的 Client 接入。注意，不同的 Client 需要使用不同的客户端标识符，但它们可以使用同样的用户名和密码进行连接。

5）密码（Password）：如果可变头中的密码标识为 1，那么消息体中将包含密码字段。

4.1.2　CONNACK 数据包

当 Broker 收到 Client 的 CONNECT 数据包后，将检查并校验 CONNECT 数据包的内容，然后给 Client 回复一个 CONNACK 数据包。

CONNACK 数据包的格式如下所示。

1. 固定头

CONNACK 数据包的固定头格式如图 4-8 所示。

位	7	6	5	4	3	2	1	0
字节1	\multicolumn{4}{c}{2（CONNACK）}	\multicolumn{4}{c}{保留}
字节2	\multicolumn{8}{c}{2（数据包剩余长度）}

图 4-8 CONNACK 数据包的固定头格式

当固定头中的 MQTT 数据包的类型字段值为 2 时，则代表该数据包是 CONNACK 数据包。CONNACK 数据包剩余长度的值固定为 2。

2. 可变头

CONNACK 数据包的可变头为 2 个字节，由连接确认标识和连接返回码组成，如图 4-9 所示。

位	7	6	5	4	3	2	1	0
字节1（连接确认标识）	0	0	0	0	0	0	0	X
字节2（连接返回码）	X	X	X	X	X	X	X	X

图 4-9 CONNACK 数据包的可变头格式

1）连接确认标识：连接确认标识的前 7 位都是保留位，必须设为 0，最后一位是会话存在标识（Session Present Flag），值为 0 或 1。当 Client 在连接时设置 Clean Session=1，则 CONNACK 中的会话存在标识始终为 0；当 Client 在连接时设置 Clean Session=0，那就有两种情况——如果 Broker 保存了这个 Client 之前留下的持久会话，那么 CONNACK 中的会话存在标识值为 1；如果 Broker 没有保存该 Client 的任何会话数据，那么 CONNACK 中的会话存在标识值为 0。

2）连接返回码（Connect Return Code）：用于标识 Client 与 Broker 的连接是否建立成功。连接返回码及对应状态如表 4-1 所示。

表 4-1 连接返回码及对应状态

返回码	连接状态
0	连接已建立
1	连接被拒绝，不允许的协议版本
2	连接被拒绝，客户端标识符被拒绝
3	连接被拒绝，服务器不可用
4	连接被拒绝，错误的用户名或密码
5	连接被拒绝，未授权

这里重点讲一下返回码 4 和返回码 5。返回码 4 在 MQTT 协议中的含义是用户名（Username）

或密码（Password）的格式不正确，但是在大部分的 Broker 实现中，在使用错误的用户名或密码时，得到的返回码也是 4。所以，这里我们认为返回码 4 代表错误的用户名或密码。返回码 5 一般在 Broker 不使用用户名和密码而使用 IP 地址或者客户端标识符进行验证的时候使用，用来标识 Client 没有通过验证。

 注意　返回码 2 代表客户端标识符格式不规范，比如长度超过 23 个字符、包含了不允许的字符等（部分 Broker 的实现在协议标准上做了扩展，比如允许超过 23 个字符的客户端标识符等）。

3. 消息体

CONNACK 数据包没有消息体。

当 Client 向 Broker 发送 CONNECT 数据包并获得返回码为 0 的 CONNACK 包后，就代表连接建立成功，可以发布与订阅消息了。

4.1.3　关闭连接

接下来我们看一下 MQTT 协议的连接是如何关闭的。MQTT 协议的连接关闭可以由 Client 或 Broker 二者中的任意一方发起。

1. Client 主动关闭连接

Client 主动关闭连接的流程非常简单，只需要向 Broker 发送一个 DISCONNECT 数据包就可以了。

DISCONNECT 数据包的固定头格式如图 4-10 所示。

位	7	6	5	4	3	2	1	0
字节 1	\multicolumn{4}{c	}{14（DISCONNECT）}	\multicolumn{4}{c	}{保留}
字节 2	\multicolumn{8}{c	}{0（数据包剩余长度）}

图 4-10　DISCONNECT 数据包的固定头格式

固定头中的 MQTT 协议数据包类型字段的值为 14，代表该数据包为 DISCONNECT 数据包。DISCONNECT 的数据包剩余长度的值固定为 0。

DISCONNECT 数据包没有可变头和消息体。

在 Client 发送完 DISCONNECT 数据包之后，就可以关闭底层的 TCP 连接了，不需要等待 Broker 的回复，Broker 也不会回复 DISCONNECT 数据包。

在这里，读者可能会有一个疑问，为什么需要在关闭 TCP 连接之前，发送一个与 Broker 没有交互的 DISCONNECT 数据包，而不是直接关闭底层的 TCP 连接？

这里涉及 MQTT 协议的一个特性，即 Broker 需要判断 Client 是否正常地断开连接。当

Broker 收到 Client 的 DISCONNECT 数据包时，会认为 Client 是正常地断开连接，那么它会丢弃当前连接指定的遗愿消息。如果 Broker 检测到 Client 的 TCP 连接丢失，但又没有收到 DISCONNECT 数据包，那么它会认为 Client 是非正常地断开连接，接着会向在连接的时候指定的遗愿主题发布遗愿消息。

2. Broker 主动关闭连接

MQTT 协议规定 Broker 在没有收到 Client 的 DISCONNECT 数据包之前都应该保持和 Client 的连接，只有 Broker 在 Keep Alive 的时间间隔里没有收到 Client 的任何 MQTT 协议数据包时才会主动关闭连接。一些 Broker 在 MQTT 协议上做了一些拓展，支持 Client 的连接管理，可以主动断开和某个 Client 的连接。

Broker 主动关闭连接之前不需要向 Client 发送任何 MQTT 协议数据包，直接关闭底层的 TCP 连接就可以。

4.1.4 代码实践

接下来，我们将用代码来展示各种情况下 MQTT 协议连接的建立及断开。

> 在这里，我们使用 Node.js 的 MQTT 库，请确保已安装 Node.js，并通过 npm install mqtt --save 安装了 MQTT 库。

这里使用一个公共的 Broker：mqtt.eclipse.org。

1. 建立持久会话的连接

首先引用 MQTT 库。

```
1. var mqtt = require('mqtt')
```

然后建立连接。

```
1. var client = mqtt.connect('mqtt://mqtt.eclipse.org', {
2.     clientId: "mqtt_sample_id_1",
3.     clean: false
4. })
```

这里通过 clientId 选项指定客户端标识符，并通过 Clean 选项设定会话清除标识为 false，代表我们要建立一个持久会话的连接。

接下来通过捕获 connect 事件将 CONNACK 数据包中的返回码和会话存在标识打印出来，然后断开连接。

```
1. client.on('connect', function (connack) {
2.     console.log(`return code: ${connack.returnCode}, sessionPresent: ${connack.sessionPresent}`)
```

```
3.    client.end()
4. }
```

完整的代码 persistent_connection.js 如下所示。

```
 1. var mqtt = require('mqtt')
 2. var client = mqtt.connect('mqtt://mqtt.eclipse.org', {
 3.    clientId: "mqtt_sample_id_1",
 4.    clean: false
 5. })
 6.
 7. client.on('connect', function (connack) {
 8.    console.log(`return code: ${connack.returnCode}, sessionPresent: ${connack.sessionPresent}`)
 9.    client.end()
10. })
```

在终端上运行 node persistent_connection.js 会得到以下输出。

```
return code: 0, sessionPresent: false
```

连接成功，因为这是客户端标识符为"mqtt_sample_id_1"的 Client 第一次建立连接，所以 sessionPresent 为 false。

再次运行 node persistent_connection.js，sessionPresent 变为 true。

```
return code: 0, sessionPresent: true
```

这是因为之前已经创建了一个持久会话，所以再使用同样的客户端标识符进行连接时，得到的 SessionPresent 为 true，表示会话已经存在了。

2. 建立非持久会话的连接

我们只需要将 clean 选项设为 true，就可以建立一个非持久会话的连接了。完整的代码 non_persistent_connetion.js 如下所示。

```
 1. var mqtt = require('mqtt')
 2. var client = mqtt.connect('mqtt://mqtt.eclipse.org', {
 3.    clientId: "mqtt_sample_id_1",
 4.    clean: true
 5. })
 6.
 7. client.on('connect', function (connack) {
 8.    console.log(`return code: ${connack.returnCode}, sessionPresent: ${connack.sessionPresent}`)
 9.    client.end()
10. })
```

第 4 行代码将 clean 设为 true。

我们在终端上运行 node persistent_connection.js 会得到以下输出。

```
return code: 0, sessionPresent: false
```

无论运行多少次，sessionPresent 都会为 false。

3. 使用相同的客户端标识符进行连接

接下来看一下如果两个 Client 使用相同的客户端标识符会发生什么事情。我们把代码稍微调整下，在连接成功时保持连接，然后捕获 offline 事件，在 Client 的连接被关闭时打印出来。

完整的代码 identical.js 如下所示。

```
1.  var mqtt = require('mqtt')
2.  var client = mqtt.connect('mqtt://mqtt.eclipse.org', {
3.    clientId: "mqtt_identical_1",
4.  })
5.
6.  client.on('connect', function (connack) {
7.    console.log(`return code: ${connack.returnCode}, sessionPresent: ${connack.sessionPresent}`)
8.  })
9.
10. client.on('offline', function () {
11.   console.log("client went offline")
12. })
```

从第 10 行代码开始，捕获 Client 的离线事件，并输出。

然后打开两个终端，分别运行 node identical.js，会看到在两个终端上不停地输出以下内容。

```
return code: 0, sessionPresent: false
client went offline
return code: 0, sessionPresent: false
client went offline
return code: 0, sessionPresent: false
......
```

在 MQTT 协议中，两个 Client 使用相同的客户端标识符进行连接时，如果第二个 Client 连接成功，Broker 会关闭与第一个 Client 的连接。

由于我们使用的 MQTT 库实现了断线重连功能，因此当连接被 Broker 关闭时，Client 会尝试重新连接，结果就是这两个 Client 交替地把对方顶下线，导致我们看到上面所示的输出。因此，在实际应用中，一定要保证每一个设备使用的客户端标识符都是唯一的。

如果你观察到一个 Client 不停地上线和下线，那么就很有可能是由于客户端标识符冲突造成的。

在本节中，我们学习了 MQTT 连接关闭的过程，并且学习了连接建立和关闭的相关代码。在 4.2 节，我们将学习订阅与发布的概念，进而实现消息在 Client 之间的传输。

4.2 订阅与发布

上文介绍了 MQTT 基于订阅与发布的消息模型，MQTT 协议的订阅与发布是基于主题的。一个典型的 MQTT 消息发送与接收的流程如图 4-11 所示。

1）ClientA 连接到 Broker。

2）ClientB 连接到 Broker，并订阅主题 Topic1。

3）ClientA 给 Broker 发送一个 PUBLISH 数据包，主题为 Topic1。

4）Broker 收到 ClientA 的消息，发现 ClientB 订阅了 Topic1，然后通过发送 PUBLISH 数据包的方式将消息转发到 ClientB。

5）ClientB 从 Broker 接收到该消息。

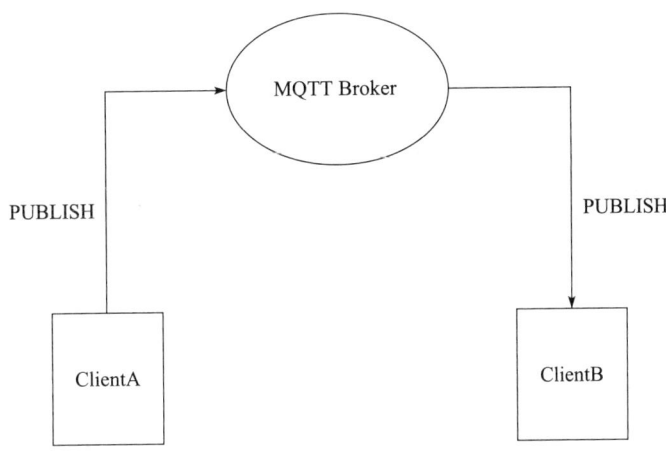

图 4-11　MQTT 消息的发送与接收流程

和传统的队列有点不同，如果 ClientB 在 ClientA 发布消息之后再订阅 Topic1，那么 ClientB 就不会收到该消息。

MQTT 协议通过订阅与发布模型对消息的发布者和订阅者进行解耦，发布者在发布消息时不需要订阅方也能连接到 Broker，只要订阅方之前订阅过相应主题，那么它在连接到 Broker 之后就可以收到发布方在它离线期间发布的消息。为了方便起见，在本书中我们称这种消息为离线消息。

要接收离线消息，需要 Client 使用持久会话，且发布时消息的 QoS 不小于 1。

在继续学习前，我们有必要搞清楚两组概念：发布者（Publisher）和订阅者（Subscriber），发送方（Sender）和接收方（Receiver）。只有弄清楚这两组概念，我们才能更好地理解订阅与发布的流程以及 QoS 的概念。

1. Publisher 和 Subscriber

Publisher 和 Subscriber 是相对于主题来说的身份，如果一个 Client 向某个主题发布消息，那么它就是 Publisher；如果一个 Client 订阅了某个主题，那么它就是 Subscriber。在上面的例子中，ClientA 是 Publisher，ClientB 是 Subscriber。

2. Sender 和 Receiver

Sender 和 Receiver 是相对于消息传输方向来说的身份，仍然用前面的例子做解释。

- 当 ClientA 发布消息时，它给 Broker 发送一条消息，那么 ClientA 是 Sender，Broker 是 Receiver。
- 当 Broker 转发消息给 ClientB 时，Broker 是 Sender，ClientB 则是 Receiver。

Publisher/Subscriber、Sender/Receiver 这两组概念最大的区别是 Publisher 和 Subscriber 只可能是 Client，而 Sender/Receiver 有可能是 Client，也有可能是 Broker。

解释清楚这两组不同的概念之后，我们来看一下 PUBLISH 数据包。

4.2.1 PUBLISH 数据包

PUBLISH 数据包用于在 Sender 和 Receiver 之间传输消息数据，也就是说，当 Publisher 要向某个主题发布一条消息的时候，Publisher 会向 Broker 发送一个 PUBLISH 数据包；当 Broker 要将一条消息转发给订阅了某个主题的 Subscriber 时，Broker 也会向 Subscriber 发送一个 PUBLISH 数据包。PUBLISH 数据包的格式如下所示。

1. 固定头

PUBLISH 数据包的固定头格式如图 4-12 所示。

位	7	6	5	4	3	2	1	0
字节 1	\multicolumn{4}{c	}{3（PUBLISH）}	DUP	\multicolumn{2}{c	}{QoS}	保留
字节 2	\multicolumn{8}{c	}{数据包剩余长度}

图 4-12　PUBLISH 数据包的固定头格式

固定头中的 MQTT 协议数据包类型字段的值为 3，代表该数据包是 PUBLISH 数据包。PUBLISH 数据包固定头中的标识位（Flag）中有如下 3 个字段。

- 消息重复标识（DUP Flag）：长度为 1 位，值为 0 或 1。当 DUP Flag=1 时，代表该消息是一条重发消息，因为 Receiver 没有确认收到之前的消息。这个标识只在 QoS 大于 0 的消息中使用。
- QoS：长度为 2 位，值为 0、1、2，代表 PUBLISH 消息的服务质量级别。
- Retain 标识（Retain Flag）：长度为 1 位，值为 0 或 1。当 Retain 标识在从 Client 发送到 Broker 的 PUBLISH 数据包中被设为 1 时，Broker 应该保存该消息，并且之后有任何新的 Subscriber 订阅 PUBLISH 数据包中指定的主题时，都会先收到该消息，这种消息也被称为 Retained 消息；当 Retain 标识在从 Broker 发送到 Client 的 PUBLISH 数据包中被设为 1 时，代表该消息是一条 Retained 消息。

2. 可变头

PUBLISH 数据包的可变头由两个字段组成——主题名和包标识符（Packet Identifier）。其中，包标识符只会在 QoS1 和 QoS2 的 PUBLISH 数据包里出现，具体在 4.3 节详细讲解。

主题名是一个 UTF-8 编码的字符串，它由两个前缀字节来辨识字符串的长度，如图 4-13 所示。

位	7	6	5	4	3	2	1	0
字节 1	主题名长度高 8 位							
字节 2	主题名长度低 8 位							
字节 3…	主题名							

图 4-13 主题名字段

由于只有 2 个字节标识主题名长度，所以主题名的最大长度为 65535 字节。

虽然主题名可以是长度为 1 ~ 65535 范围内的任意字符串（可以包含空格），但是在实际项目中，我们最好还是遵循以下命名规则。

- 主题名称应该包含层级，不同的层级用"/"划分，比如，2 楼 201 房间的温度感应器可以用主题"home/2ndfloor/201/temperature"表示。
- 主题名称开头不要使用"/"，例如："/home/2ndfloor/201/temperature"。
- 不要在主题中使用空格。
- 只使用 ASCII 字符。
- 主题名称在可读的前提下尽量短一些。
- 主题名称对大小写是敏感的，"Home"和"home"是两个不同的主题。
- 可以将设备的唯一标识加到主题中，比如："warehouse/shelf/shelf1_ID/status"。
- 主题尽量精确，不要使用泛用的主题，例如在 201 房间中有 3 个传感器，温度传感器、亮度传感器和湿度传感器，那么你应该使用 3 个主题名称，如"home/2ndfloor/201/temperature""home/2ndfloor/201/brightness"和"home/2ndfloor/201/humidity"，而不是让这 3 个传感器都使用"home/2ndfloor/201"这个主题名。
- 以"$"开头的主题属于 Broker 预留的系统主题，通常用于发布 Broker 的内部统计信息，比如"$SYS/broker/clients/connected"。应用程序不要使用"$"开头的主题收发数据。

3. 消息体

PUBLISH 数据包的消息体就是该数据包要发送的数据，它可以是任意格式的数据，比如二进制数据、文本、JSON 等。具体数据格式由应用程序定义。在实际生产中，我们可以使用 JSON、Protocol Buffer 等格式对数据进行编码。

消息体中数据的长度可以由固定头中的数据包剩余长度减去可变头的长度得到。

4.2.2 代码实践：发布消息

接下来写一小段代码，目的是向一个主题发布一条 QoS 为 1 的使用 JSON 编码的数据，然后退出。代码如下。

```
1.  //publisher.js
2.
3.  var mqtt = require('mqtt')
4.  var client = mqtt.connect('mqtt://mqtt.eclipse.org', {
5.      clientId: "mqtt_sample_publisher_1",
6.      clean: false
7.  })
8.
9.  client.on('connect', function (connack) {
10.     if(connack.returnCode == 0){
11.         client.publish("home/2ndfloor/201/temperature", JSON.stringify({current: 25}), {qos: 1}, function (err) {
12.             if(err == undefined) {
13.                 console.log("Publish finished")
14.                 client.end()
15.             }else{
16.                 console.log("Publish failed")
17.             }
18.         })
19.     }else{
20.         console.log('Connection failed: ${connack.returnCode}')
21.     }
22. })
```

第 11 行代码表示向主题"home/2ndfloor/201/temperature"发送一条 QoS 为 1 的消息，消息的内容是格式为 JSON 的字符串。

运行"node publisher.js"，会得到以下输出。

```
Publish finished
```

4.2.3 订阅一个主题

ClientB 想要接收 ClientA 发布到某个主题的消息，就必须先向 Broker 订阅这个主题。订阅一个主题的流程如图 4-14 所示。

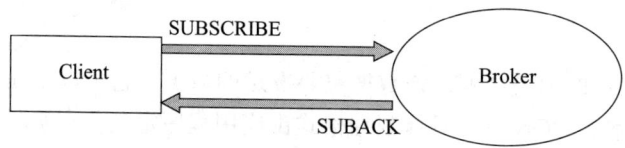

图 4-14　Client 的订阅流程

1）Client 向 Broker 发送一个 SUBSCRIBE 数据包，其中包含 Client 想要订阅的主题以及其他参数。

2）Broker 收到 SUBSCRIBE 数据包后，向 Client 发送一个 SUBACK 数据包作为应答。

接下来我们看一下数据包的具体内容。

1. SUBSCRIBE 数据包

（1）固定头

SUBSCRIBE 数据包的固定头格式如图 4-15 所示。

位	7	6	5	4	3	2	1	0
字节 1	\multicolumn{4}{c}{8（SUBSCRIBE）}	\multicolumn{4}{c}{保留}
字节 2	\multicolumn{8}{c}{数据包剩余长度}

图 4-15 SUBSCRIBE 数据包的固定头格式

固定头中的 MQTT 协议数据包类型字段的值为 8，代表该数据包是 SUBSCRIBE 数据包。

（2）可变头

SUBSCRIBE 数据包的可变头只包含一个 2 字节的包标识符，用来唯一标识一个数据包。数据包标识只需要保证在从 Sender 到 Receiver 的一次消息交互中唯一即可。SUBSCRIBE 数据包的可变头的包标识符格式如图 4-16 所示。

位	7	6	5	4	3	2	1	0
字节 1	\multicolumn{8}{c}{包标识符高 8 位}
字节 2	\multicolumn{8}{c}{包标识符低 8 位}

图 4-16 SUBSCRIBE 数据包的可变头的包标识符格式

（3）消息体

SUBSCRIBE 数据包中的消息体由 Client 要订阅的主题列表构成。和 PUBLISH 数据包的主题名不同，SUBSCRIBE 数据包中的主题名可以包含通配符，通配符包括单层通配符"+"和多层通配符"#"。使用包含通配符的主题名可以订阅满足匹配条件的所有主题。为了和 PUBLISH 数据包中的主题名进行区分，我们称 SUBSCRIBE 数据包中的主题名为主题过滤器（Topic Filter）。

单层通配符"+"：如之前所述，MQTT 协议的主题名是具有层级概念的，不同的层级间用"/"分割，"+"可以用来指代任意一个层级。例如："home/2ndfloor/+/temperature"可匹配：home/2ndfloor/201/temperature、home/2ndfloor/202/temperature，不可匹配 home/2ndfloor/201/livingroom/temperature、home/3ndfloor/301/temperature。

多层通配符"#":"#"和"+"的区别在于,"#"可以用来指定任意多个层级,但是"#"必须是主题过滤器的最后一个字符,同时必须跟在"/"后面,除非主题过滤器只包含"#"这一个字符。例如:"home/2ndfloor/#"可匹配 home/2ndfloor、home/2ndfloor/201、home/2ndfloor/201/temperature、home/2ndfloor/202/temperature、home/2ndfloor/201/livingroom/temperature,不可匹配 home/3ndfloor/301/temperature。

> **注意** "#"是一个合法的主题过滤器,代表所有的主题;而"home#"不是一个合法的主题过滤器,因为"#"号需要跟在"/"后面。

每一个主题过滤器必须是一个 UTF-8 编码的字符串,在这个字符串后面紧跟着 1 个字节,用于描述订阅该主题的 QoS。主题过滤器的格式如图 4-17 所示。

位	7	6	5	4	3	2	1	0
字节 1	长度高 8 位							
字节 2	长度低 8 位							
字节 3…N	主题过滤器							
	保留						QoS	
字节 N+1	0	0	0	0	0	0	X	X

图 4-17 主题过滤器格式

QoS 的最后 2 位用于标识 QoS 值,值为 0、1 或 2。
消息体的主题列表按照上面的格式依次拼接即可。

2. SUBACK 数据包

为了确认每一次的订阅,Broker 在收到 SUBSCRIBE 数据包后都会回复一个 SUBACK 数据包作为应答。

(1)固定头

SUBACK 数据包的固定头格式如图 4-18 所示。

位	7	6	5	4	3	2	1	0
字节 1	9(SUBACK)				保留			
字节 2	数据包剩余长度							

图 4-18 SUBACK 数据包的固定头格式

固定头中的 MQTT 协议数据包类型字段的值为 9,代表该数据包是 SUBACK 数据包。

（2）可变头

SUBACK 数据包的可变头只包含一个 2 字节的包标识符，其格式如图 4-19 所示。

位	7	6	5	4	3	2	1	0
字节 1	包标识符高 8 位							
字节 2	包标识符低 8 位							

图 4-19　SUBACK 数据包的可变头格式

（3）消息体

SUBACK 数据包的消息体包含一组返回码，返回码的数量和顺序与 SUBSCRIBE 数据包的订阅列表对应，用于标识订阅类别中每一个订阅项的订阅结果。

SUBACK 数据包中每一个返回码为一个字节，如图 4-20 所示。

位	7	6	5	4	3	2	1	0
字节 1	返回码							

图 4-20　返回码字段

返回码列表按照图 4-20 所示的格式依次拼接而成。

返回码的值及其对应含义如表 4-2 所示。

表 4-2　返回码的值及其对应含义

返回码	含义
0	订阅成功，最大可用 QoS 为 0
1	订阅成功，最大可用 QoS 为 1
2	订阅成功，最大可用 QoS 为 2
128	订阅失败

返回码 0、1、2 代表订阅成功，同时 Broker 授予 Subscriber 不同的 QoS 等级，这个等级可能会与 Subscriber 在 SUBSCRIBE 数据包中要求的不一样。

返回码 128 代表订阅失败，比如 Client 没有权限订阅某个主题，或者要求订阅的主题格式不正确等。

4.2.4　代码实践：订阅主题

接下来，我们试着写一下订阅并处理消息的代码。订阅主题为 4.2.2 节中代码实现的 publisher.js，然后通过捕获 message 事件获取接收的消息并输出。

通常，在建立和 Broker 的连接后我们就可以开始订阅了，但这里有一个小小的优化，如果你建立的是持久会话的连接,那么 Broker 有可能已经保存了之前连接时订阅的主题,这样就没必要再发起 SUBSCRIBE 请求了。这个小优化在网络带宽或者设备处理能力较差时尤为重要。

完整的代码 subscriber.js 如下。

```
1.  var mqtt = require('mqtt')
2.  var client = mqtt.connect('mqtt://mqtt.eclipse.org', {
3.    clientId: "mqtt_sample_subscriber_id_1",
4.    clean: false
5.  })
6.
7.  client.on('connect', function (connack) {
8.    if(connack.returnCode == 0) {
9.      if (connack.sessionPresent == false) {
10.       console.log("subscribing")
11.       client.subscribe("home/2ndfloor/201/temperature", {
12.         qos: 1
13.       }, function (err, granted) {
14.         if (err != undefined) {
15.           console.log("subscribe failed")
16.         } else {
17.           console.log('subscribe succeeded with ${granted[0].topic}, qos: ${granted[0].qos}')
18.         }
19.       })
20.     }
21.   }else {
22.     console.log('Connection failed: ${connack.returnCode}')
23.   }
24. })
25.
26. client.on("message", function (_, message, _) {
27.   var jsonPayload = JSON.parse(message.toString())
28.   console.log('current temperature is ${jsonPayload.current}')
29. })
```

第 9 行代码通过判断 CONNACK 的 sessionPresent 标识,来决定是否发起订阅,如果会话已经存在,则不再发起订阅。

第 11 行代码指定订阅主题"home/2ndfloor/201/temperature",订阅的 QoS 等级为 1。

在终端上运行"node subscriber.js"会得到以下输出。

```
subscribing
subscribe succeeded with home/2ndfloor/201/temperature, qos: 1
```

第一次运行上述代码的时候,Broker 上面没有保存这个 Client 的会话,所以需要进行订阅,现在按下组合键"Ctrl+C"以终止运行这段代码,然后重新运行,因为 Broker 上已经保存了这个 Client 的会话,不需要再订阅,所以我们也不会看到订阅相关的输出。

在 4.2.2 节中,我们运行过 publisher.js,向"home/2ndfloor/201/temperature"这个主

题发布过一个消息，但是这发生在 subscriber.js 订阅该主题之前，所以现在 Subscriber 不会收到任何消息，我们需要再运行一次 publish.js，然后在运行 subscriber.js 的终端上会得到如下输出。

```
current temperature is 25
```

这样，我们就通过 MQTT 协议完成了一次点对点的消息传递，同时也验证了建立持久会话连接之后，Broker 会保存 Client 的订阅信息。

4.2.5 取消订阅

Subscriber 也可以取消对某些主题的订阅。取消订阅流程如图 4-21 所示。

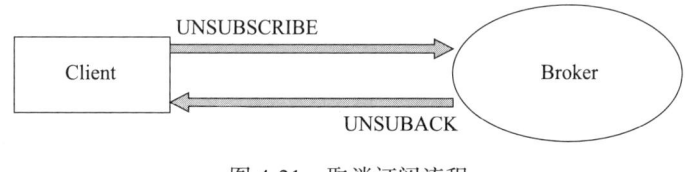

图 4-21　取消订阅流程

1）Client 向 Broker 发送一个 UNSUBSCRIBE 数据包，其中包含 Client 想要取消订阅的主题。

2）Broker 收到 UNSUBSCRIBE 数据包后，向 Client 发送一个 UNSUBACK 数据包作为应答。

接下来看一下数据包的具体内容。

1. UNSUBSCRIBE 数据包

（1）固定头

UNSUBSCRIBE 数据包的固定头格式如图 4-22 所示。

位	7	6	5	4	3	2	1	0
字节 1	\multicolumn{4}{c|}{10（UNSUBSCRIBE）}	\multicolumn{4}{c|}{保留}
字节 2	\multicolumn{8}{c|}{数据包剩余长度}

图 4-22　UNSUBSCRIBE 数据包的固定头格式

固定头中的 MQTT 协议数据包类型字段的值为 10，代表该数据包是 UNSUBSCRIBE 数据包。

（2）可变头

UNSUBSCRIBE 数据包的可变头只包含一个 2 字节的包标识符，其格式如图 4-23 所示。

位	7	6	5	4	3	2	1	0
字节 1	包标识符高 8 位							
字节 2	包标识符低 8 位							

图 4-23 UNSUBSCRIBE 数据包的可变头中的包标识符格式

（3）消息体

UNSUBSCRIBE 数据包的消息体包含要取消的主题过滤器（Topic Filter）列表，这些主题过滤器的规则和 SUBSCRIBE 数据包中的规则是一样的，不过不再包含 QoS 字段，其格式如图 4-24 所示。

位	7	6	5	4	3	2	1	0
字节 1	长度高 8 位							
字节 2	长度低 8 位							
字节 3…	主题过滤器							

图 4-24 UNSUBSCRIBE 数据包的消息体格式

UNSUBSCRIBE 数据包的消息体的主题列表按照图 4-24 所示的格式依次拼接而成。

和订阅时不同，取消订阅时，主题名中的通配符并不起通配作用。取消订阅的主题名必须每个字符都和订阅时指定的主题名相同，这样才能被取消。例如，订阅主题名为"home/2ndfloor/201/temperature"，取消订阅名为"home/+/201/temperature"，这样并不会取消之前的订阅。

同理，订阅的时候使用了通配符，取消订阅的时候也必须使用完全一样的主题名。例如，订阅主题名为"home/+/201/temperature"，取消订阅名为"home/+/201/temperature"，这样才能取消之前的订阅。

2. UNSUBACK 数据包

Broker 在收到 UNSUBSCRIBE 数据包后，会回复给 Client 一个 UNSUBACK 数据包作为响应。

（1）固定头

UNSUBACK 数据包的固定头格式如图 4-25 所示。

位	7	6	5	4	3	2	1	0
字节 1	11（UNSUBACK）				保留			
字节 2	2(数据包剩余长度)							

图 4-25 UNSUBACK 数据包的固定头格式

固定头中的 MQTT 协议数据包类型字段的值为 11，代表该数据包是 UNSUBACK 数据包。UNSUBACK 数据包中的固定头的数据包剩余长度字段的值固定为 2。

（2）可变头

UNSUBACK 数据包的可变头只包含一个 2 字节的包标识符，其格式如图 4-26 所示。

位	7	6	5	4	3	2	1	0
字节 1	包标识符高 8 位							
字节 2	包标识符低 8 位							

图 4-26　UNSUBACK 可变头的包标识符格式

（3）消息体

UNSUBACK 数据包没有消息体。

3. 代码实践：取消订阅

下面要完成的代码很简单，只需要在建立连接后取消之前订阅的主题。

完整的代码 unsubscribe.js 如下所示。

```
1.  var mqtt = require('mqtt')
2.  var client = mqtt.connect('mqtt://mqtt.eclipse.org', {
3.    clientId: "mqtt_sample_subscriber_id_1",
4.    clean: false
5.  })
6.  
7.  client.on('connect', function (connack) {
8.    if (connack.returnCode == 0) {
9.      console.log("unsubscribing")
10.     client.unsubscribe("home/2ndfloor/201/temperature", function (err) {
11.       if (err != undefined) {
12.         console.log("unsubscribe failed")
13.       } else {
14.         console.log("unsubscribe succeeded")
15.       }
16.       client.end()
17.     })
18.   } else {
19.     console.log('Connection failed: ${connack.returnCode}')
20.   }
21. })
```

在终端上运行"node unsubscribe.js"，会得到以下输出。

```
unsubscribing
unsubscribe succeeded
```

这里取消了对"home/2ndfloor/201/temperature"的订阅，所以再次运行 subscriber.js 和 publisher.js 的时候，在运行 subscribe.js 的终端上就不会再有"home/2ndfloor/201/temperature"的输出信息了。如何使 subscriber.js 重新订阅这个主题呢？读者可以参考上文进行思考，然

后自己动手实现。

在本节中，我们学习了 MQTT 协议发布、订阅消息的模型及其特性，并第一次实现了消息的点对点传输。接下来，我们将学习 MQTT 协议中一个非常重要的特性——QoS 等级。

4.3 QoS 及其最佳实践

前文多次提到了 QoS，CONNECT 数据包、PUBLISH 数据包、SUBSCRIBE 数据包中都有 QoS 标识。那么 MQTT 协议提供的 QoS 是什么呢？

4.3.1 MQTT 协议中的 QoS 等级

作为最初用来在网络带宽窄、信号不稳定的环境下传输数据的协议，MQTT 协议设计了一套保证消息稳定传输的机制，包括消息应答、存储和重传。在这套机制下，MQTT 协议还提供了 3 种不同等级的 QoS。

- QoS0：At most once，至多一次。
- QoS1：At least once，至少一次。
- QoS2：Exactly once，确保只有一次。

这三个等级都是什么意思呢？QoS 是消息的发送方（Sender）和接收方（Receiver）之间达成的一个协议。

- QoS0：表示 Sender 发送一条消息，Receiver 最多能收到一次，也就是说 Sender 尽力向 Receiver 发送消息，如果发送失败，则放弃。
- QoS1：表示 Sender 发送一条消息，Receiver 至少能收到一次，也就是说 Sender 向 Receiver 发送消息，如果发送失败，Sender 会继续重试，直到 Receiver 收到消息为止，但是因为重传，Receiver 可能会收到重复的消息。
- QoS2：表示 Sender 发送一条消息，Receiver 确保能收到且只收到一次，也就是说 Sender 尽力向 Receiver 发送消息，如果发送失败，会继续重试，直到 Receiver 收到消息为止，同时保证 Receiver 不会因为消息重传而收到重复的消息。

注意，QoS 是 Sender 和 Receiver 之间达成的协议，不是 Publisher 和 Subscriber 之间达成的协议。也就是说，Publisher 发布一条 QoS1 等级的消息，只能保证 Broker 至少收到一次；而对应的 Subscriber 能否至少收到一次这条消息，还要取决于 Subscriber 在订阅的时候和 Broker 协商的 QoS 等级。

接下来，我们看一下 QoS0、QoS1 和 QoS2 的机制，并讨论一下什么是 QoS 降级。

4.3.2 QoS0

QoS0 是最简单的一个 QoS 等级。在 QoS0 等级下，Sender 和 Receiver 之间的消息传递流程如图 4-27 所示。

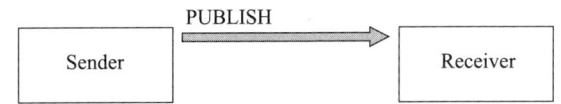

图 4-27　QoS0 等级下 Sender 和 Receiver 之间的消息传递流程

Sender 向 Receiver 发送一个包含消息数据的 PUBLISH 数据包，然后不管结果如何，丢弃已发送的 PUBLISH 数据包，这样一条消息即可完成发送。

4.3.3　QoS1

QoS1 要保证消息至少到达 Receiver 一次，所以这里有一个应答机制。在 QoS1 等级下，Sender 和 Receiver 之间的消息传递流程如图 4-28 所示。

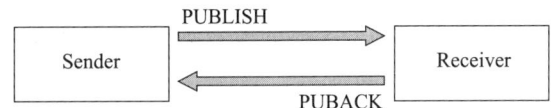

图 4-28　QoS1 等级下 Sender 和 Receiver 之间的消息传递流程

1）Sender 向 Receiver 发送一个带有消息数据的 PUBLISH 数据包，并在本地保存这个 PUBLISH 数据包。

2）Receiver 在收到 PUBLISH 数据包后，向 Sender 发送一个 PUBACK 数据包，PUBACK 数据包没有消息体，只在可变头中有一个包标识符，和它收到的 PUBLISH 数据包中的包标识符一致。

3）Sender 在收到 PUBACK 数据包之后，根据 PUBACK 数据包中的包标识符找到本地保存的 PUBLISH 数据包，然后丢弃，这样一次消息发送就完成了。

4）如果 Sender 在一段时间内没有收到 PUBLISH 数据包对应的 PUBACK 数据包，那么它会将 PUBLISH 数据包中的 DUP 标识设为 1（表示重新发送 PUBLISH 数据包），然后重新发送该 PUBLISH 数据包。重复这个流程，直到 Sender 收到 PUBACK 数据包，然后执行第 3 步。

1. QoS>0 时的 PUBLISH 数据包

当 QoS 为 1 或 2 时，PUBLISH 数据包的可变头中将包含包标识符字段。包标识符长度为 2 字节，其格式如图 4-29 所示。

位	7	6	5	4	3	2	1	0
字节 1	包标识符高 8 位							
字节 2	包标识符低 8 位							

图 4-29　PUBLISH 数据包的包标识符格式

包标识符用来唯一标识一个 MQTT 协议数据包，但它并不要求全局唯一，只要保证在一次完整的消息传递过程中是唯一的就可以。

2. PUBACK 数据包
（1）固定头

PUBACK 数据包的固定头格式如图 4-30 所示。

位	7	6	5	4	3	2	1	0
字节 1	\multicolumn{4}{l}{4（PUBACK）}	\multicolumn{4}{l}{保留}
字节 2	\multicolumn{8}{l}{2（数据包剩余长度）}

图 4-30　PUBACK 数据包的固定头格式

固定头中的 MQTT 协议数据包类型字段的值为 4，代表该数据包是 PUBACK 数据包。PUBACK 数据包剩余长度字段的值固定为 2。

（2）可变头

PUBACK 数据包的可变头只包含一个 2 字节的包标识符，如图 4-31 所示。

位	7	6	5	4	3	2	1	0
字节 1	\multicolumn{8}{l}{包标识符高 8 位}
字节 2	\multicolumn{8}{l}{包标识符低 8 位}

图 4-31　PUBACK 数据包的可变头中的包标识符格式

（3）消息体

PUBACK 数据包没有消息体。

4.3.4　QoS2

QoS0 和 QoS1 是相对简单的 QoS 等级，QoS2 不仅要确保 Receiver 能收到 Sender 发送的消息，还要确保消息不重复。所以，它的重传和应答机制要更复杂，同时开销也是最大的。

在 QoS2 等级下，Sender 和 Receiver 之间的消息传递流程如图 4-32 所示。

QoS2 使用 2 套请求 / 应答流程（一个 4 段的握手）来确保 Receiver 收到来自 Sender 的消息，且不重复。

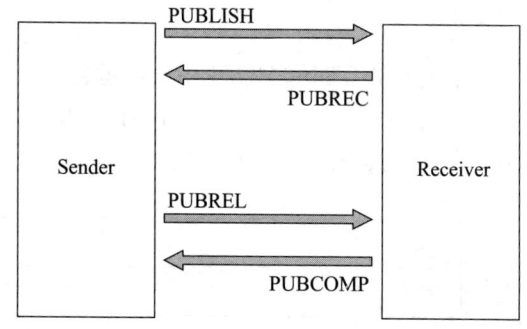

图 4-32　QoS2 等级下 Sender 和 Receiver 之间的消息传递流程

1）Sender 发送 QoS 值为 2 的 PUBLISH 数据包，假设该数据包中包标识符为 P，并在本地保存该 PUBLISH 数据包。

2）Receiver 收到 PUBLISH 数据包后，在本地保存 PUBLISH 数据包的包标识符为 P，并回复 Sender 一个 PUBREC 数据包。PUBREC 数据包的可变头中的包标识符为 P，没有消息体。

3）当 Sender 收到 PUBREC 数据包后，它就可以安全地丢掉初始的包标识符为 P 的 PUBLISH 数据包，同时保存 PUBREC 数据包，并回复 Receiver 一个 PUBREL 数据包。PUBREL 数据包的可变头中的包标识符为 P，没有消息体；如果 Sender 在一定时间内没有收到 PUBREC 数据包，它会把 PUBLISH 数据包的 DUP 标识设为 1，并重新发送该 PUBLISH 数据包。

4）当 Receiver 收到 PUBREL 数据包时，它可以丢弃掉保存的包标识符为 P 的 PUBLISH 数据包，并回复 Sender 一个 PUBCOMP 数据包。PUBCOMP 数据包的可变头中的包标识符为 P，没有消息体。

5）当 Sender 收到 PUBCOMP 数据包，它会认为数据包传输已完成，并丢掉对应的 PUBREC 数据包。如果 Sender 在一定时间内没有收到 PUBCOMP 数据包，则会重新发送 PUBREL 数据包。

我们可以看到，在 QoS2 中，想要完成一次消息的传递，Sender 和 Receiver 之间至少要发送 4 个数据包，所以说，QoS2 是最安全，也是最慢的一种 QoS 等级。

1. PUBREC 数据包

（1）固定头

PUBREC 数据包的固定头格式如图 4-33 所示。

位	7	6	5	4	3	2	1	0
字节 1	\multicolumn{4}{c|}{5（PUBREC）}	\multicolumn{4}{c|}{保留}
字节 2	\multicolumn{8}{c|}{2（数据包剩余长度）}

图 4-33　PUBREC 数据包的固定头格式

固定头中的 MQTT 协议数据包类型字段的值为 5，代表该数据包是 PUBREC 数据包。PUBREC 数据包剩余长度字段的值固定为 2。

（2）可变头

PUBREC 数据包的可变头只包含一个 2 字节的包标识符，其格式如图 4-34 所示。

位	7	6	5	4	3	2	1	0
字节 1	\multicolumn{8}{c|}{包标识符高 8 位}
字节 2	\multicolumn{8}{c|}{包标识符低 8 位}

图 4-34　PUBREC 数据包可变头中的包标识符格式

（3）消息体

PUBREC 数据包没有消息体。

2.PUBREL 数据包

（1）固定头

PUBREL 数据包的固定头格式如图 4-35 所示。

位	7	6	5	4	3	2	1	0
字节 1	\multicolumn{4}{c	}{6（PUBREL）}	\multicolumn{4}{c	}{保留}
字节 2	\multicolumn{8}{c	}{2（数据包剩余长度）}

图 4-35　PUBREL 数据包的固定头格式

固定头中的 MQTT 协议数据包类型字段的值为 6，代表该数据包是 PUBREL 数据包。PUBREL 数据包剩余长度字段的值固定为 2。

（2）可变头

PUBREL 数据包的可变头只包含一个 2 字节的包标识符，其格式如图 4-36 所示。

位	7	6	5	4	3	2	1	0
字节 1	\multicolumn{8}{c	}{包标识符高 8 位}
字节 2	\multicolumn{8}{c	}{包标识符低 8 位}

图 4-36　PUBREL 数据包的可变头中的包标识符格式

（3）消息体

PUBREL 数据包没有消息体。

3.PUBCOM 数据包

（1）固定头

PUBCOM 数据包的固定头格式如图 4-37 所示。

位	7	6	5	4	3	2	1	0
字节 1	\multicolumn{4}{c	}{7（PUBCOM）}	\multicolumn{4}{c	}{保留}
字节 2	\multicolumn{8}{c	}{2（数据包剩余长度）}

图 4-37　PUBCOM 数据包的固定头格式

固定头中的 MQTT 协议数据包类型字段的值为 7，代表该数据包是 PUBCOM 数据包。PUBCOM 数据包剩余长度字段的值固定为 2。

（2）可变头

PUBCOM 数据包的可变头只包含一个 2 字节的包标识符，其格式如图 4-38 所示。

位	7	6	5	4	3	2	1	0
字节 1	包标识符高 8 位							
字节 2	包标识符低 8 位							

图 4-38　PUBCOM 数据包的可变头中的包标识符格式

（3）消息体

PUBCOM 数据包没有消息体。

4.3.5　代码实践：使用不同的 QoS 发布消息

本节会实现一个发布端和一个订阅端，它们可以通过命令行参数来指定发布和订阅的 QoS，同时，通过捕获 packetsend 和 packetreceive 事件，将发送和接收到的 MQTT 协议数据包的类型打印出来。

发布端的代码 publish_with_qos.js 如下所示。

```
1.  var args = require('yargs').argv;
2.  var mqtt = require('mqtt')
3.  var client = mqtt.connect('mqtt://mqtt.eclipse.org', {
4.    clientId: "mqtt_sample_publisher_2",
5.    clean: false
6.  })
7.
8.  client.on('connect', function (connack) {
9.    if (connack.returnCode == 0) {
10.     client.on('packetsend', function (packet) {
11.       console.log('send: ${packet.cmd}')
12.     })
13.     client.on('packetreceive', function (packet) {
14.       console.log('receive: ${packet.cmd}')
15.     })
16.     client.publish("home/sample_topic", JSON.stringify({data: 'test'}), {qos: args.qos})
17.   } else {
18.     console.log('Connection failed: ${connack.returnCode}')
19.   }
20. })
```

第 10～12 行代码捕获 packetsend 事件，然后将发送的 MQTT 协议数据包的类型打印出来。

第 13～15 行代码捕获 packetreceive 事件，然后将收到的 MQTT 协议数据包的类型打印出来。

第 16 行代码使用命令行中指定的 QoS 来发布消息。

订阅端的代码 subscribe_with_qos.js 如下所示。

```
1.  var args = require('yargs').argv;
2.  var mqtt = require('mqtt');
3.  var client = mqtt.connect('mqtt://mqtt.eclipse.org', {
4.    clientId: "mqtt_sample_subscriber_id_2",
5.    clean: false
6.  })
7.
8.
9.  client.on('connect', function (connack) {
10.   if (connack.returnCode == 0) {
11.     client.subscribe("home/sample_topic", {qos: args.qos}, function () {
12.       client.on('packetsend', function (packet) {
13.         console.log('send: ${packet.cmd}')
14.       })
15.       client.on('packetreceive', function (packet) {
16.         console.log('receive: ${packet.cmd}')
17.       })
18.     })
19.   } else {
20.     console.log('Connection failed: ${connack.returnCode}')
21.   }
22. })
```

第 11 行代码使用命令行中指定的 QoS 进行订阅。

第 12～14 行代码捕获 packetsend 事件，然后将发送的 MQTT 协议数据包的类型打印出来。

第 15～17 行代码捕获 packetreceive 事件，然后将收到的 MQTT 协议数据包的类型打印出来。

在 subscribe_with_qos.js 中，Client 每次连接到 Broker 后都会按照参数指定的 QoS 重新订阅主题，订阅成功以后才开始捕获接收和发送的数据包，所以 Client 从连接后到重新订阅前收到的离线消息都不会被打印出来。

我们可以通过 node publish_with_qos.js --qos=xxx 和 node subscribe_with_qos.js --qos=xxx 来运行这两段代码。

接下来，用不同的参数组合来运行这两段代码，看看输出分别是什么。

> **注意** 需要先运行 subscribe_with_qos.js 再运行 publish_with_qos.js，确保接收到的消息可以打印出来。

1. 发布使用 QoS0，订阅使用 QoS0

运行 node publish_with_qos.js --qos=0，输出为：

```
send: publish
```

运行 node subscribe_with_qos.js --qos=0，输出为：

```
receive: publish
```

Publisher 到 Broker，Broker 到 Subscriber，使用的都是 QoS0。

2. 发布使用 QoS1，订阅使用 QoS1

运行 node publish_with_qos.js --qos=1，输出为：

```
send: publish
receive: puback
```

运行 node subscribe_with_qos.js --qos=1，输出为：

```
receive: publish
send: puback
```

Publisher 到 Broker，Broker 到 Subscriber，使用的都是 QoS1。

3. 发布使用 QoS0，订阅使用 QoS1

运行 node publish_with_qos.js --qos=0，输出为：

```
send: publish
```

运行 node subscribe_with_qos.js --qos=1，输出为：

```
receive: publish
```

这里就有点奇怪了，很明显 Broker 到 Subscriber 使用的是 QoS0，和 Subscriber 订阅时指定的 QoS 不一样。原因会在 4.3.6 节详细解释，这里暂不展开。

4. 发布使用 QoS1，订阅使用 QoS0

运行 node publish_with_qos.js --qos=1，输出为：

```
send: publish
receive: puback
```

运行 node subscribe_with_qos.js --qos=0，输出为：

```
receive: publish
```

和设定的一样，Publisher 到 Broker 使用的是 QoS1，Broker 到 Subscriber 使用的是 QoS0。Publisher 使用 QoS1 发布消息，但是消息到 Subscriber 却是 QoS0。也就是说，Subscriber 有可能无法收到消息，这种现象被称为 QoS 降级（QoS Degrade）。

5. 发布使用 QoS2，订阅使用 QoS2

运行 node publish_with_qos.js --qos=2，输出为：

```
send: publish
receive: pubrec
send: pubrel
receive: pubcomp
```

运行 node subscribe_with_qos.js --qos=2，输出为：

```
receive: publish
send: pubrec
receive: pubrel
send: pubcomp
```

可以看到，Publisher 到 Broker，Broker 到 Subscriber，使用的都是 QoS2。

4.3.6 实际的 QoS

在上节的代码实践中，我们已经发现了在某些情况下，Broker 在发送消息到 Subscriber 时使用的 QoS 和 Subscriber 在订阅主题时指定的 QoS 不一样。

这里有一个很重要的计算方法：在 MQTT 协议中，从 Broker 传递到 Subscriber 的实际的 QoS 等级等于 Publisher 发布消息时指定的 QoS 等级和 Subscriber 在订阅时与 Broker 协商的 QoS 等级中最小的那一个。

$$\text{Actual Subscribe QoS} = \text{MIN}(\text{Publish QoS}, \text{Subscribe QoS})$$

这也就解释了在"publish qos=0, subscribe qos=1"的情况下 Subscriber 的实际 QoS 为 0，以及"publish qos=1, subscribe qos=0"时出现 QoS 降级的原因。

同样，如果"publish qos=1, subscribe qos=2"或者"publish qos=2, subscribe qos=1"，那么实际 Subscriber 接收到的 QoS 等级仍然为 1。

理解了实际的 QoS 的计算方法，你才能更好地设计系统中 Publisher 和 Subscriber 使用的 QoS。例如，若你希望 Subscriber 至少收到一次 Publisher 的消息，那么你要确保 Publisher 和 Subscriber 都使用不小于 1 的 QoS。

4.3.7 QoS 的最佳实践

1. QoS 与会话

如果 Client 想接收离线消息，就必须在连接到 Broker 的时候指定使用持久会话（Clean Session=0），这样 Broker 才会存储 Client 在离线期间没有确认接收的 QoS 大于 1 的消息。

2. 如何选择 QoS

以下情况可以选择 QoS0：

- Client 和 Broker 之间的网络连接非常稳定，例如一个通过有线网络连接到 Broker 的用于测试的 Client。

- 可以接受丢失部分消息，比如一个传感器以非常短的间隔发布状态数据，那丢失一些数据也可以接受。
- 不需要离线消息。

以下情况可以选择 QoS1：
- 应用需要接收所有的消息，而且可以接收并处理重复的消息。
- 无法接受 QoS2 带来的额外开销，QoS1 发送消息的速度比 QoS2 快很多。

以下情况可以选择 QoS2：
- 应用必须接收所有的消息，而且应用在重复的消息下无法正常工作，同时你可以接受 QoS2 带来的额外开销。

实际上，QoS1 是应用最广泛的 QoS 等级。QoS1 表示发送消息的速度很快，而且能够保证消息的可靠性。虽然使用 QoS1 等级可能会收到重复的消息，但是在应用程序中处理重复消息通常并不是件难事。在 6.1 节中，我们会看到如何在应用程序中对消息进行去重。

至此，我们学习了 MQTT 协议在 3 种不同的 QoS 等级下的消息传递流程，并用代码进行了验证。同时，我们也讨论了如何根据实际的应用场景来选择不同的 QoS 等级。在 4.4 节，我们将学习 MQTT 协议的另外两个特性——Retained 消息和 LWT。

4.4 Retained 消息和 LWT

本节我们将学习 MQTT 的 Retained 消息和 LWT。

4.4.1 Retained 消息

让我们来考虑一下这个场景。你有一个温度传感器，它每 3 个小时向一个主题发布当前温度。那么问题来了，有一个新的订阅者在它刚刚发布了当前温度之后订阅了这个主题，那么这个订阅端什么时候才能收到温度消息呢？

没错，和你想的一样，它必须等到 3 个小时以后，温度传感器再次发布消息的时候才能收到。在这之前，这个新的订阅者对传感器的温度数据一无所知。

那该怎么解决这个问题呢？

这时候就轮到 Retained 消息出场了。Retained 消息是指在 PUBLISH 数据包中将 Retain 标识设为 1 的消息，Broker 收到这样的 PUBLISH 数据包以后，将为该主题保存这个消息，当一个新的订阅者订阅该主题时，Broker 会马上将这个消息发送给订阅者。

Retained 消息有如下特点：
- 一个 Topic 只能有一条 Retained 消息，发布新的 Retained 消息将覆盖旧的 Retained 消息。
- 如果订阅者使用通配符订阅主题，那他会收到所有匹配主题的 Retained 消息。

- 只有新的订阅者才会收到 Retained 消息，如果订阅者重复订阅一个主题，那么在每次订阅的时候都会被当作新的订阅者，然后收到 Retained 消息。

当 Retained 消息发送到订阅者时，PUBLISH 数据包中的 Retain 标识仍然是 1。订阅者可以判断这个消息是不是 Retained 消息，进而做出相应的处理。

 注意 Retained 消息和持久会话没有任何关系。Retained 消息是 Broker 为每一个主题单独存储的，而持久会话是 Broker 为每一个 Client 单独存储的。

如果你想删除某个主题的 Retained 消息，只要向这个主题发布一个 Payload 长度为 0 的 Retained 消息就可以了。

现在，要解决本节开头提到的那个问题就很简单了，温度传感器每 3 个小时向相应的主题发布包含当前温度的 Retained 消息，那么无论新的订阅者什么时候订阅这个主题，他都能收到温度传感器上一次发布的数据。

4.4.2 代码实践：发布和接收 Retained 消息

下面编写一个发布 Retained 消息的发布端和一个接收消息的订阅端，订阅端在接收消息的时候将消息的 Retain 标识和内容打印出来。

发布端的代码 publish_retained.js 如下所示。

```
1.  var mqtt = require('mqtt')
2.  var client = mqtt.connect('mqtt://mqtt.eclipse.org', {
3.      clientId: "mqtt_sample_publisher_1",
4.      clean: false
5.  })
6.
7.  client.on('connect', function (connack) {
8.      if(connack.returnCode == 0){
9.          client.publish("home/2ndfloor/201/temperature", JSON.stringify({current: 25}), {qos: 0, retain: 1}, function (err) {
10.             if(err == undefined) {
11.                 console.log("Publish finished")
12.                 client.end()
13.             }else{
14.                 console.log("Publish failed")
15.             }
16.         })
17.     }else{
18.         console.log('Connection failed: ${connack.returnCode}')
19.     }
20. })
```

第 9 行代码在发布时指定 Retain 标识为 1。

订阅端的代码 subscribe_retained.js 如下所示。

```js
1.  var mqtt = require('mqtt')
2.  var client = mqtt.connect('mqtt://mqtt.eclipse.org', {
3.    clientId: "mqtt_sample_subscriber_id_chapter_8",
4.    clean: false
5.  })
6.
7.  client.on('connect', function (connack) {
8.    if(connack.returnCode == 0) {
9.      if (connack.sessionPresent == false) {
10.       console.log("subscribing")
11.       client.subscribe("home/2ndfloor/201/temperature", {
12.         qos: 0
13.       }, function (err, granted) {
14.         if (err != undefined) {
15.           console.log("subscribe failed")
16.         } else {
17.           console.log('subscribe succeeded with ${granted[0].topic}, qos: ${granted[0].qos}')
18.         }
19.       })
20.     }
21.   }else {
22.     console.log('Connection failed: ${connack.returnCode}')
23.   }
24. })
25.
26. client.on("message", function (_, message, packet) {
27.   var jsonPayload = JSON.parse(message.toString())
28.   console.log('retained: ${packet.retain}, temperature: ${jsonPayload.current}')
29. })
30.
```

第 9 行代码判断了 CONNACK 数据包中的会话存在标识，只有在第一次建立会话的时候才进行订阅，重复多次运行订阅端代码也只会触发一次订阅。

第 28 行代码是在收到消息的时候打印出消息的 Retain 标识。

我们首先运行 publish_retained.js，再运行 subscribe_retained.js，会得到如下输出：

```
retained: true, temperature: 25
```

当订阅端第一次订阅该主题的时候，Broker 会将为该主题保存的 Retained 消息转发给订阅端，所以在 Publisher 发布之后 Subscriber 再订阅主题也能收到 Retained 消息。

然后我们再运行一次 publish_retained.js，运行 subscribe_retained.js 的终端会有如下输出：

```
retained: false, temperature: 25
```

由于此时订阅端已经订阅了该主题，Broker 收到 Retained 消息以后，只保存该消息，然后按照正常的转发逻辑转发给订阅端，因此对于订阅端来说，这只是一个普通的 MQTT PUBLISH 数据包，所以 Retain 标识为 0。

接着按下组合键 Ctrl+C，关闭 subscribe_retained.js，重新运行，此时因为会话已经存在，订阅端不会重新订阅这个主题，终端不会有任何输出。由此可见，Retained 消息只对新订阅的订阅者有效。

4.4.3 LWT

LWT 全称为 Last Will and Testament，也就是我们在连接 Broker 时提到的遗愿，包括遗愿主题、遗愿 QoS、遗愿消息等。

顾名思义，当 Broker 检测到 Client 非正常地断开连接时，就会向 Client 的遗愿主题中发布一条消息。遗愿的相关设置是在建立连接时，在 CONNECT 数据包里面指定的。

- Will Flag：是否使用 LWT。
- Will Topic：遗愿主题名，不可使用通配符。
- Will QoS：发布遗愿消息时使用的 QoS 等级。
- Will Retain：遗愿消息的 Retain 标识。
- Will Message：遗愿消息内容。

Broker 会在出现以下情况时认为 Client 是非正常断开连接的：

1）Broker 检测到底层 I/O 异常。

2）Client 未能在 Keep Alive 的间隔内和 Broker 进行消息交互。

3）Client 在关闭底层 TCP 连接前没有发送 DISCONNECT 数据包。

4）Broker 因为协议错误关闭了和 Client 的连接，比如 Client 发送了一个格式错误的 MQTT 协议数据包。

如果 Client 通过发布 DISCONNECT 数据包断开连接，这属于正常断开连接，不会触发 LWT 的机制。同时，Broker 还会丢掉这个 Client 在连接时指定的 LWT 参数。

通常，如果我们关心设备，比如传感器的连接状态，则可以使用 LWT。在接下来的代码实践中，我们会使用 Retained 消息和 LWT 实现对一个 Client 的连接状态监控。

4.4.4 代码实践：监控 Client 连接状态

实现 Client 连接状态监控的原理很简单：

1）Client 在连接时指定遗愿主题名为 client/status，遗愿消息内容为 offline，遗愿消息的 Retain 标识为 1。

2）Client 在连接成功后向同一个主题 client/status 发布一个内容为 online 的 Retained 消息。

那么，订阅者在任何时候订阅"client/status"，都会获取 Client 当前的连接状态。

client.js 的代码如下所示。

```
1.  var mqtt = require('mqtt')
2.  var client = mqtt.connect('mqtt://mqtt.eclipse.org', {
3.    clientId: "mqtt_sample_publisher_chapter_8",
4.    clean: false,
5.    will:{
6.      topic : 'client/status',
7.      qos: 1,
8.      retain: true,
9.      payload: JSON.stringify({status: 'offline'})
10.   }
11. })
12. 
13. client.on('connect', function (connack) {
14.   if(connack.returnCode == 0){
15.     client.publish("client/status", JSON.stringify({status: 'online'}),
    {qos: 1, retain: 1})
16.   }else{
17.     console.log('Connection failed: ${connack.returnCode}')
18.   }
19. })
```

代码的第 5 ~ 9 行对 Client 的 LWT 进行了设置。

在第 15 行，Client 在连接到 Broker 后会向指定的主题发布一条消息。

用于监控 Client 连接状态的 monitor.js 代码如下所示。

```
1.  var mqtt = require('mqtt')
2.  var client = mqtt.connect('mqtt://mqtt.eclipse.org', {
3.    clientId: "mqtt_sample_subscriber_id_chapter_8_2",
4.    clean: false
5.  })
6.  
7.  client.on('connect', function () {
8.      client.subscribe("client/status", {qos: 1})
9.  })
10. 
11. client.on("message", function (_, message) {
12.   var jsonPayload = JSON.parse(message.toString())
13.   console.log('client is ${jsonPayload.status}')
14. })
```

首先运行 client.js，然后运行 monitor.js，我们会得到以下输出：

```
client is online
```

在运行 client.js 的终端上，按下组合键 "Ctrl+C" 终止 client.js，之后在运行 monitor.js 的终端上会得到以下输出：

```
client is offline
```

重新运行 client.js，在运行 monitor.js 的终端上会得到以下输出：

```
client is online
```

按下组合键"Ctrl+C"终止 monitor.js，然后重新运行 monitor.js，会得到以下输出：

```
client is online
```

这样，我们就完美地监控了 Client 的连接状态。

本节我们学习了 Retained 消息和 LWT，并利用这两个特性完成了对 Client 连接状态的监控。接下来，我们将学习 Keep Alive 和在移动端的连接保活。

4.5　Keep Alive 与连接保活

在生产环境下，特别是在物联网这种无人值守的设备比较多的情况下，我们都希望设备能够自动从错误中恢复过来，比如在网络故障恢复以后，设备能够自动重新连接 Broker。本节我们就来学习 MQTT 协议的 Keep Alive 机制，以及连接保活的方式。

4.5.1　Keep Alive

在 4.4 节中，我们提到 Broker 需要知道 Client 是否非正常地断开了和它的连接，以发送遗愿消息。实际上，Client 也需要能够很快地检测到它和 Broker 的连接断开，以便重新连接。

MQTT 协议是基于 TCP 的一个应用层协议，理论上 TCP 在连接断开时会通知上层应用，但是 TCP 有一个半打开连接（Half-open Connection）的问题。这里不会深入分析 TCP，需要记住的是，在这种状态下，一端的 TCP 连接已经失效，但是另外一端并不知情，它认为连接依然是打开的，需要很长时间才能感知到对端连接已经断开，这种情况在使用移动网络或者卫星网络的时候尤为常见。

仅仅依赖 TCP 层的连接状态监测是不够的，于是 MQTT 协议设计了一套 Keep Alive 机制。回忆一下，在建立连接的时候，我们可以传递一个 Keep Alive 参数，它的单位为秒。MQTT 协议约定：在 1.5 倍 Keep Alive 的时间间隔内，如果 Broker 没有收到来自 Client 的任何数据包，那么 Broker 会认为它和 Client 之间的连接已经断开；同样，在这段时间间隔内，如果 Client 没有收到来自 Broker 的任何数据包，那么 Client 会认为它和 Broker 之间的连接已经断开。

MQTT 协议中设计了一对 PINGREQ/PINGRESP 数据包，当 Broker 和 Client 之间没有任何数据包传输时，我们可以通过 PINGREQ/PINGRESP 数据包满足 Keep Alive 的约定和连接状态的监测。

1. PINGREQ 数据包

当 Client 在一个 Keep Alive 时间间隔内没有向 Broker 发送任何数据包，比如 PUBLISH 数据包和 SUBSCRIBE 数据包时，它应该向 Broker 发送 PINGREQ 数据包。PINGREQ 数据包的格式如下所示。

（1）固定头

PINGREQ 数据包的固定头格式如图 4-39 所示。

位	7	6	5	4	3	2	1	0
字节 1	\multicolumn{4}{c|}{12（PINGREQ）}	\multicolumn{4}{c|}{保留}
字节 2	\multicolumn{8}{c|}{0（数据包剩余长度）}

图 4-39　PINGREQ 数据包的固定头格式

固定头中的 MQTT 协议数据包类型字段的值为 12，代表该数据包是 PINGREQ 数据包。PINGREQ 数据包剩余长度字段的值固定为 0。

（2）可变头

PINGREQ 数据包没有可变头。

（3）消息体

PINGREQ 数据包没有消息体。

2. PINGRESP 数据包

当 Broker 收到来自 Client 的 PINGREQ 数据包时，它应该回复 Client 一个 PINGRESP 数据包。PINGRESP 数据包的格式如下所示。

（1）固定头

PINGRESP 数据包的固定头格式如图 4-40 所示。

位	7	6	5	4	3	2	1	0
字节 1	\multicolumn{4}{c|}{13（PINGRESP）}	\multicolumn{4}{c|}{保留}
字节 2	\multicolumn{8}{c|}{0（数据包剩余长度）}

图 4-40　PINGRESP 数据包的固定头格式

固定头中的 MQTT 协议数据包类型字段的值为 13，代表该数据包是 PINGRESP 数据包。PINGRESP 数据包剩余长度字段的值固定为 0。

（2）可变头

PINGRESP 数据包没有可变头。

（3）消息体

PINGRESP 数据包没有消息体。

3. Keep Alive 的其他特性

Keep Alive 机制还有以下几点需要注意：

1）如果在一个 Keep Alive 时间间隔内，Client 和 Broker 有过数据包传输，比如 PUBLISH 数据包，那 Client 就没有必要再使用 PINGREQ 数据包了，在网络资源比较紧张的情况下这点很重要。

2）Keep Alive 的值是由 Client 指定的，不同的 Client 可以指定不同的值。

3）Keep Alive 的最大值为 18 个小时 12 分 15 秒。

4）Keep Alive 的值如果被设置为 0，则代表不使用 Keep Alive 机制。

4.5.2 代码实践

首先我们编写一段简单的 Client 代码，它会把发送和接收到的 MQTT 协议数据包的类别打印出来。

完整的代码 keepalive.js 如下所示。

```
1.  var mqtt = require('mqtt')
2.  var dateTime = require('node-datetime');
3.  var client = mqtt.connect('mqtt://mqtt.eclipse.org', {
4.    clientId: "mqtt_sample_id_chapter_9",
5.    clean: false,
6.    Keepalive: 5
7.  })
8.
9.  client.on('connect', function () {
10.   client.on('packetsend', function (packet) {
11.     console.log('${dateTime.create().format('H:M:S')}: send ${packet.cmd}')
12.   })
13.
14.   client.on('packetreceive', function (packet) {
15.     console.log('${dateTime.create().format('H:M:S')}: receive ${packet.cmd}')
16.   })
17. })
```

代码第 6 行把 Keep Alive 的值设为 5 秒。

运行 keepalive.js，我们会得到以下输出：

```
19:42:44: send pingreq
19:42:44: receive pingresp
19:42:49: send pingreq
19:42:49: receive pingresp
19:42:54: send pingreq
```

```
19:42:54: receive pingresp
......
```

可以看到，每隔 5 秒就会有一个 PINGREQ/PINGRESP 数据包的交互。

然后再编写一段 Client 代码，这个 Client 每隔 4 秒发布一条消息，完整的代码 keepalive_with_publish.js 如下所示。

```
1.   var mqtt = require('mqtt')
2.   var dateTime = require('node-datetime');
3.   var client = mqtt.connect('mqtt://mqtt.eclipse.org', {
4.     clientId: "mqtt_sample_id_chapter_9",
5.     clean: false,
6.     Keepalive: 5
7.   })
8.
9.   client.on('connect', function () {
10.    client.on('packetsend', function (packet) {
11.      console.log(`${dateTime.create().format('H:M:S')}: send ${packet.cmd}`)
12.    })
13.
14.    client.on('packetreceive', function (packet) {
15.      console.log(`${dateTime.create().format('H:M:S')}: receive ${packet.cmd}`)
16.    })
17.
18.    setInterval(function () {
19.      client.publish("foo/bar", "test")
20.    }, 4 * 1000)
21.  })
```

代码的第 6 行把 Keep Alive 的值设为 5 秒。

代码的第 18 ~ 20 行，设置了定时器，每隔 4 秒发布一次。

运行 Keepalive_with_publish.js，会得到以下输出：

```
19:54:37: send publish
19:54:41: send publish
19:54:45: send publish
......
```

正如之前所讲的那样，如果在一个 Keep Alive 时间间隔内，Client 和 Broker 之间传输过数据包，那么就不会触发 PINGREQ/PINGRESP 数据包。

4.5.3 连接保活

Client 的连接保活逻辑很简单，在检测到连接断开时再重新进行连接就可以了。大多数语言的 MQTT Client 都支持这个功能，并默认打开。不过如果是移动设备，比如在 Android 系统或者 iOS 系统的智能手机上使用 MQTT Client，那情况就有所不同了。通常在移动端使用 MQTT 协议的时候会碰到一个问题：App 被切入后台后，怎样才能保持与 MQTT 协议的连接并继续接收消息呢？接下来，我们就通过 Android 系统和 iOS 系统分别来讲一下。

1. Android 系统上的连接保活

在 Android 系统上，我们可以在一个 Service 中创建和保持 MQTT 协议连接，这样即使 App 被切入后台，这个 Service 还在运行，MQTT 协议的连接还存在，就能接收消息。参考代码如下所示。

```
1.  public class MQTTService extends Service{
2.    ......
3.    @Override
4.    public int onStartCommand(Intent intent, int flags, int startId) {
5.      ......
6.      mqttClient.connect(...)
7.      ......
8.    }
9.    ......
10. }
```

接收到 MQTT 消息后，我们可以通过一些方式，比如广播通知 App 处理这些消息。

2. iOS 系统上的连接保活

iOS 系统的连接保活机制与 Android 系统的不同，在 App 被切入后台时，你没有办法在后台运行 App 的任何代码，所以无法通过 MQTT 协议的连接来获取消息。当然，iOS 系统提供了几种可以在后台运行的方式，比如 Download、Audio 等，但如果你的 App 假借这些方式运行后台程序，是过不了审核的，所以这里只讨论正常情况。

在 iOS 系统中的 App 切入后台后，正确接收 MQTT 协议消息的方式是：

1）Publisher 发布一条或多条消息。

2）Publisher 通过某种渠道（比如 HTTP API）告知 App 的应用服务器，然后服务器通过系统的 APNs 向对应的 Subscriber 推送一条消息。

3）用户点击推送，App 进入前台。

4）App 重新建立和 Broker 的连接。

5）App 收到 Publisher 刚刚发送的一条或多条消息。

App 端的代码如下所示。

```
1.  -(void)application:(UIApplication *)app didReceiveRemoteNotification:(NSDictionary *)userInfo {
2.    if([app applicationState] == UIApplicationStateInactive) {
3.      [mqttClient connect]
4.    }
5.  }...
```

> **注意**：实际上，当下国内主流的 Android 系统都有后台清理功能，App 被切入后台后，它的服务，即使是前台服务（Foreground Service）也会很快地被杀掉，除非 App 被厂商或者用户加入白名单。所以在 Android 系统上最好还是利用厂商的推送通道，比如华为推送、小米推送等，即在 App 被切入后台时采用和 iOS 系统上一样的机制来接收 MQTT 协议的消息。

4.6 本章小结

至此，MQTT 3.1.1 协议的主要特性就介绍完了，所有的代码可以在 https://github.com/sufish/mqtt-sample 中找到。下一章将详细讲解 MQTT 5.0 的相关内容。

第 5 章

MQTT 5.0 协议详解

自 1999 年 MQTT 协议发布以来，MQTT 协议在物联网领域得到了广泛应用，大量的设备都使用 MQTT 协议进行互联，随着使用 MQTT 协议的物联网应用越来越多，催生了对 MQTT 协议持续进化的需求。

2018 年 MQTT 5.0 协议正式发布，它的目标是增强 MQTT 协议的性能和稳定性，赋予 Client 和 Broker 对 MQTT 通信过程更强的控制能力，提供更好的扩展性。

MQTT 5.0 在 MQTT 3.1.1 的基础上新增了很多新特性，和 MQTT 3.1.1 并不兼容，在本章中，我们将对这些新特性进行一一讲解。

5.1 协议包内容扩展

MQTT 5.0 没有修改 MQTT 协议的数据包结构，但在数据包的内容上做了扩展。

5.1.1 属性集

在 MQTT 5.0 中，数据包的可变头可以包含属性集字段。属性集由多个属性组成，每一个属性是一个键值对。属性的键是一个 1 字节的整型，后面跟着属性的值。我们会在后面的小节里讲解这些属性的具体用法。

5.1.2 原因码

在 MQTT 3.1.1 中，CONNACK 和 SUBACK 数据包中包括了返回码。MQTT 5.0 扩展了返回码的范围，在 PUBACK、PUBREC、PUBREL、PUBCOMP、SUBACK、UNSUBACK、

DISCONNECT、AUTH（MQTT 5.0 新特性）数据包中均添加了返回码字段，并统一更名为原因码（Reason Code），因为原因码也会出现在从 Client 发送到 Broker 的数据包中。同时，原因码的值也扩大到 43 种，这样应用就可以更加清晰地了解 MQTT 通信过程中发生的错误，也更方便处理了。MQTT 5.0 的原因码如表 5-1 所示。

表 5-1　MQTT 5.0 的原因码

名称	值	适用于	描述
Success（成功）	0x00	CONNACK、PUBACK、PUBREC、PUBREL、PUBCOMP、UNSUBACK、AUTH	成功
Normal Disconnection（正常断开连接）	0x00	DISCONNECT	正常断开连接，不发送遗愿消息
Granted QoS 0（被授予 QoS 等级 0）	0x00	SUBACK	给予订阅 QoS0
Granted QoS 1（被授予 QoS 等级 1）	0x01	SUBACK	给予订阅 QoS1
Granted QoS 2（被授予 QoS 等级 2）	0x02	SUBACK	给予订阅 QoS2
Disconnect with Will Message（带有遗愿消息断开连接）	0x04	DISCONNECT	正常断开连接，但是发送遗愿消息
No Matching Subscribers（无匹配的订阅者）	0x10	PUBACK、PUBREC	发布成功，但是主题没有对应的订阅者
No Subscription Existed（订阅不存在）	0x11	UNSUBACK	取消订阅成功，但是对应的主题不存在
Continue Authentication（继续认证）	0x18	AUTH	继续下一步的认证流程（MQTT 5.0 新特性）
Re-authenticate（重新认证）	0x19	AUTH	需要重新认证（MQTT 5.0 新特性）
Unspecified Error（未指明的错误）	0x80	CONNACK、PUBACK、PUBREC、SUBACK、UNSUBACK、DISCONNECT	MQTT Broker 希望向 Client 隐藏错误细节，或者其他原因码均不适用于这个错误
Malformed Packet（数据包格式错误）	0x81	CONNACK、DISCONNECT	不能正确地解析数据包
Protocol Error（协议错误）	0x82	CONNACK、DISCONNECT	数据包中的数据不符合协议规定
Implementation Specific Error（特定于实现的错误）	0x83	CONNACK、PUBACK、PUBREC、SUBACK、UNSUBACK、DISCONNECT	数据包在协议层级合法，但是 MQTT Broker 因为本身实现的问题不接收
Unsupported Protocol Version（不支持的协议版本）	0x84	CONNACK	MQTT Broker 不支持 Client 请求的 MQTT 协议版本
Client Identifier not Valid（非法的客户端标识符）	0x85	CONNACK	MQTT Broker 不接收 Client Identifier

（续）

名称	值	适用于	描述
Bad User Name or Password（用户名或密码不正确）	0x86	CONNACK	MQTT Broker 不接收 Client 指定的用户名和密码
Not Authorized（未授权）	0x87	CONNACK、PUBACK、PUBREC、SUBACK、UNSUBACK、DISCONNECT	Client 未授权
Server Unavailable（服务器不可用）	0x88	CONNACK	MQTT Broker 不可用
Server Busy（服务器忙）	0x89	CONNACK、DISCONNECT	MQTT Broker 忙，稍后重试
Banned（被禁止）	0x8A	CONNACK	该 Client 已经被管理员禁止连接
Server Shutting Down（服务器正在关闭）	0x8B	DISCONNECT	MQTT Broker 正在关闭
Bad Authentication Method（错误的认证方法）	0x8C	CONNACK、DISCONNECT	错误的授权方法
Keep Alive Timeout（心跳超时）	0x8D	DISCONNECT	Keep Alive 超时
Session Taken Over（会话被接管）	0x8E	DISCONNECT	会话已被接管
Topic Filter Invalid（非法的主题过滤器）	0x8F	SUBACK、UNSUBACK、DISCONNECT	主题过滤器非法
Topic Name Invalid（非法的主题名）	0x90	CONNACK、PUBACK、PUBREC、DISCONNECT	主题名非法
Packet Identifier in Use（数据包标识符被使用）	0x91	PUBACK、PUBREC、SUBACK、UNSUBACK	包标识符已被占用
Packet Identifier not Found（数据包标识符不存在）	0x92	PUBREL、PUBCOMP	包标识符不存在
Receive Maximum Exceeded（超出接收最大值）	0x93	DISCONNECT	并行发送的 QoS1 或者 QoS2 包数量超过限制
Topic Alias Invalid（非法的主题别名）	0x94	DISCONNECT	主题别名非法
Packet Too Large（数据包过大）	0x95	CONNACK、DISCONNECT	数据包的长度太长
Message Rate Too High（消息速率过高）	0x96	DISCONNECT	消息发送频率超过限制
Quota Exceeded（超出配额）	0x97	CONNACK、PUBACK、PUBREC、SUBACK、DISCONNECT	超过一个实现或者后台管理指定的配额
Administrative Action（管理行为）	0x98	DISCONNECT	管理员终止连接
Payload Format Invalid（非法的载荷格式）	0x99	CONNACK、PUBACK、PUBREC、DISCONNECT	消息体数据格式非法
Retain not Supported（不支持保留消息）	0x9A	CONNACK、DISCONNECT	MQTT Broker 并不支持 Retained 消息

（续）

名称	值	适用于	描述
QoS not Supported（不支持的 QoS 等级）	0x9B	CONNACK、DISCONNECT	MQTT Broker 不支持指定的 QoS
Use Another Server（使用另一个服务器）	0x9C	CONNACK、DISCONNECT	Client 应该暂时使用其他 MQTT Broker
Server Moved（服务器已迁移）	0x9D	CONNACK、DISCONNECT	Client 应该使用其他 MQTT Broker
Shared Subscriptions not Supported（不支持共享订阅）	0x9E	SUBACK、DISCONNECT	Broker 不支持共享订阅
Connection Rate Exceeded（超出连接速率限制）	0x9F	CONNACK、DISCONNECT	连接率超限
Maximum Connect Time（最大连接时间）	0xA0	DISCONNECT	已超过最大连接时间
Subscription Identifiers not Supported（不支持订阅标识符）	0xA1	SUBACK、DISCONNECT	Broker 不支持订阅标识符
Wildcard Subscriptions not Supported（不支持通配符订阅）	0xA2	SUBACK、DISCONNECT	Broker 不支持通配符订阅

除了 SUBACK 和 UNSUBACK 数据包以外，其他数据包都将原因码存放在包的可变头中，这是因为 SUBACK 和 UNSUBACK 数据包的原因码可能需要对应多个不同的主题过滤器，所以它们的返回码是存放在消息体当中的。

细心的读者可能已经发现了，表 5-1 里出现了 MQTT 3.1.1 中没有的数据包或者错误原因，这都是 MQTT 5.0 的新特性带来的，我们会在后面的小节里进行详细讲解。

5.2 更完善的连接管理

MQTT 5.0 对 MQTT 连接的建立和断开流程进行了完善。

5.2.1 获取 MQTT Broker 的连接属性

与 MQTT 3.1.1 一样，在 MQTT 5.0 中，当 Broker 收到 Client 的 CONNECT 数据包时，会回复 CONNACK 数据包，不同的是，相较于 3.1.1，MQTT 5.0 的 CONNACK 数据包的属性集里包含了 MQTT Broker 的连接属性，如表 5-2 所示。

表 5-2　CONNACK 中的 Broker 属性集

属性标识	名称	长度	描述
0x11	Session Expiry Interval（会话过期时间）	4 字节	会话过期时间以秒为单位，如果未出现在 CONNACK 数据包中，则代表使用 Broker 的设定而不是 Client 的设定（MQTT 5.0 新增）

（续）

属性标识	名称	长度	描述
0x21	Receive Maximum（接收数最大值）	2 字节	Client 能够并行发布的 QoS1 和 QoS2 的消息数，对 QoS0 不限制，如果未出现在 CONNACK 数据包中，则默认为 65535
0x24	Maximum QoS（最高的 QoS 等级）	1 字节	Client 能使用的最高 QoS 等级为 0 或者 1，如果未出现在 CONNACK 数据包中，则代表 Client 可以使用的最高 QoS 等级为 2
0x25	Retain Available（是否支持保留消息）	1 字节	是否支持 Retained 消息，0 代表不支持，1 代表支持
0x27	Maximum Packet Size（最大包长度）	4 字节	Broker 能接收的最大包长度，如果未出现在 CONNACK 数据包中，则代表无限制
0x12	Assigned Client Identifier（分配的客户端标识符）	多字节	UTF-8 字符串，如果 CONNECT 数据包中的客户端标识符长度为 0，Broker 将分配一个唯一的客户端标识符给 Client，并通过该属性告知 Client
0x22	Topic Alias Maximum（主题别名数量最大值）	2 字节	当前连接支持的最大主题别名数量，如果为 0 代表 Broker 在当前连接上不接收主题别名（MQTT 5.0 新特性）
0x15	Reason String（原因字符串）	多字节	人可读的 UTF-8 字符串，出现在原因码不为 0 的情况中，给予当前错误情况更多的说明
0x26	User Property（用户属性）	多字节	UTF-8 字符串对，给予 Client 更多的信息，内容由 Broker 的实现值自定义
0x28	Wildcard Subscription Available（是否支持通配符订阅）	1 字节	是否支持订阅通配符，0 代表不支持，1 代表支持
0x29	Subscription Identifiers Available（是否支持订阅标识符）	1 字节	是否支持订阅标识符，0 代表不支持，1 代表支持（MQTT 5.0 新特性）
0x2A	Shared Subscription Available（是否支持共享订阅）	1 字节	是否支持共享订阅，0 代表支持，1 代表不支持（MQTT 5.0 新特性）
0x13	Server Keep Alive（Broker 设定的 Keep Alive 值）	2 字节	Broker 指定的 Keep Alive 值，单位为秒，如果该属性出现在 CONNACK 数据包中，则代表 Client 需要使用这个 Keep Alive 值，而非在 CONNECT 数据包指定的值
0x1A	Response Information（响应信息）	多字节	UTF-8 字符串，内容由 Broker 开发者自定义。当 Client 需要创建响应主题时，要以这个值为基础，比如用于主题名前缀（MQTT 5.0 新特性）
0x1c	Server Reference（参考服务器）	多字节	UTF-8 字符串，告知 Client 另一个可用的 Broker 地址，原因码为 0x9C 或者 0x9D 时使用
0x15	Authentication Method（认证方法）	多字节	UTF-8 字符串，认证方法（MQTT 5.0 新特性）
0x16	Authentication Data（认证数据）	多字节	二进制认证数据（MQTT 5.0 新特性）

Client 可以根据 Broker 的属性激活 / 禁用某些功能，也可以在 Broker 属性不满足需求的情况下断开和 Broker 的连接。

5.2.2 代码实践：建立 MQTT 5.0 连接

在下面的代码片段中，向 MQTT Broker 发送连接请求之后，将 CONNACK 数据包中相应的数据打印出来：

```
1. const mqtt = require("mqtt");
2. const client = mqtt.connect("mqtt://broker.emqx.io", {
3.    protocolVersion: 5,
4.    clientId: ""
5. });
6. client.on("connect", (connack) => {
7.    console.log(`reason code: ${connack.reasonCode}`)
8.    console.log(connack.properties)
9. });
```

运行这段代码，我们将获得以下输出：

```
reason code: 0
{
  receiveMaximum: 32,
  maximumPacketSize: 1048576,
  retainAvailable: true,
  sharedSubscriptionAvailable: true,
  subscriptionIdentifiersAvailable: true,
  topicAliasMaximum: 65535,
  wildcardSubscriptionAvailable: true,
  assignedClientIdentifier: 'MzE4MDAzODM0MjY3NjIyOTY3MjcwOTYxNzQ0NzcyNDY0NjE'
}
```

在代码的第 3 行，我们将使用的 MQTT 版本号设为 5，代表使用 MQTT 5.0；在代码的第 4 行，将客户端标识符设为空字符串，所以我们看到在返回的 CONNACK 数据包中包含了 Broker 分配的客户端标识符。

5.2.3 Client 主动断开连接

MQTT 5.0 中 Client 主动断开连接的流程和 MQTT 3.1.1 中的流程是一致的，不同的是，在 MQTT 3.1.1 中，当 Broker 收到来自 Client 的 DISCONNECT 数据包之后，并不会触发遗愿机制，只有 Broker 没有收到 DISCONNECT 数据包且检测到底层 TCP 连接断开后，才会触发遗愿机制。而在 MQTT 5.0 中，Client 在发送 DISCONNECT 数据包时，可以指定是否触发遗愿机制。

这样的机制在某些应用场景下会带来便利，比如应用利用遗愿消息来获取 Client 的连接状态，Client 在发送 DISCONNECT 数据包时指定触发遗愿机制，那么无论设备是正常断开连接还是非正常断开连接，应用都可以通过 Client 的遗愿消息来获取设备的连接状态。

5.2.4 代码实践：主动断开连接，触发遗愿机制

在下面的代码中，第一个 Client 在建立连接时指定遗愿消息，并用另外一个 Client 订阅遗愿主题，然后在 2 秒后断开第一个 Client 的连接：

```
1.  const mqtt = require("mqtt");
2.  const client = mqtt.connect("mqtt://broker.emqx.io", {
3.    protocolVersion: 5,
4.    clientId: "mqtt5-sample-1",
5.    will: {
6.      topic: "mqtt5-sample-will-1",
7.      payload: "i'm offline"
8.    }
9.  });
10. client.on("connect", (connack) => {
11.   if(connack.reasonCode === 0) {
12.     console.log(`client connected`)
13.   }
14. });
15.
16. const willSubscriber = mqtt.connect("mqtt://broker.emqx.io", {
17.   protocolVersion: 5,
18.   clientId: "mqtt5-sample-2",
19. });
20.
21. willSubscriber.on("connect", (connack) =>{
22.   if(connack.reasonCode === 0){
23.     willSubscriber.subscribe("mqtt5-sample-will-1", (error) =>{
24.       if(!error){
25.         console.log("will topic subscribed")
26.       }
27.     })
28.   }
29. })
30. willSubscriber.on("message", (topic, payload) => {
31.   console.log(`receive from ${topic}:${payload}`)
32. })
33.
34. setTimeout(()=>{
35.   client.end({
36.     reasonCode: 0x04
37.   })
38. }, 2000)
```

运行上述代码，我们可以获得以下输出：

```
will topic subscribed
client connected
```

```
receive from mqtt5-sample-will-1:i'm offline
```

在代码的第 36 行，我们使用了 0x04 原因码。如 5.1 节所说，该原因码代表这个 DISCONNECT 数据包需要触发遗愿机制。如果去掉这行代码，则不会收到遗愿消息。

5.2.5 Broker 主动断开连接

在 MQTT 5.0 中，Broker 主动断开连接的流程和 MQTT 3.1.1 中的不同，Broker 会发送一个 DISCONNECT 数据包给 Client，而不是直接断开底层的 TCP 连接，如图 5-1 所示。

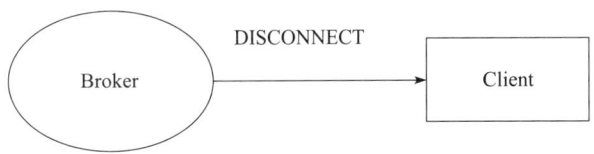

图 5-1　Broker 主动断开连接

DISCONNECT 数据包的原因码代表了 Broker 主动断开连接的原因，Client 可以根据此原因对错误进行相应处理。

5.2.6　代码实践：处理客户端标识符冲突

在实际的应用场景中，有一个常见的异常，两个 Client 使用同样的客户端标识符连接到 Broker，当第二个 Client 连接时，由于客户端标识符冲突，Broker 会关闭第一个 Client 的连接，但第一个 Client 并不知道关闭连接的原因，因此一般会触发重连机制，这样会把第二个 Client 顶下去，而第二个 Client 又触发重连机制，然后这两个 Client 就会不断地连接、断开、重连。

在 MQTT 5.0 中，由于 Broker 会在断开连接时发送 DISCONNECT 数据包给 Client，因此 Client 会获取到断开连接的原因，从而及时对客户端标识符冲突的情况进行处理，就不会再出现上面的问题了。

在下面的代码中，我们使用两个拥有相同的客户端标识符的 Client 连接到 Broker，并且捕获 Broker 的 DISCONNECT 数据包，如果发现客户端标识符冲突，则不再重新连接：

```
1.  const mqtt = require("mqtt");
2.  const client1 = mqtt.connect("mqtt://broker.emqx.io", {
3.    protocolVersion: 5,
4.    clientId: "mqtt5-sample-3",
5.  });
6.
7.  const client2 = mqtt.connect("mqtt://broker.emqx.io", {
8.    protocolVersion: 5,
```

```
 9.    clientId: "mqtt5-sample-3",
10.  });
11.
12.  client1.on("connect", (connack) => {
13.    if(connack.reasonCode === 0) {
14.      console.log(`client1 connected`)
15.    }
16.  });
17.
18.  client1.on("disconnect", (packet) =>{
19.    console.log(`client1 disconnected: ${packet.reasonCode}`)
20.    if(packet.reasonCode === 0x8E){
21.      console.log("client1 id conflict, stop now")
22.      client1.end()
23.    }
24.  })
25.
26.  client2.on("disconnect", (packet) =>{
27.    console.log(`client2 disconnected: ${packet.reasonCode}`)
28.    if(packet.reasonCode === 0x8E){
29.      console.log("client2 id conflict, stop now")
30.      client2.end()
31.    }
32.  })
33.
34.  client2.on("connect", (connack) => {
35.    if(connack.reasonCode === 0) {
36.      console.log(`client2 connected`)
37.    }
38.  });
```

运行这段代码，我们可以得到以下输出：

```
client1 connected
client1 disconnected: 142
client1 id conflict, stop now
client2 connected
```

在代码的第 20 行和第 28 行，我们会判断 DISCONNECT 数据包的原因码是否为 0x8E，如 5.1 节所说，这个原因码代表会话被接管，即另外一个具有相同客户端标识符的 Client 接管了这个会话。

通过输出我们会发现，此时不会再出现两个 Client 不停连接的情况，第二个 Client 顶掉第一个 Client 后，流程就结束了。

5.3 更完善的会话管理

MQTT 5.0 在会话管理中引入了两个新的属性：清理会话启动（Clean Start）和会话过期

时间（Session Expiry Interval）。

5.3.1 清理会话启动

在 MQTT 5.0 中，CONNECT 数据包的可变头的连接标识中的会话清除（Clean Session）被命名为清理会话启动（Clean Start），它的值是 0 或者 1。

- Clean Start 为 0 时，如果 Broker 上存在和客户端标识符相关联的会话，则应该使用该会话来恢复通信，并将 CONNACK 数据包中的会话存在标识设为 1，否则创建一个全新的会话，并将 CONNACK 数据包中的会话存在标识设为 0。
- Clean Start 为 1 时，Broker 始终会创建一个旧的会话，并丢弃掉旧的会话（如果存在的话），并将 CONNACK 数据包中的会话存在标识设为 0。

细心的读者可能已经发现了，这个 Clean Start 和 MQTT 3.1.1 中的 Clean Session 的意义是一样的。是的，如果单独看一个属性的话，是这样的。但是，Clean Start 是和会话过期时间一起使用来达到会话管理的目的。

5.3.2 会话过期时间

会话过期时间（Session Expiry Interval）是指当 Client 设定 Clean Start 为 0 时，Broker 失去 Client 的网络连接后继续保存 Client 会话的时间。Session Expiry Interval 的取值范围为 0 到 0xFFFFFFFF，单位为秒。

Session Expiry Interval 为 0 代表会话将在失去 Client 的网络连接后被马上丢弃，Session Expiry Interval 为 0xFFFFFFFF 时代表会话永远不过期。

在 MQTT 3.1.1 中，将 Clean Session 设为 0 等价于将 Clean Start 设为 0，Session Expiry Interval 设为 0xFFFFFFFF；将 Clean Session 设为 1 等价于将 Clean Start 设为 1，Session Expiry Interval 设为 0。

在 MQTT 3.1.1 中，Broker 应该永久地为 Client 保存会话，只有在 Clean Session 设为 1 的时候，才会清除旧的会话。但是在实际的应用场景中，这是一种非常浪费资源的做法，毕竟 Broker 的磁盘和内存不可能是无限的，它没有办法永远为所有的设备保存会话，大部分 Broker 都有自己内定的或者可设置的会话保存时间，和协议要求的不一致。

所以，MQTT 5.0 的制定者基于这个现实问题，在协议层级认可了会话过期的存在。设备的开发者必须明确地声明会话的过期时间，并基于这个前提做应用的开发。

可以在两个地方指定会话过期时间。

- 在 CONNECT 数据包的属性集中指定，如果没有指定会话过期时间，则代表会话过期时间为 0，即连接断开时会话就会被删除。
- 在 DISCONNECT 数据包的属性集中指定，如果指定了会话过期时间，则会覆盖 CONNECT 数据包中指定的时间，否则使用 CONNECT 数据包中的设置。

5.3.3　代码实践：在 CONNECT 数据包中设定会话过期时间

在这段代码里面，我们将在 CONNECT 数据包中设定会话过期时间为 5 秒，设定连接成功后就马上断开，然后分别在 2 秒和 8 秒的时候重新连接，观察 CONNACK 数据包的会话存在标识来确定会话是否存在。

```
1.  const mqtt = require("mqtt");
2.  const client = mqtt.connect("mqtt://broker.emqx.io", {
3.    protocolVersion: 5,
4.    clean: false,
5.    clientId: "mqtt5-sample-4",
6.    properties:{
7.      sessionExpiryInterval: 5
8.    }
9.  });
10. client.on("connect", (connack) => {
11.   console.log(`reason code: ${connack.reasonCode}, session present: ${connack.sessionPresent}`)
12.   client.end()
13. });
14.
15. setTimeout(()=>{
16.   client.connect()
17. }, 2000)
18.
19. setTimeout(()=>{
20.   client.connect()
21. }, 8000)
```

在代码的第 7 行，设定会话过期时间为 5 秒。运行这段代码，我们会得到以下输出：

```
reason code: 0, session present: false
reason code: 0, session present: true
reason code: 0, session present: false
```

可以看到，第一次连接的时候，Broker 没有对应的会话，所以会话存在标识为 false；第二次连接的时候，因为会话并没有过期，所以会话存在标识为 true；第三次连接的时候，因为会话已经过期了，所以会话存在标识为 false。

5.3.4　代码实践：在 DISCONNECT 数据包中更新会话过期时间

在这段代码里，我们在连接时指定会话过期时间为 5 秒，在断开连接的时候将会话过期时间设为 0 秒，然后在 2 秒后重新连接：

```
1.  const mqtt = require("mqtt");
2.  const client = mqtt.connect("mqtt://broker.emqx.io", {
3.    protocolVersion: 5,
```

```
4.   clean: false,
5.   clientId: "mqtt5-sample-5",
6.   properties:{
7.     sessionExpiryInterval: 5
8.   }
9. });
10. client.on("connect", (connack) => {
11.   console.log(`reason code: ${connack.reasonCode}, session present: ${connack.sessionPresent}`)
12.   client.end({
13.     properties: {
14.       sessionExpiryInterval: 0
15.     }
16.   })
17. });
18.
19. setTimeout(()=>{
20.   client.connect()
21. }, 2000)
```

运行这段代码，我们可以得到以下输出：

```
reason code: 0, session present: false
reason code: 0, session present: false
```

可以看到，虽然在连接的时候指定了会话过期时间为 5 秒，但是它会被在 DISCONNECT 数据包中指定的会话过期时间覆盖掉，所以第二次连接时，会话存在标识为 false。

5.4 新增消息过期机制

我们可以考虑这样一个场景：假设你设计了一个基于 MQTT 协议的共享单车平台，用户通过平台下发一条开锁指令给一辆单车，但是不巧的是，单车的网络信号（比如 GSM）这时恰好断了，用户只好摇了摇头走开去找其他单车。过了 2 小时后，单车的网络恢复了，它收到了 2 小时前的开锁指令，此时该怎么做？

为了处理这种情况，在 MQTT 3.1.1 和之前的版本中，我们往往会在消息数据里带一个消息过期时间，用于在接收端判断消息是否过期，这要求设备端的时间和服务端的时间保持一致。但对于一些电量不是很充足的设备，一旦断电，之后再启动，时间就会变得不准确，进而导致异常的出现。

MQTT 5.0 引入了一个新机制来解决这个问题。

5.4.1 消息过期时间

在 MQTT 5.0 中，可以在 PUBLISH 数据包的属性集中设置消息过期时间（Message Expiry

Interval)，以秒为单位。如果 Broker 不能在消息过期时间内将这条消息发送到对应的订阅者，就需要删除这条消息。如果没有设置消息过期时间，则代表这条消息不会过期。

这个机制很好地解决了上面提到的问题，因为消息是否过期是由 Broker 端来决定的，即使设备端的时间不准确，也不会有影响。

需要注意的是，我们都知道一个 Client 待接收的消息是和它的会话相关的，如果会话过期了，待接收的消息也会被删除。所以，我们设置消息过期时间的时候也要考虑会话过期时间，如果消息过期时间大于会话过期时间，那是没有意义的。

5.4.2 代码实践：发布带有过期时间的消息

首先实现一个订阅者 subscriber.js。

```
1.  const mqtt = require("mqtt");
2.  const subscriber = mqtt.connect("mqtt://broker.emqx.io", {
3.    protocolVersion: 5,
4.    clean: false,
5.    clientId: "mqtt5-sample-7",
6.    properties:{
7.      sessionExpiryInterval: 800
8.    }
9.  });
10.
11. subscriber.on("connect", (connack) => {
12.   console.log(`Reason code: ${connack.reasonCode}, session present: ${connack.sessionPresent}`)
13.   if(connack.sessionPresent === false){
14.     subscriber.subscribe("mqtt5-sample/topic1", {qos: 1})
15.   }
16. })
17.
18. subscriber.on("message", (topic, payload) => {
19.   console.log(`received: ${payload}`)
20. })
```

这段代码设置会话过期时间为 800 秒，并打印出收到的消息。

然后实现一个发布者 publish_with_message_expiry.js。

```
1.  const mqtt = require("mqtt");
2.  const publisher = mqtt.connect("mqtt://broker.emqx.io", {
3.    protocolVersion: 5,
4.    clientId: "mqtt5-sample-6",
5.  });
6.
7.  publisher.on("connect", (connack) => {
8.    console.log(`Reason code: ${connack.reasonCode}`)
9.    publisher.publish("mqtt5-sample/topic1", "message1", {
```

```
10.     qos: 1,
11.     properties: {
12.       messageExpiryInterval: 10
13.     }
14.   }, (error, packet) =>{
15.     console.log("publish" + error)
16.   })
17.
18.   publisher.publish("mqtt5-sample/topic1", "message2", {
19.     qos: 1,
20.     properties: {
21.       messageExpiryInterval: 1
22.     }
23.   })
24. });
```

这段代码会在连接成功以后发布两条消息，一条消息的过期时间为 10 秒，另一条消息的过期时间为 1 秒。

首先运行 subscriber.js，当订阅完成后终止运行，然后运行 publish_with_message_expiry.js，2 秒后再次运行 subscriber.js，我们会得到以下输出：

```
Reason code: 0, session present: true
received: message1
```

可以看到，订阅者只收到了过期时间为 10 秒的那条消息。过期时间为 1 秒的消息被 Broker 删掉了。

5.5 协议级别支持共享订阅

在 MQTT 3.1.1 和之前的版本里，订阅同一主题的订阅者会收到来自这个主题的所有消息。例如你需要处理一个传感器数据，这个传感器上传的数据量非常大且频率很高，你没有办法启动多个 Client 分担处理该工作，只能启动一个 Client 来接收传感器的数据，并将这些数据分配给后面的多个 Worker 处理。这个用于接收数据的 Client 就是系统的瓶颈和单点故障之一。也就是说，MQTT 3.1.1 版本是没有 Producer/Consumer 模式的。为了解决这个问题，主流的 MQTT Broker（例如 EMQX、HIVEMQ）都自己实现了共享订阅的功能，可以把消息依次分发给多个订阅者。

MQTT 5.0 的制定者吸纳了这一功能，在 MQTT 5.0 里，共享订阅成为协议级别支持的功能。

5.5.1 如何使用共享订阅

在 MQTT 5.0 中使用共享订阅非常简单，Client 需要订阅如下格式的主题。

```
$shared/<Group name>/<Topic filter>
```

这个主题由 3 部分组成。

1）固定的 $shared 前缀。

2）共享订阅组名，长度至少为 1 个字符，且不能包含 "/" "+" "#"。

3）主题过滤器，和普通订阅的主题过滤器一样，可以包含 "/" "+" "#"。

下面举几个例子。

例子 1：subscriber1 和 subscriber2 订阅主题 $shared/group1/2ndfloor/room1，那么发布到主题 2ndfloor/room1 的消息会依次分发给 subscriber1 和 subscriber2。

例子 2：subscriber1 和 subscriber2 订阅主题 $shared/group1/2ndfloor/+，那么发布到主题 2ndfloor/room1 和 2ndfloor/room2 的消息都会依次分发给 subscriber1 和 subscriber2。

例子 3：subscriber1 和 subscriber2 订阅主题 $shared/group1/2ndfloor/room1，subscriber3 和 subscriber4 订阅主题 $shared/group2/2ndfloor/room1，那么这个时候，发布到主题 2ndfloor/room1 的消息会依次分发到 subscriber1 和 subscriber2，同时，Broker 又会将这些消息的拷贝依次分发到 subscriber3 和 subscriber4。

5.5.2 代码实践：使用共享订阅

这里我们用代码来模拟上面例子 1 的情况：

```
1.  const mqtt = require("mqtt");
2.  const subscriber1 = mqtt.connect("mqtt://broker.emqx.io", {
3.    protocolVersion: 5,
4.  });
5.  const subscriber2 = mqtt.connect("mqtt://broker.emqx.io", {
6.    protocolVersion: 5,
7.  });
8.
9.  subscriber1.on("connect", () =>{
10.   subscriber1.subscribe("$shared/group1/2ndfloor/room1")
11. })
12.
13. subscriber1.on("message", (topic, payload) =>{
14.   console.log(`subscriber1: ${topic}, ${payload}`)
15. })
16.
17. subscriber2.on("connect", () =>{
18.   subscriber2.subscribe("$shared/group1/2ndfloor/room1")
19. })
20.
21. subscriber2.on("message", (topic, payload) =>{
22.   console.log(`subscriber2: ${topic}, ${payload}`)
23. })
24.
25. setTimeout(()=>{
```

```
26.    const publisher = mqtt.connect("mqtt://broker.emqx.io", {
27.      protocolVersion: 5,
28.    });
29.    publisher.on("connect", ()=>{
30.      publisher.publish("2ndfloor/room1", "message1")
31.      publisher.publish("2ndfloor/room1", "message2")
32.    })
33. }, 2000)
```

运行上面的代码，我们可以得到以下输出：

```
subscriber2: 2ndfloor/room1, message1
subscriber1: 2ndfloor/room1, message2
```

可以看到，来自主题 2ndfloor/room1 的消息被分发到了 2 个使用共享订阅功能的订阅者上。

5.5.3 代码实践：使用带通配符的共享订阅

这里我们用代码来模拟上面例子 2 的情况：

```
const mqtt = require("mqtt");
const subscriber1 = mqtt.connect("mqtt://broker.emqx.io", {
  protocolVersion: 5,
});
const subscriber2 = mqtt.connect("mqtt://broker.emqx.io", {
  protocolVersion: 5,
});

subscriber1.on("connect", () =>{
  subscriber1.subscribe("$shared/group1/2ndfloor/+")
})

subscriber1.on("message", (topic, payload) =>{
  console.log(`subscriber1: ${topic}, ${payload}`)
})

subscriber2.on("connect", () =>{
  subscriber2.subscribe("$shared/group1/2ndfloor/+")
})

subscriber2.on("message", (topic, payload) =>{
  console.log(`subscriber2: ${topic}, ${payload}`)
})

setTimeout(()=>{
  const publisher = mqtt.connect("mqtt://broker.emqx.io", {
    protocolVersion: 5,
  });
  publisher.on("connect", ()=>{
```

```
    publisher.publish("2ndfloor/room1", "message1")
    publisher.publish("2ndfloor/room2", "message2")
  })
}, 2000)
```

运行上面的代码，我们可以得到以下输出：

```
subscriber1: 2ndfloor/room1, message1
subscriber2: 2ndfloor/room2, message2
```

我们可以看到，来自主题 2ndfloor/room1 和 2ndfloor/room2 的消息被分发到了 2 个使用共享订阅功能的订阅者上。

5.5.4　代码实践：多个共享订阅组

这里我们用代码来模拟上面例子 3 的情况：

```
1.  const mqtt = require("mqtt");
2.  const subscriber1 = mqtt.connect("mqtt://broker.emqx.io", {
3.    protocolVersion: 5,
4.  });
5.  const subscriber2 = mqtt.connect("mqtt://broker.emqx.io", {
6.    protocolVersion: 5,
7.  });
8.
9.  const subscriber3 = mqtt.connect("mqtt://broker.emqx.io", {
10.   protocolVersion: 5,
11. });
12. const subscriber4 = mqtt.connect("mqtt://broker.emqx.io", {
13.   protocolVersion: 5,
14. });
15.
16. subscriber1.on("connect", () =>{
17.   subscriber1.subscribe("$share/group1/2ndfloor/room1")
18. })
19.
20. subscriber1.on("message", (topic, payload) =>{
21.   console.log(`subscriber1: ${topic}, ${payload}`)
22. })
23.
24. subscriber2.on("connect", () =>{
25.   subscriber2.subscribe("$share/group1/2ndfloor/room1")
26. })
27.
28. subscriber2.on("message", (topic, payload) =>{
29.   console.log(`subscriber2: ${topic}, ${payload}`)
30. })
31.
32. subscriber3.on("connect", () =>{
```

```
33.     subscriber3.subscribe("$share/group2/2ndfloor/room1")
34.   })
35.
36.   subscriber3.on("message", (topic, payload) =>{
37.     console.log(`subscriber3: ${topic}, ${payload}`)
38.   })
39.   subscriber4.on("connect", () =>{
40.     subscriber4.subscribe("$share/group2/2ndfloor/room1")
41.   })
42.
43.   subscriber4.on("message", (topic, payload) =>{
44.     console.log(`subscriber4: ${topic}, ${payload}`)
45.   })
46.
47.
48.   setTimeout(()=>{
49.     const publisher = mqtt.connect("mqtt://broker.emqx.io", {
50.       protocolVersion: 5,
51.     });
52.     publisher.on("connect", ()=>{
53.       publisher.publish("2ndfloor/room1", "message1")
54.       publisher.publish("2ndfloor/room1", "message2")
55.     })
56.   }, 2000)
```

运行上面的代码，我们可以得到以下输出：

```
subscriber4: 2ndfloor/room1, message2
subscriber2: 2ndfloor/room1, message1
subscriber3: 2ndfloor/room1, message1
subscriber1: 2ndfloor/room1, message2
```

可以看到，在这种情况下，不同的共享订阅组会得到消息的全部拷贝，然后在组内依次将这些消息分发给订阅者。

5.6 数据包可携带用户属性

在 MQTT 5.0 中，可以在数据包的属性集中设定用户属性。用户属性是一组采用 UTF-8 编码，由 Client 自定义的键值对。除了 PINGREQ 数据包和 PINGRESP 数据包，其他数据包都可以包含用户属性。

5.6.1 为什么要引入用户属性

用户属性其实对标的是 HTTP 中的 Headers，它的目的是允许用户自由地添加消息的元数据，使得 Broker、订阅者、发布者之间的信息交互方式更加自由和丰富，也使得 MQTT

可以更加方便地和用户的业务系统集成。

5.6.2 典型的使用场景

下面我们列举几种用户属性的典型使用场景。

1. 设备管理

在连接设备的时候，我们可以在 CONNECT 数据包中使用用户属性来包含设备的其他属性，比如地域、序列号等，如下列代码所示：

```
const client = mqtt.connect("mqtt://broker.emqx.io", {
  protocolVersion: 5,
  properties:{
    userProperties:{
      serialNo: "1234",
      region: "A1"
    }
  }
});
```

这样，当设备连接到 Broker 时，Broker 就获取到了设备的一些基础信息，如果 Broker 和业务系统集成的话，就可以根据这些设备信息做相应的处理了。

2. 文件传输

有了用户属性以后，我们就可以使用 MQTT 5.0 进行文件传输了，因为我们可以将文件的基础属性放到用户属性中，从而保持消息体为文件的二进制内容，如下面的代码所示：

```
client.publish("topic/file", "FILE CONTENT", {
  properties: {
    userProperties: {
      filename: 'file1',
      fileLength: 100,
    },
  },
})
```

3. 消息路由

在实际的应用场景中，MQTT Broker 一般会和后台的业务系统集成，我们可以把消息的路由信息放到用户属性里面，这样业务系统就可以根据这个信息将数据路由到不同的子系统了，如下面的代码所示：

```
client.publish("topic1", "data1", {
  properties: {
    userProperties: {
      route_to: "live-stream"
    },
```

```
  },
})
client.publish("topic2", "data2", {
  properties: {
    userProperties: {
      route_to: "storage"
    },
  },
})
```

5.7 可声明消息体格式

类似于 HTTP 的 Content-Type 头，在 MQTT 5.0 中，可以在数据包的属性集里声明消息体格式。有两种数据包——CONNECT 和 PUBLISH 数据包可以包含这个信息。

 CONNECT 数据包包含这个信息是为了声明遗愿消息的消息体格式。

5.7.1 为什么要声明消息体格式

声明消息体格式为消息接收者解析消息体中的数据带来了巨大的便利。在一个大规模的物联网系统中，消息体中的数据可能会有多种不同的格式，需要使用不同的方法来解析。之前我们可能需要将数据格式的信息编码在消息体或者主题里，接收方只有按照一定规则从主题或者消息体中获取格式相关信息后才能知道如何去解析剩下的数据。

声明消息体格式以后，消息接收者就可以非常方便地对消息体中的数据进行解析了，因为数据格式对数据本身是透明和非侵入式的。

5.7.2 如何声明消息体格式

MQTT 5.0 的消息体格式声明由两部分组成：

1）Payload Format Indicator：值为 1 或者 0，0 代表消息体是一个二进制字节流，1 代表是 UTF-8 编码的内容。

2）Content Type：是一个 UTF-8 编码的字符串，和 HTTP 里面的 Content-Type 头一样，它的值可以是一个 MIME 类型，也可以是任意一个自定义的类型。

5.7.3 代码实践：发布带有消息体格式的消息

在下面代码里面，我们在发布的时候设置 Payload Format Indicator 和 Content Type，并在接收消息的时候把它们打印出来：

```
1.  const mqtt = require("mqtt");
2.  const subscriber = mqtt.connect("mqtt://broker.emqx.io", {
3.    protocolVersion: 5,
4.  });
5.
6.  subscriber.on("connect", (connack) => {
7.    console.log(`subscriber reason code: ${connack.reasonCode}`)
8.    subscriber.subscribe("mqtt5-sample/topic2")
9.  })
10.
11. subscriber.on("message", (topic, payload, packet) => {
12.   console.log(`received: ${payload}, formatIndicator: ${packet.properties.payloadFormatIndicator}, contentType: ${packet.properties.contentType}`)
13. })
14.
15.
16.
17. setTimeout((topic, message) => {
18.   const publisher = mqtt.connect("mqtt://broker.emqx.io", {
19.     protocolVersion: 5,
20.   });
21.   publisher.on("connect", (connack) => {
22.     console.log(`publisher reason code: ${connack.reasonCode}`)
23.     publisher.publish("mqtt5-sample/topic2", "test", {
24.       qos: 1,
25.       properties:{
26.         payloadFormatIndicator: true,
27.         contentType: "String"
28.       }
29.     })
30.   });
31. }, 2000)
```

运行上面的代码，我们可以得到以下输出：

```
subscriber reason code: 0
publisher reason code: 0
received: test, formatIndicator: true, contentType: String
```

5.8 可设置主题别名

当发布一条消息时，我们总是需要将主题名放到 PUBLISH 数据包中，这没有问题，但是在一些带宽比较紧张，又需要频繁上报数据的场景中，会带来很大的额外开销，因为主题名可能是一个较长的字符串，而消息体中的数据可能只有几个字节。

5.8.1 主题名映射

MQTT 5.0 引入了主题别名（Topic Alias）的功能，当需要多次重复向一个主题发布消息时，我们可以将这个主题名映射成一个 2 字节的整数，映射流程如下：

1）Client 向 Broker 发送一个 PUBLISH 数据包，其中包含主题名，假设为 topic1，可变头中的 Topic Alias 为一个整数，假设为 1。

2）后续的 PUBLISH 数据包的可变头不再需要设置主题名，只要设置 Topic Alias 为 1，那么这条消息就会被发布到主题 topic1。

使用主题别名时，我们需要注意以下几点：

1）主题别名需要大于 0，不能为 0。

2）主题别名的最大值为 65535，但是要小于 Broker 设定的 topicAliasMaximum 值（我们可以从 CONNACK 中获取这个值）。

3）主题别名的生效范围和生命周期为当前的 MQTT 连接的生效范围和生命周期。

4）Client 通过发送 Topic Alias 相同但是主题名不同的 PUBLISH 数据包来更新当前连接的主题名映射。

5.8.2 代码实践：使用主题别名

在下面的代码里，我们会发布两条消息，第二条使用主题别名：

```
1.  const mqtt = require("mqtt");
2.  const subscriber = mqtt.connect("mqtt://broker.emqx.io", {
3.    protocolVersion: 5,
4.  });
5.
6.  subscriber.on("connect", (connack) => {
7.    console.log(`subscriber reason code: ${connack.reasonCode}`)
8.    subscriber.subscribe("mqtt5-sample/topic3")
9.  })
10.
11. subscriber.on("message", (topic, payload) => {
12.   console.log(`received: ${payload} from ${topic}`)
13. })
14.
15.
16. setTimeout((topic, message) => {
17.   const publisher = mqtt.connect("mqtt://broker.emqx.io", {
18.     protocolVersion: 5,
19.   });
20.   publisher.on("connect", (connack) => {
21.     console.log(`publisher reason code: ${connack.reasonCode}`)
22.     publisher.publish("mqtt5-sample/topic3", "message1", {
23.       properties: {
24.         topicAlias: 10
```

```
25.         }
26.       })
27.       publisher.publish("", "message2", {
28.         properties: {
29.           topicAlias: 10
30.         }
31.       })
32.     });
33.   }, 2000)
```

在代码的第 22 到 26 行，我们发送一条正常的 publish 消息，并设置别名为 10。

在代码的第 27 到 31 行，我们发送一条主题名为空的 publish 消息，并设置别名为 10。

运行上面的代码，我们可以得到以下输出：

```
subscriber reason code: 0
publisher reason code: 0
received: message1 from mqtt5-sample/topic3
received: message2 from mqtt5-sample/topic3
```

可以看到，两条消息都被正确地发送给了对应的订阅者。

5.9 新增请求 / 响应模式

在前面的章节里面我们已经了解到，MQTT 协议是一种基于订阅 / 发布的通信协议，它解耦了订阅者和发布者，但也带来了一个问题：发布者不管是发布 QoS 1 还是 QoS 2 等级的消息，都只能保证这个消息被 MQTT Broker 收到，至于订阅者是否能收到这个消息，发布者是不知道的。

在某些应用场景里，发布者需要知道它发布的消息是否被订阅者收到，或者订阅者是否已经将该消息处理完毕，这就要求我们在基于订阅 / 发布的通信协议上实现一种请求 / 响应模式。

5.9.1 MQTT 5.0 之前的解决方案

在 MQTT 5.0 之前的版本中，解决方案并不复杂，假设有请求者 ClientA 和响应者 ClientB，请求 / 响应模式的实现流程如下：

1）ClientA 订阅一个主题，用于接收来自 ClientB 的响应，假设为 response/clienta。

2）ClientB 订阅一个主题，用于接收来自 ClientA 的请求，假设为 request/clientb。

3）ClientA 向 request/clientb 发布一条消息，这条消息里面要包含接收响应的主题 response/clienta 和一个唯一的 RequestId。

4）ClientB 接收到这条消息以后，解析出接收响应的主题 response/clienta 和 RequestId，向 response/clienta 发布一条响应，响应里需要包含对应的 RequestId。

这种解决方法很常见，但是它的实现依赖于开发者，而不是标准化的，比如用什么样的格式将响应主题和 RequestId 编码到消息体中，不同的应用有不同的解法，那么在一个系统中集成多个厂商的设备，就会带来各种各样的适配问题。

MQTT 5.0 在协议层级对这个流程进行了标准化。

5.9.2 MQTT 5.0 的解决方案

MQTT 5.0 在数据包中增加了以下字段，用于携带实现请求/响应模式的信息。

1. 响应主题

在 MQTT 5.0 中，可以在 CONNECT 和 PUBLISH 数据包的属性集里设置响应主题（Response Topic）属性，当订阅者收到带有响应主题的 PUBLISH 数据包时，它就知道这是一个请求消息，需要将响应发布到由响应主题指定的主题上。同时，请求者需要在发布请求前先订阅这个主题。

为了避免冲突，通常可以将请求者的客户端标识符作为响应主题的一部分。

 注意 CONNECT 数据包中的响应主题属性是为遗愿消息服务的，如果设置了响应主题，则说明遗愿消息也是一个请求消息。

2. 关联数据

可以在 CONNECT 和 PUBLISH 数据包的属性集里设置关联数据（Correlation Data）属性，它实际上就是之前解决方案里的 RequestId，用于匹配请求消息和响应消息。因为一个 Client 会连续发布多个请求，需要响应这些请求的 Client 可能也会有多个，而收到响应的顺序很有可能和发布请求的顺序不一样，所以需要关联数据来进行匹配。

关联数据属性是一个可选的二进制属性，当订阅者收到带关联数据的 PUBLISH 数据包时，它必须将响应的 PUBLISH 包的关联数据属性设为一样的值。

3. 响应信息

响应信息（Response Information）是 CONNACK 数据包的属性集中的一个属性，它是一个 UTF-8 编码的字符串，它的目的是给予请求者关于如何构建响应主题的提示，协议中并没有规定它的内容，由 Broker 和 Client 事先达成共识就可以了。

这个概念可能稍微有点难理解，这里举两个例子来帮助读者理解：
- 一般来说，Broker 出于安全考虑，只能允许 Client 订阅部分特定的主题，那么 Client 在构建响应主题的时候就必须按照特定的格式来构建，Broker 可以通过这个属性来提示 Client 如何构建响应主题，比如将响应信息设为 Prefix sampletopic，那么 Client 就知道构建响应主题时要以 sampletopic 为前缀。

- 可能响应主题里面需要包含 Client 不具备的数据，比如需要包含一个业务系统内部分配的 ID，那么把响应信息设为 ID 1234，Client 就可以把 1234 作为响应主题的一部分。

如果 Client 需要 Broker 在 CONNACK 数据包中包含响应信息，只需要将 CONNECT 数据包的可变头中的请求响应信息设为 1 就可以了。

5.9.3　代码实践：使用请求 / 响应模式进行数据交互

在下面的代码里，我们会实现一个请求者和响应者，并按照 MQTT 5.0 的请求 / 响应模式进行交互：

```
1.  const mqtt = require("mqtt");
2.  const responder = mqtt.connect("mqtt://broker.emqx.io", {
3.    protocolVersion: 5
4.  });
5.
6.  responder.on("connect", (connack) => {
7.    console.log(`responder reason code ${connack.reasonCode}`)
8.    responder.subscribe("topic/request")
9.  })
10.
11. responder.on("message", (topic, payload, packet) => {
12.   console.log(`receive request ${payload}`)
13.   if(packet.properties.responseTopic != null) {
14.     responder.publish(packet.properties.responseTopic, "this is response", {
15.       qos: 1,
16.       properties: {
17.         correlationData: packet.properties.correlationData
18.       }
19.     })
20.   }
21. })
22.
23. setTimeout(() => {
24.   const requester = mqtt.connect("mqtt://broker.emqx.io", {
25.     protocolVersion: 5,
26.     clientId: "mqtt5-sample-8"
27.   });
28.   let responseTopic = "topic/response/mqtt5-sample-8"
29.   requester.on("connect", (connack) => {
30.     console.log(`requester reason code ${connack.reasonCode}`)
31.     requester.subscribe(responseTopic)
32.     requester.publish("topic/request", "this is request", {
33.       qos: 1,
34.       properties: {
35.         responseTopic: responseTopic,
36.         correlationData: Buffer.from("111")
37.       }
```

```
38.         })
39.     })
40.     requester.on("message", (topic, payload, packet) => {
41.         console.log(`receive response: ${payload}, ${packet.properties.correlationData}`)
42.     })
43. }, 2000)
```

在代码的第 31 行，请求者订阅响应主题；在代码的第 32 到 39 行，请求者发布一个请求，并在请求中包含响应主题和关联数据。

在代码的第 14 行，响应者收到请求后，将响应发布到对应的响应主题，响应中包含对应的关联数据。

运行上面的代码，我们可以获得以下输出：

```
responder reason code 0
requester reason code 0
receive request this is request
receive response: this is response, 111
```

5.10　订阅时可指定订阅标识符

通常，Client 订阅多个不同主题时，对收到的每个主题的消息的处理方法是不同的。所以，我们需要在收到 PUBLISH 数据包的时候对比其中的主题名，以决定使用哪种方法来处理对应的数据。当我们使用通配符主题进行订阅的时候，PUBLISH 数据包中的主题名和我们订阅时的通配符主题名是不一样的，这样的对比就更加麻烦和低效了。

5.10.1　订阅标识符

在 MQTT 5.0 中，Client 可以在 SUBSCRIBE 数据包的属性集中设置订阅标识符 (Subscription Identifier)，这样在匹配到该次订阅的主题的 PUBLISH 数据包中就会包含这个订阅标识符，那么 Client 只需要维护订阅标识符到处理方法的映射，就可以正确地对来自不同主题的消息做不同的处理了。

订阅标识符的值是一个在 1 到 268435455 范围内的整数。

5.10.2　代码实践：使用订阅标识符

在下面的代码里，我们在订阅的时候设置订阅标识符，并在收到消息时用订阅标识符来决定如何打印消息内容：

```
1. const mqtt = require("mqtt");
2. const subscriber = mqtt.connect("mqtt://broker.emqx.io", {
3.     protocolVersion: 5
4. });
```

```
 5.
 6.  subscriber.on("connect", (connack) => {
 7.    console.log(`subscriber reason code ${connack.reasonCode}`)
 8.    if (connack.sessionPresent === false) {
 9.      subscriber.subscribe("mqtt5sample/topic1", {
10.        properties: {
11.          subscriptionIdentifier: 1
12.        }
13.      })
14.
15.      subscriber.subscribe("mqtt5sample/topic2/+", {
16.        properties: {
17.          subscriptionIdentifier: 2
18.        }
19.      })
20.    }
21.  })
22.
23.  subscriber.on("message", (topic, payload, packet) => {
24.    if(packet.properties.subscriptionIdentifier === 1) {
25.      console.log(`handle ${payload} in the first branch`)
26.    } else if (packet.properties.subscriptionIdentifier === 2) {
27.      console.log(`handle ${payload} in the second branch`)
28.    }
29.  })
30.
31.  setTimeout(() => {
32.    const publisher = mqtt.connect("mqtt://broker.emqx.io", {
33.      protocolVersion: 5
34.    });
35.    publisher.on("connect", (connack) => {
36.      console.log(`publisher reason code ${connack.reasonCode}`)
37.      publisher.publish("mqtt5sample/topic1", "message1")
38.      publisher.publish("mqtt5sample/topic2/test", "message2")
39.    })
40.  }, 2000)
```

在代码的第 11 行和 17 行，我们设置 2 次订阅的订阅标识符分别为 1 和 2。

运行上面的代码，我们会得到以下输出：

```
subscriber reason code 0
publisher reason code 0
handle message1 in the first branch
handle message2 in the second branch
```

5.11 更完善的订阅选项

在 MQTT 5.0 中，在订阅时可以指定 4 个选项，分别是 QoS 等级、非本地（No Local）、保留 Retain 标识符（Retain As Published）和保留消息处理（Retain Handling）选项。

5.11.1　QoS 等级选项

MQTT 5.0 中的 QoS 等级和 MQTT 3.1.1 中的 QoS 等级的含义是一样的。

5.11.2　非本地选项

非本地选项的值为 0 或者 1，1 代表 Broker 不能将消息转发到发布该条消息的 Client（在该 Client 订阅主题匹配的情况下），0 代表的含义与之相反。

5.11.3　保留 Retain 标识符选项

我们都知道当一条 Retain 标识符设为 1 的消息转发给已有的订阅者时，订阅者收到的 PUBLISH 数据包中的 Retain 标识符会被设为 0。在 MQTT 5.0 中，我们可以在订阅的时候通过指定保留 Retain 标识符选项来改变这一行为。该选项的值为 0 或者 1，1 代表转发 PUBLISH 数据包给已有的订阅者时，Broker 应该保留 PUBLISH 数据包中的 Retain 标识符，而不是固定地将它设为 0；0 代表的含义与之相反。

5.11.4　保留消息处理选项

我们都知道当订阅者订阅某个有 Retained 消息的主题时，它会马上收到该主题对应的 Retained 消息。在 MQTT 5.0 中，我们可以在订阅时通过指定保留消息处理选项来改变这一行为。该选项的取值包括 0、1、2。

- 0 代表正常地发送 Retained 消息。
- 1 代表只在有新的订阅时才发送 Retained 消息，重复的订阅不会发送。
- 2 代表在任何情况下都不会发送 Retained 消息。

5.11.5　代码实践：设置非本地选项

在下面的代码里，我们将用 2 个不同的 Client 进行订阅，分别设置非本地选项为 0 和 1：

```
1.  const mqtt = require("mqtt");
2.  const subscriber1 = mqtt.connect("mqtt://broker.emqx.io", {
3.    protocolVersion: 5,
4.  });
5.  const subscriber2 = mqtt.connect("mqtt://broker.emqx.io", {
6.    protocolVersion: 5,
7.  });
8.  
9.  subscriber1.on("connect", packet => {
10.   console.log(`subscriber1 reason code ${packet.reasonCode}`)
```

```
11.     subscriber1.subscribe("mqtt5sample/topic1", {
12.       nl: false
13.     })
14.   })
15.
16.   subscriber1.on("message", (topic, payload) =>{
17.     console.log(`subscriber1 received ${payload}`)
18.   })
19.
20.   subscriber2.on("message", (topic, payload) =>{
21.     console.log(`subscriber2 received ${payload}`)
22.   })
23.
24.   subscriber2.on("connect", packet => {
25.     console.log(`subscriber2 reason code ${packet.reasonCode}`)
26.     subscriber2.subscribe("mqtt5sample/topic2", {
27.       nl: true
28.     })
29.   })
30.   setTimeout(()=>{
31.     subscriber1.publish("mqtt5sample/topic1", "message1")
32.     subscriber2.publish("mqtt5sample/topic2", "message2")
33.   }, 2000)
```

在代码的第 12 行和第 27 行，我们分别将非本地选项设为了 0 和 1。

运行上面的代码，我们可以得到以下输出：

```
subscriber1 reason code 0
subscriber2 reason code 0
subscriber1 received message1
```

可以看到，只有该选项的值为 0 时，Client 才会收到自己发布的消息。

5.11.6 代码实践：设置保留 Retain 标识符选项

在下面的代码里，我们将用 2 个不同的 Client 进行订阅，分别设置保留 Retain 标识符选项为 0 和 1：

```
1.  const mqtt = require("mqtt");
2.  const subscriber1 = mqtt.connect("mqtt://broker.emqx.io", {
3.    protocolVersion: 5,
4.  });
5.  const subscriber2 = mqtt.connect("mqtt://broker.emqx.io", {
6.    protocolVersion: 5,
7.  });
8.
9.  subscriber1.on("connect", packet => {
10.    console.log(`subscriber1 reason code ${packet.reasonCode}`)
11.    subscriber1.subscribe("mqtt5sample/topic1", {
```

```
12.        rap: false
13.     })
14.  })
15.
16.  subscriber1.on("message", (topic, payload, packet) => {
17.     console.log(`subscriber1 received ${payload}, retain ${packet.retain}`)
18.  })
19.
20.  subscriber2.on("message", (topic, payload, packet) => {
21.     console.log(`subscriber2 received ${payload}, retain ${packet.retain}`)
22.  })
23.
24.  subscriber2.on("connect", packet => {
25.     console.log(`subscriber2 reason code ${packet.reasonCode}`)
26.     subscriber2.subscribe("mqtt5sample/topic1", {
27.        rap: true
28.     })
29.  })
30.  setTimeout(() => {
31.     const publisher = mqtt.connect("mqtt://broker.emqx.io", {
32.        protocolVersion: 5,
33.     });
34.     publisher.on("connect", packet => {
35.        console.log(`publisher reason code ${packet.reasonCode}`)
36.        publisher.publish("mqtt5sample/topic1", "message1", {
37.          retain: true
38.        })
39.     })
40.  }, 2000)
```

在代码的第 12 行和 27 行，我们分别将保留 Retain 标识符选项设为 0 和 1，并在第 36 到 38 行发布了一条 Retained 消息。

运行上面的代码，我们可以得到以下输出：

```
subscriber2 reason code 0
publisher reason code 0
subscriber1 received message1, retain false
subscriber2 received message1, retain true
```

可以看到，在该选项的值为 1 的情况下，Broker 会保留 PUBLISH 数据包中的 Retain 标识。

5.11.7 代码实践：设置保留消息处理选项

在下面的代码中，我们将 3 个订阅者的保留消息处理选项分别设为 0、1 和 2，然后重复订阅一个主题 2 次：

```
 1.  const mqtt = require("mqtt");
```

```javascript
2.  const publisher = mqtt.connect("mqtt://broker.emqx.io", {
3.    protocolVersion: 5,
4.  });
5.
6.  const topic = "mqtt5sample/topic4";
7.  publisher.on("connect", packet => {
8.    console.log(`publisher reason code ${packet.reasonCode}`)
9.    publisher.publish(topic, "message1", {retain: true})
10. })
11.
12. const subscriber1 = mqtt.connect("mqtt://broker.emqx.io", {
13.   protocolVersion: 5,
14. });
15.
16. subscriber1.on("message", (topic, payload, packet) =>{
17.   console.log(`subscriber1 received ${payload}, retain ${packet.retain}`)
18. })
19.
20. const subscriber2 = mqtt.connect("mqtt://broker.emqx.io", {
21.   protocolVersion: 5,
22. });
23.
24. subscriber2.on("message", (topic, payload, packet) =>{
25.   console.log(`subscriber2 received ${payload}, retain ${packet.retain}`)
26. })
27. const subscriber3 = mqtt.connect("mqtt://broker.emqx.io", {
28.   protocolVersion: 5,
29. });
30.
31. subscriber3.on("message", (topic, payload, packet) =>{
32.   console.log(`subscriber3 received ${payload}, retain ${packet.retain}`)
33. })
34.
35. setTimeout(()=>{
36.   subscriber1.subscribe(topic, {rh: 0})
37.   subscriber2.subscribe(topic, {rh: 1})
38.   subscriber3.subscribe(topic, {rh: 2})
39.   subscriber1.subscribe(topic, {rh: 0, qos: 1})
40.   subscriber2.subscribe(topic, {rh: 1, qos: 1})
41.   subscriber3.subscribe(topic, {rh: 2, qos: 1})
42. }, 2000)
```

运行上面的代码，我们可以得到以下输出：

```
publisher reason code 0
subscriber1 received message1, retain true
subscriber1 received message1, retain true
subscriber2 received message1, retain true
```

可以看到，在该选项的值为 0 的情况下，会收到因为 2 次订阅触发的 2 条 Retained 消息；在该选项的值为 1 的情况下，由于第二次订阅是重复的，只会收到 1 条 Retained 消息；而在该选项的值为 2 的情况下，则不会收到 Retained 消息。

> **注意** 在代码的第 39～41 行，我们在第二次订阅的时候修改 QoS 等级的目的是触发 Client 再次发送 SUBSCRIBE 数据包，因为我们用的 Node js MQTT 包会在本地屏蔽掉重复的订阅，这个改动和保留消息处理选项的设定无关。

5.12　更完善的认证机制

在 MQTT 5.0 之前的版本中，对 Client 的认证只有一种简单模式，就是大家都知道的，在 CONNECT 数据包中使用用户名和密码进行认证，这是一种既高效又简单的认证方式，但是它也有缺陷，因为它是明文传输用户名和密码，如果我们不使用 TLS 的话，是非常容易被攻击的。

MQTT 5.0 为了解决这个问题，引入了新的认证机制——增强认证。

MQTT 5.0 实现了 Challenge-Response 模式的鉴权，基于这种方式可以和一些工业标准的认证方式（比如 SCRAM 和 Kerberos）进行集成。MQTT 5.0 也引入了一个新的数据包 AUTH 来实现这种认证方式。增强认证的认证流程如图 5-2 所示。

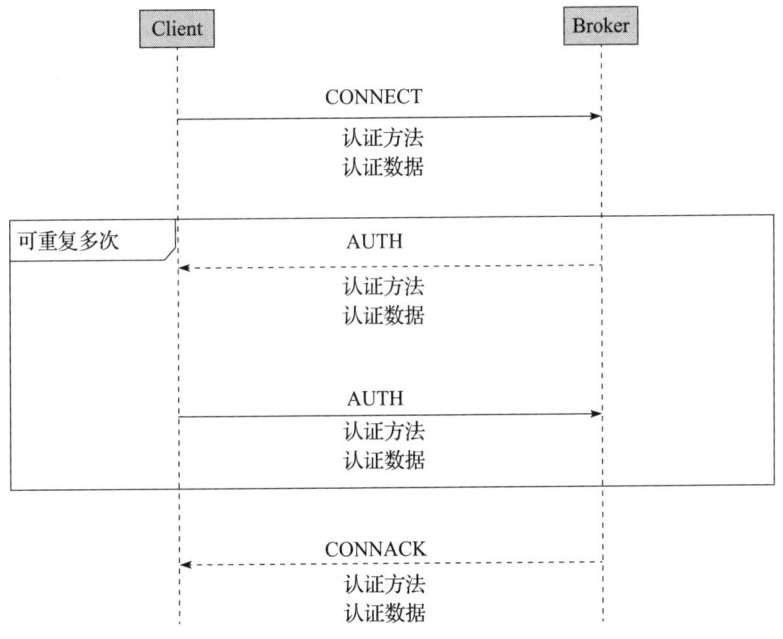

图 5-2　增强认证的认证流程

在 MQTT 5.0 中，Client 在 CONNECT 数据包的属性集中设置好认证方法（Authentication Method）和认证数据（Authentication Data）后就可以使用增强认证了。之后 Broker 和 Client 会多次使用 AUTH 数据包来交互认证需要的数据。在完成认证后，根据认证的结果，Broker 再向 Client 发送 CONNACK 数据包，完成连接。

5.13 本章小结

在本章中，我们对 MQTT 5.0 的新特性进行了讲解，并用代码进行了展示。可以看到，MQTT 5.0 在 MQTT 3.1.1 的基础上做出了大量的改进和完善，使得 MQTT 协议在成为应用于大规模复杂场景下的标准工业协议的道路上前进了关键的一大步。

本章所有的代码均可通过访问链接 https://github.com/sufish/mqtt5-nodejs-sample 获取。

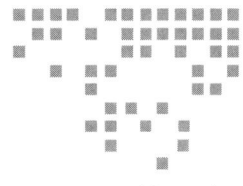

第 6 章 Chapter 6

MQTT 协议实战

在本书的开头，我曾经提到过一个"AI+IoT"的应用场景，一个可以识别出人和车辆的交通探头，本章我们就来实现一个类似的功能。

当然，本书的重点不在 AI 上，所以我们会把 AI 端设计得尽量简单。

我们将实现一个基于 Android 系统的 App，这个 App 可以识别出照片中的物体，并将照片和识别结果使用 MQTT 3.1.1 协议上传。同时，我们会实现一个基于 Web 的用户端，它可以实时地看到 App 上传的照片和识别结果。

> 实际上，运行 Android 系统的物联网设备已经很常见了，有兴趣的读者可以了解一下 Google 的 Android Things 项目。

6.1 "AI+IoT"项目实战

6.1.1 用 TensorFlow 在 Android 系统上进行物体识别

TensorFlow 是 Google 推出的深度学习框架，它有一个可以在移动设备上使用的版本——TensorFlow Mobile，在我们的实战项目中可以使用 TensorFlow Android 版本。

TensorFlow Android 是一个可以用训练好的网络模型进行推理的 TensorFlow，为了能够识别图片中的物体，通常我们需要使用大量的标记好的照片作为训练数据，将其输入神经网络才能训练出满足我们需求的网络模型，不过在这里可以跳过这一步。Google 开源了许多预先训练好的模型，其中就包括可以从照片中识别出各种物体的模型，我们可以直接拿来使用。

最终这个 Android App 可以达到如图 6-1 所示的效果。从相册中选取一张照片，程序会识别出图片中的物体。在图 6-1 中，程序能识别出多个人物和沙发，并用方框标识出物体的位置，同时在方框的左上角标注出物体的名称。

你可以在 https://github.com/sufish/object_detection_mqtt 找到这个 App 的全部代码。

6.1.2 如何在 MQTT 协议里传输大文件

能从照片中识别出物体的 Android App 需要将照片和识别结果通过 MQTT 协议发布出去，那么怎样使用 MQTT 协议传输类似图片这样的大文件呢？

我们前面提到过，一个 MQTT 协议数据包的消息体最大可以达到 256MB，所以对于传输图片的需求，最简单、最直接的方式就是把图片数据直接包含在 PUBLISH 数据包里进行传输。这要求图片的大小不能超过 256MB，如果超过 256MB，还需要对图片进行拆分和组装。

除此之外，还有一种做法：在发布数据前，先把图片上传到云端的某个图片存储里，使得 PUBLISH 数据包中只包含图片的 URL，当订阅端接收到这个

图 6-1　物体识别效果

数据后，再通过图片的 URL 来获取图片。这种做法较前面的做法有如下几个优点。

- 对订阅端来说，它可以在有需要的时候再下载图片数据，而第一种做法，每次都必须接收图片的全部数据。
- 这种做法可以处理大于 256MB 的文件，而第一种做法必须把大小超过 256MB 的文件分割为多个 PUBLISH 数据包，待订阅端接收后再重新组合，非常烦琐。
- 节省带宽。如果图片数据直接放在 PUBLISH 数据包中，那么 Broker 就需要预留相对大的带宽。目前在国内，带宽还是比较贵的。如果 PUBLISH 数据包中只包含 URL，每一个 PUBLISH 数据包都很小，那么 Broker 的带宽需求就小多了。虽然上传图片也需要带宽，但是如果你使用云存储，比如阿里云 OSS、七牛等，从它们那里购买上传和下载图片的带宽要便宜很多。同时，这些云存储服务商建设了很多 CDN，通常上传和下载图片比直接通过 PUBLISH 数据包传输要快一些。
- 节约存储和处理能力。因为 Broker 需要存储 Client 未接收的消息，所以如果图片包含在 PUBLISH 数据包里面，Broker 需要预留相当大的存储空间。如果用云存储，存储成本比自建要便宜得多。

在大多数情况下，使用 MQTT 协议传输大文件时，建议采用后一种方式。在这个项目

中，我们也采用这种方式传输照片。这里我们选择七牛作为文件的云存储服务商。

6.1.3 消息去重

在 4.3 节中我们提到，在 MQTT 协议的 3 种 QoS 等级中，QoS1 是运用最广泛的 QoS 等级，因为在保证消息可靠性的前提下，它的额外开销较 QoS2 少得多，性价比更高。

不过 QoS1 有一个问题，就是可能会收到重复的消息，所以需要在应用中手动对消息进行去重。

我们可以在消息数据中携带一个唯一的消息 ID，通常是 UUID。订阅端需要保存已接收消息的 ID，当收到新消息的时候，通过消息的 ID 来判断是不是重复的消息，如果是，则丢弃。

6.1.4 最终的消息数据格式

综合前文所讲的两点，项目中的消息数据最终用如下格式进行编码：

{'id': < 消息 ID>, timestamp:<UNIX 时间戳 >, image_url: < 图片 >, objects:[图片中物体名称的数组]}

我们使用 JSON 格式对要传输的数据进行编码，其中 id 字段为一个唯一的消息 ID，用这个字段进行消息去重，image_url 字段为照片上传到云存储之后的 URL。

6.1.5 代码实践：上传识别结果

1. 连接到 Broker

首先在项目中引入 Java 的 MQTT Client 库，在 build.gradle 文件中加入以下代码。

```
1.  repositories {
2.    maven {
3.      url "https://repo.eclipse.org/content/repositories/paho-snapshots/"
4.    }
5.  }
6.
7.
8.  dependencies {
9.    compile 'org.eclipse.paho:org.eclipse.paho.client.mqttv3:1.1.0'
10. }
```

然后在 App 启动时连接到 Broker。

```
1.  String clientId = "client_" + Settings.Secure.getString(getApplicationCont
    ext().getContentResolver(), Settings.Secure.ANDROID_ID);
2.       mqttAsyncClient = new MqttAsyncClient("tcp://mqtt.eclipse.org:1883",
    clientId,
3.          new MqttDefaultFilePersistence(getApplicationContext().
    getApplicationInfo().dataDir));
```

```
4.        mqttAsyncClient.connect(null, new IMqttActionListener() {
5.          @Override
6.          public void onSuccess(IMqttToken asyncActionToken) {
7.            runOnUiThread(new Runnable() {
8.              @Override
9.              public void run() {
10.               Toast.makeText(getApplicationContext(), "已连接到 Broker",
    Toast.LENGTH_LONG).show();
11.             }
12.           });
13.         }
14.
15.         @Override
16.         public void onFailure(IMqttToken asyncActionToken, final Throwable
    exception) {
17.           runOnUiThread(new Runnable() {
18.             @Override
19.             public void run() {
20.               Toast.makeText(getApplicationContext(), "连接 Broker 失败:" +
    exception.getMessage(), Toast.LENGTH_LONG).show();
21.             }
22.           });
23.         }
24.       });
```

第 1 行代码使用 ANDROID_ID 作为客户端标识符的一部分，这样可以保证在不同的终端上运行客户端标识符时不会冲突。

然后通过回调来获取连接成功或失败的事件，并在 App 界面上做出相应的展示。

2. 发布识别结果到对应主题

在发布识别结果之前，需要先将照片上传到七牛云存储，首先把七牛云存储的 SDK 引入项目中，在 build.gradle 文件中加入以下代码。

```
1. compile 'com.qiniu:qiniu-android-sdk:7.3.+'
```

然后上传照片，在照片上传成功后，发布消息到相应的主题。

```
1. uploadManager.put(getBytesFromBitmap(image), null, upToken, new
   UpCompletionHandler() {
2.    @Override
3.    public void complete(String key, ResponseInfo info, JSONObject
   response) {
4.      if(info.isOK()){
5.        JSONObject jsonMesssage = new JSONObject();
6.        jsonMesssage.put("id", randomUUID());
7.        jsonMesssage.put("timestamp", timestamp);
8.        jsonMesssage.put("objects", objects);
9.        jsonMesssage.put("image_url", "http://" + QINIU_DOMAIN + "\\" +
   response.getString("key"));
```

```
10.              mqttAsyncClient.publish("front_door/detection/objects", new
    MqttMessage(jsonMesssage.toString().getBytes()));
11.         }
12.     }
13. }, null);
```

在代码的第 1 行开始上传图片,在上传图片成功的回调里,即代码的第 5～9 行,按照我们之前提到的消息格式进行组装。然后在第 10 行,将消息发布到主题" front_door/detection/objects"。

这样 App 发布识别结果的功能就基本完成了。

6.1.6 在浏览器中运行 MQTT Client

接下来实现基于 Web 的用户端,接收 Android App 发来的照片和识别结果。

用户端实际上是运行在浏览器里的 JavaScript 程序,那么,如何在浏览器中运行 MQTT Client 并建立 MQTT 协议连接呢?

在目前主流的浏览器里,使用 JavaScript 直接打开一个 TCP 连接是不可能的(Socket API 可以解决这个问题,但是浏览器对 Socket API 的支持还非常有限)。不过我们可以通过使用 WebSocket 的方式在浏览器里面使用 MQTT 协议,这种技术叫作 MQTT over WebSocket,它的实现原理是把 MQTT 协议数据包封装在 WebSocket 帧中进行发送,大多数的浏览器都支持 WebSocket,如图 6-2 所示。

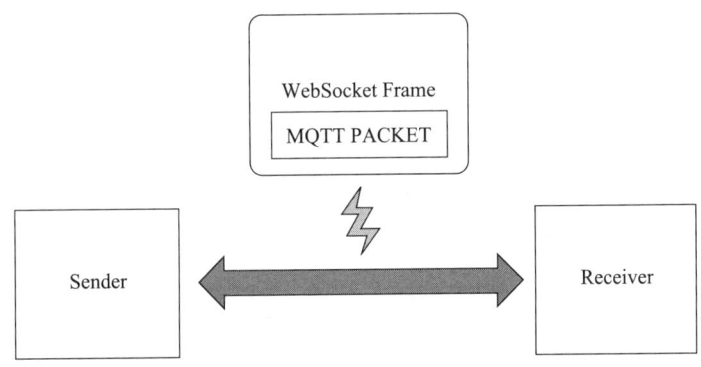

图 6-2 使用 WebSocket 发送 MQTT 协议数据包

MQTT over WebSocket 也需要 Broker 支持,目前大部分 Broker 都是支持的,包括我们现在使用的公共 Broker。

6.1.7 代码实践:接收识别结果

1. 连接到 Broker

首先需要在 HTML 页面中引入实现了 MQTT over WebSocket 的 MQTT Client 文件。

```
1. <script src="https://unpkg.com/mqtt@2.18.6/dist/mqtt.min.js"></script>
```

然后建立到 Broker 的连接。

```
1. var client = mqtt.connect("ws://mqtt.eclipse.org/ws")
```

注意，这里 Broker 的 URL 中的协议部分变成了"ws"，同时 path 也变成了"/ws"。
在连接成功后，订阅对应的主题。

```
1. client.subscribe("front_door/detection/objects", {
2.     qos: 1
3. }, function (err) {
4.     if (err != undefined) {
5.       console.log("subscribe failed")
6.     } else {
7.       console.log('subscribe succeeded')
8.     }
9. })
```

2. 处理并展示识别结果

在接收到发布自 Android App 的消息后，首先要根据消息数据中的 ID 字段进行去重。

```
1. var receivedMessages = new Set();
2. client.on("message", function (_, payload) {
3.     var jsonMessage = JSON.parse(payload.toString())
4.     if(!receivedMessages.has(jsonMessage.id)){
5.       receivedMessages.add(jsonMessage.id)
6.       // 接下来把结果显示在页面上
7.     }
8. })
```

这里只是简单地使用一个 Set 来保存已收到的消息 ID。在实际项目中，可以用稍微复杂一点的数据结构，比如用支持 Expiration 的缓存来存储已收到的消息 ID。

最后，把接收到的结果在页面上显示出来（这里使用 Table 显示）。

```
1. var date = new Date(jsonMessage.timestamp * 1000)
2. $('#results tr:last').after('<tr><td>${date.toLocaleString()}</td><td>
   ${jsonMessage.objects}</td><td><img src="${jsonMessage.image_url}"
   height="200"></td></tr>');
```

用户端的最终效果如图 6-3 所示。

你可以在 https://github.com/sufish/mqtt_browser 上找到全部代码。

6.1.8 搭建私有 MQTT Broker

到目前为止，我们使用的都是一个公共的 Broker，对于学习和演示来说是足够的。但是对于实际生产来说，我们需要一个私有、可控的 Broker。

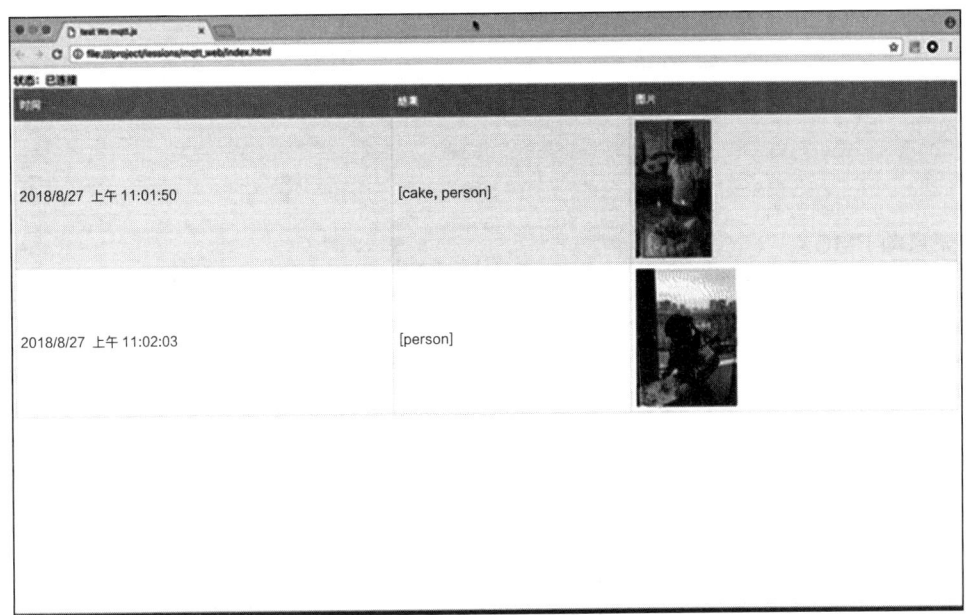

图 6-3　识别结果展示效果

当然，我们可以选择像阿里云、青云这样的云计算服务商提供的 MQTT Broker 服务，云计算服务商的 MQTT Broker 服务是一个很好的选择，接入和配置也很简单，你只需要阅读相应的产品文档，照着步骤一步步来就可以了。

如果你因为某种原因无法使用公有云服务，或者你需要可控性、定制性更强的 Broker，也可以选择自行搭建 MQTT Broker。

本书使用的 Broker 是 EMQX，使用它的理由有以下几点。

- 性能和可靠性：EMQX 是用 Erlang 语言编写的，在电信行业工作的读者可能了解，电信行业里很多核心的应用系统都是用 Erlang 编写的。
- 纵向扩展能力：在 8 核 32GB 的主机上，可以容纳超过 100 万 MQTT Client 接入。
- 横向扩展能力：支持多机组成集群。
- 基于插件的功能扩展：官方提供了很多扩展插件用于与其他业务系统集成，如果你熟悉 Erlang 语言，也可以通过插件的方式自行扩展。
- 项目由商业公司开发和维护，并提供商业服务。

实际上，上面提到的青云 IoT Hub 就是基于 EMQX 实现的，笔者在实际生产中使用 EMQX 已经很多年了，对它的性能和稳定性是相当认可的。读者可以访问 EMQX 的官网以了解关于 EMQX 的更多信息。

以 Ubuntu 为例，我们可以通过以下方式来安装 EMQX 的开源版：

```
curl -s https://assets.emqx.com/scripts/install-emqx-deb.sh | sudo bash
sudo apt-get install emqx
```

安装完成以后，可以运行：

```
sudo systemctl start emqx
```

或者

```
sudo /usr/bin/emqx start
```

来启动 EMQX。

如果看到命令行输出"EMQX 5.7.2 is started successfully!"，那么说明 EMQX 已经成功安装并运行了。

可以运行：

```
sudo systemctl stop emqx
```

或者

```
sudo /usr/bin/emqx stop
```

来关闭 EMQX。

默认情况下，EMQTT Broker 的 MQTT 协议端口是 1883，WebSocket 的端口是 8083。

本书使用的版本为 EMQX 5.7.2，EMQX 企业版是 EMQX 的付费版本，注意不要安装错了。

6.1.9 传输层安全

到目前为止，本书中的 MQTT 代码都是使用明文来传输 MQTT 协议数据包，包括含有 username、password 的 CONNECT 数据包。在实际的生产环境中，这样显然是不安全的。

MQTT 协议支持传输层加密。在生产环境中，通常需要使用 SSL 来传输 MQTT 协议数据包，使用传输层加密的 MQTT 协议数据包被称为 MQTTS（类似于 HTTP 之于 HTTPS）。

我们使用的 Public Broker 支持 MQTTS，你只需要在连接时修改一下 Broker URL 并将 "mqtt" 换成 "mqtts" 就可以了。

```
1. var client = mqtt.connect('mqtts://broker.emqx.io')
```

EMQX Broker 也支持 MQTTS，以 6.1.8 节中的安装方法为例，你可以在 /etc/emqx/certs/ 下配置你的 SSL 证书。

EMQX Broker 自带一份自签署的证书，可以开箱即用地在 8883 端口使用 MQTTS。但是因为是自签署的证书，所以你需要关闭客户端的证书验证。

```
1. var client = mqtt.connect('mqtts://127.0.0.1:8883', {
2. rejectUnauthorized: false
3. })
```

代码的第 2 行是关闭客户端的证书验证。

6.2 MQTT 常见问题解答

本节整理了一些经常被问到的与 MQTT 协议相关的问题和解答。

1）目前 MQTT 5.0 会马上普及吗？

现在支持 MQTT 5.0 的 Broker 和 Client 已经非常多了，新项目完全可以使用 MQTT 5.0，当然，还有大量存量的设备和系统还在使用 MQTT 3.1.1，所以在相当长的时间里，MQTT 5.0 和 MQTT 3.1.1 会并行存在。

2）MQTT 模块如何实现持续的超低功耗连接？

MQTT 协议建立的是 TCP 长连接，所以功耗会高一些，如果满足不了低功耗的要求，还可以选择基于 UDP 的 CoAP 协议。

3）如何正确地理解 Retained 消息？

Broker 收到 Retained 消息后，会单独保存一份，再向当前的订阅者发送一份普通的消息（Retain 标识为 0）。当有新的订阅者时，Broker 会把保存的这条消息发给新的订阅者（Retain 标识为 1）。

4）怎样才能让发送数据的一方快速收到指定设备的回应数据呢？

只要发送的数据 Payload 里包含发送方订阅的主题，接收方收到消息之后向这个主题发布一个消息，发送方就能收到了。

5）部署好 Broker 后，怎么实现 Broker 与 Client 的通信？

根据使用的语言选择一种 Client 的实现就可以了，在相关网站可以找到一些主流语言的 Client 库。

6）设备已经按照 MQTT 协议在发送数据，在服务器部署的是 Mosquitto 代理，如何设置 Mosquitto 才能将设备数据打印出来？

在服务器端运行一个 Client 并订阅相应主题，然后打印收到的消息。

7）如果订阅者重复订阅一个主题，也会被当作新的订阅者。那么何时会被当作旧的订阅者？

在下一次主动订阅这个主题之前，该订阅者都会被当作旧的订阅者。

8）100 台以内的设备使用 MQTT 协议，是自己搭建还是用各种云提供的物联网服务？

看价格，使用云服务一般比自建要便宜。

9）有哪些开源的比较好的 MQTT Broker？

笔者使用过 EMQX 和 Mosquitto，推荐 EMQX。

10）MQTT 必须在 Linux 系统上开发吗？

不用，各个操作系统都有现成的 Client 实现。

6.3 开发物联网应用，学会 MQTT 协议就够了吗

至此，我们已经详细讲解了 MQTT 协议的各个特性，并辅以代码和实战项目，读者应该

对 MQTT 协议已经有了相当多的了解了。那是不是我们就已经准备好开发物联网应用了呢？

实际上，在经常被问到的问题中，除了关于 MQTT 协议本身的内容以及特性相关的问题之外，还有很多关于物联网软件设计和架构方面的问题，比如：

- 该如何管理设备和设备状态？
- 业务服务端应该怎么接收、处理和存储来自设备的数据？
- 设备数量很多，Broker 端应该怎么设计来确保性能和可扩展性？
- 设备的处理能力有限，除了使用 MQTT 协议外，还有没有其他选择？

……

这让笔者意识到，单单学会 MQTT 协议离设计一个成熟的物联网产品还有一段不小的距离。其实仔细想想，这也没什么不对的：拿 Web 开发做一个类比，我们只学习了 HTTP，就能够开发一个成熟的网站或者基于 Web 的服务吗？答案也是否定的。

回想一下我们是怎么学习 Web 开发的。

首先，我们会了解一下 HTTP，然后选择一个框架，比如 Java 的 Spring Boot、Python 的 Django、Ruby 的 Rails 等。这些框架提供固定的模式，对软件进行高度的抽象和分层，并集成一些 Web 开发的最佳实践。你可以在 Model 层处理业务逻辑，用 ORM 来进行数据库操作，在 Controller 层处理输入、输出和跳转，在 View 层渲染 HTML 页面，这样一个网站和 Web 服务才能很快被开发出来。除了性能优化的时候，你几乎不用去想 HTTP 的细节。

回到物联网开发，抛开设备端的异构性，单说服务端的架构，它并不像 Web 开发领域有一个为人熟知的模式、架构或开发框架。开发者往往需要从协议这一层慢慢往上"搭积木"，学习曲线相对来说还是比较陡的。

1. 笔者的经历

2015 年年中，笔者开始在物联网方向创业，第一个决定是先实现一个供业务系统和设备使用的物联网平台。当时阿里云的 IoT 平台已经上线，但由于功能性和定制性方面暂时满足不了我的需求，因此我们最后还是决定自行开发。

我们自行开发的物联网平台实现了设备的管理和接入、设备数据的存储和处理，并抽象和封装了基于 MQTT 协议的数据传输（比如设备的数据上报和服务端的指令下发等），提供了业务服务端使用的服务端 API 及设备端使用的设备端 SDK，业务服务器和设备不再需要处理数据传输和接入等方面的细节，它们甚至不知道数据是通过 MQTT 协议传输的，这一切对业务服务器和设备都是透明的。

这个平台很好地支持了业务服务端和设备端的快速迭代，也支撑着业务从 0 到 1、从 1 到盈利的飞速发展。同时，我们也在密切关注着各大云服务商（比如阿里云、AWS 等）提供的 IoT 平台。在一些功能上，这些平台与我们的设计思路和实现逻辑是非常相似的，我们也会把 IoT 平台上的新功能或者更好的实践集成到自研的物联网平台上。

2. 接下来学什么

在研发物联网平台的过程中，笔者踩了很多"坑"，同时也积累了一些物联网平台在架构和设计模式等方面的经验。在本书的第三部分，笔者会把这些物联网平台架构以及设计方面的知识和经验分享出来，这应该可以覆盖物联网开发中 80% 的场景和大部分的设计和架构问题。

到 2019 年，阿里云 IoT 平台的功能已经非常强大，在第三部分中，我们将使用开源组件，从第一行代码开始，一步步地实现一个具有阿里云 IoT 平台大部分功能的物联网平台。在这个过程中，本书会穿插讲解在物联网开发中可以用到的模式和架构选择——Pros and Cons，以及一些最佳实践等。与前两部分侧重协议内容和理论不同，第三部分包含大量的实战代码，毕竟代码是程序员之间交流的最好语言。

6.4 本章小结

本章完成了一个简单的 IoT+AI 的实战项目，讲解了在实际开发中会遇到的问题：如何使用 MQTT 来传输大文件，如何对消息进行去重，如何通过 WebSocket 在浏览器中使用 MQTT 等。

我们可以看到，只是熟悉 MQTT 协议，离开发一个成熟的物联网产品还是有一定距离的。所以在第 7 章，我们将搭建一个物联网平台，进一步讲解物联网架构设计。

第三部分 Part 3

实战：从零开始搭建一个 IoT 平台

- 第 7 章 准备工作台
- 第 8 章 设备生命周期管理
- 第 9 章 上行数据处理
- 第 10 章 下行数据处理
- 第 11 章 IotHub 的高级功能
- 第 12 章 扩展 EMQX Broker
- 第 13 章 集成 CoAP
- 第 14 章 使用其他语言扩展 EMQX

从这部分开始，我们将一步一步地搭建一个可以同时支持公司内部多个异构物联网产品的 IoT 平台，它包含了类似于阿里云 IoT 平台的云物联网平台的大部分功能。

给这个物联网平台取名为 Maque（麻雀）IotHub，寓意"麻雀虽小，五脏俱全"，简称 IotHub。

第 7 章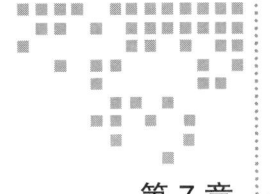

准备工作台

在本章里，我们首先要配置好开发环境，安装必要的软件，然后搭建项目的代码框架。为了同时支持 MQTT 3.1.1 和 MQTT 5.0 的设备，IotHub 将基于 MQTT 3.1.1 协议的功能进行开发，不会使用 MQTT 5.0 的新特性。

7.1 安装需要的组件

首先准备好开发环境并安装 IotHub 需要的各个开源组件。

（1）MongoDB

MongoDB 是一个基于分布式文件存储的数据库，我们可以把 MongoDB 作为物联网平台的主要数据存储工具。

大家可以在软件官网 https://docs.mongodb.com/manual/installation/#mongodb-community-edition-installation-tutorials 找到 MongoDB 的安装文档，根据文档在对应的系统上安装和运行 MongoDB。

（2）Redis

Redis 是一个高效的内存数据库，物联网平台会使用 Redis 来作为缓存。

请根据官网 https://redis.io/download 的文档在对应的系统上安装和运行 Redis。

（3）Node.js

Node.js 是一个基于 Chrome V8 引擎的 JavaScript 运行环境，我们会使用 Node.js 来开发 IotHub 的主要功能。

请根据官网 https://nodejs.org/en/download/ 的文档在对应的系统上安装 Node.js。

（4）RabbitMQ

RabbitMQ 是使用 Erlang 编写的 AMQP Broker，IotHub 使用 RabbitMQ 作为队列系统来实现物联网平台内部以及物联网平台到业务系统的异步通信。

请根据官网 https://www.rabbitmq.com/download.html 中的说明在对应的系统上安装和运行 RabbitMQ。

（5）Mosquitto MQTT Client

mosquitto_sub/mosquitto_pub 是一对命令行的 MQTT Client，我们可以用它们做一些简单的测试，mosquitto_sub/mosquitto_pub 是随着 Mosquitto Broker 一起安装的。

请根据官网 https://mosquitto.org/download/ 中的说明在对应的系统上安装 Mosquitto Broker。

我们不会运行和使用 Mosquitto Broker，只使用随 Mosquitto Broker 一起安装的 Mosquitto MQTT Client。

（6）EMQX

如前面所说，IotHub 将使用 EMQX 实现 MQTT/CoAP 协议接入，并使用 EMQX 的一些高级功能简化和加速开发。

如何安装 EMQX Broker 已经在第 3 章介绍过了，这里不再重复。

7.2 Maque IotHub 的组成部分

安装完开发物联网平台需要的组件后，我们简单介绍一下 IotHub 的各个组成部分。

- Maque IotHub：我们要开发的物联网平台，简称 IotHub。
- Maque IotHub Server API：Maque IotHub 的服务端 API，以 RESTful API 的形式将功能提供给外部业务系统调用，简称 Server API。
- Maque IotHub Server：Maque IotHub 的服务端，包含了 Server API 和 IotHub 服务端主要的功能代码，简称 IotHub Server。
- Maque IotHub DeviceSDK：Maque IotHub 提供的设备端 SDK，设备通过调用 SDK 提供的 API 接入 Maque IotHub，并与业务系统进行交互，简称 DeviceSDK。

同时，我们再定义如下两个实体。

- 设备应用代码：实现设备具体功能的代码，比如打开灯、在屏幕上显示温度等，它通过调用 Maque IotHub DeviceSDK 使用 Maque IotHub 提供的功能。它是 IotHub DeviceSDK 的"用户"。
- 业务系统：实现特定物联网应用服务端的业务逻辑系统，它通过调用 Maque IotHub Server API 的方式控制设备、使用设备上报的数据，Maque IotHub 为它屏蔽了与设备交互的细节。它是 IotHub Server API 的"用户"。

7.3 项目结构

在本书中我们会使用两个 Node.js 项目来进行开发，分别是物联网平台的服务端代码 IotHub Server 和设备端代码 IotHub DeviceSDK。

7.3.1 IotHub Server

服务端代码以一个 Express 项目作为开始，Express 是一个基于 Node.js 的轻量级 Web 开发框架，非常适合开发 RESTful API，用来开发 IotHub Server API 非常方便。该项目的结构如图 7-1 所示。

这个项目包含了 Maque IotHub Server API 以及 Maque IotHub 服务端的一些其他功能。

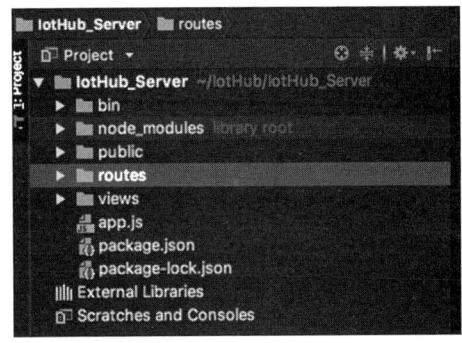

图 7-1　IotHub Server 项目的结构

7.3.2 IotHub DeviceSDK

设备端代码仍然使用 Node.js，但这并不意味着要在设备上运行 Node.js，物联网设备的异构性非常大，很难找到一个有广泛代表性的开发语言和平台。

JavaScript 是一门表达力很强而且简单易学的语言，它的用户群体也很广，不管是前端程序员，还是后端开发者，都有所涉猎。使用它可以很容易地表达 DeviceSDK 的设计思路，在了解设计思路以后，再移植到实际的物联网设备上就非常容易了。这就是为什么我们选择 Node.js 开发整个 IotHub 的原因。

接下来我们验证一下 EMQX Broker 已经配置正确，并可以接受 MQTT 协议连接了。

在项目的 package.json 中加入对 MQTT 协议的依赖：

```
1. "dependencies": {
2.   "mqtt": "^2.18.8"
3. }
```

然后运行"npm install"。

我们可以写一小段代码来测试一下 MQTT 协议连接。

```
1. //test_mqtt.js
2. var mqtt = require('mqtt')
3. var client = mqtt.connect('mqtt://127.0.0.1:1883')
4. client.on('connect', function (connack) {
5.   console.log(`return code: ${connack.returnCode}`)
6.   client.end()
7. })
```

如果不出意外，控制台会输出"return code: 0"。

重新把代码组织一下，把与 MQTT 协议相关的代码以及与 Maque IotHub Server 交互的代码进行封装，这里实现一个类 IotDevice 作为 DeviceSDK 的入口。

```
1.  //iot_device.js
2.  "use strict";
3.  var mqtt = require('mqtt')
4.  const EventEmitter = require('events');
5.
6.  class IotDevice extends EventEmitter {
7.    constructor(serverAddress = "127.0.0.1:8883") {
8.      super();
9.      this.serverAddress = 'mqtts://${serverAddress}'
10.   }
11.
12.   connect() {
13.     this.client = mqtt.connect(this.serverAddress, {
14.       rejectUnauthorized: false
15.     })
16.     var self = this
17.     this.client.on("connect", function () {
18.       self.emit("online")
19.     })
20.     this.client.on("offline", function () {
21.       self.emit("offline")
22.     })
23.     this.client.on("error", function (err) {
24.       self.emit("error", err)
25.     })
26.   }
27.
28.   disconnect() {
29.     if (this.client != null) {
30.       this.client.end()
31.     }
32.   }
33. }
34.
35.
36. module.exports = IotDevice;
```

这段代码做了如下几件事：

- 封装了 MQTT Client 的 connect 和 disconnect。在代码的第 12 ～ 15 行和第 28 ～ 31 行分别提供了 2 个接口。
- 通过设定 MQTT Broker 地址为 "mqtts://127.0.0.1:8883" 的方式，在传输层使用 SSL。EMQX 默认使用一个自签署的证书，所以我们在第 14 行设定 "rejectUnauthorized: false"。

- 代码的第 4 行引入了 Node.js 的 events 库，DeviceSDK 通过 events 库与设备应用代码进行交互。比如在第 18 行，把设备上线的事件通过 events 发布出去，设备应用代码可以通过捕获该事件的方式进行相应的处理。

调用 DeviceSDK 的设备应用代码示例如下。

```
1. var device = new IotDevice()
2. device.on("online", function () {
3.     console.log("device is online")
4.     device.disconnect()
5. })
6. device.on("offline", function () {
7.     console.log("device is offline")
8. })
9. device.connect()
```

代码的第 2～4 行捕获了设备的上线事件，在设备上线后就断开与 IotHub 的连接。

IotHub DeviceSDK 项目的结构如图 7-2 所示。

- 在 sdk 目录中的是 DeviceSDK 的代码。
- 在 samples 目录中的是调用 DeviceSDK 的示例代码。

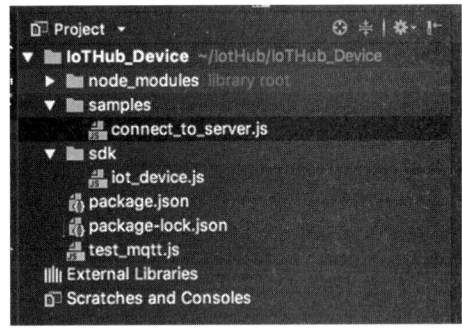

图 7-2　IotHub DeviceSDK 项目的结构

7.4　本章小结

至此，工作台准备完毕！准备好开发环境后，下面就开始实现 IotHub 的第一个主要功能：设备生命周期管理功能。

第 8 章

设备生命周期管理

本章将实现 IotHub 的设备生命周期管理功能,包括设备注册、设备连接状态管理、设备的禁用与删除,以及设备权限管理等功能。

8.1 设备注册

EMQX 在默认情况下是允许匿名连接的,所以在前面的代码里,IotDevice 类在连接 MQTT Broker 时没有指定 username 和 password 也能成功。

当然,我们肯定不希望任意一个设备都能连接上 IotHub。一个设备接入 IotHub 的流程应该是这样的:首先在 IotHub 上注册一个设备,设备通过由 IotHub 生成的 username/password 连接到 IotHub,以实现一机一密。

8.1.1 设备三元组

阿里云 IoT 平台用一个三元组(ProductKey,DeviceName,Secret)来标识一个逻辑上的设备,ProductKey 是指设备所属的产品,DeviceName 用来标识这个设备的唯一名称,Secret 是指这个设备连接物联网平台时使用的密码。我认为这是一个很好的设计,因为即使在同一家公司内部,往往也会有多个服务于不同业务的物联网产品需要接入,所以用 ProductKey 对后续的主题名、数据存储和分发等进行区分是很有必要的。

IotHub 将使用类似的三元组(ProductName,DeviceName,Secret)来标识一个逻辑上的设备。ProductName 由业务系统提供,可以是一个有意义的 ASCII 字符串,DeviceName 和 Secret 由 IotHub 自动生成,(ProductName,DeviceName)应该是全局唯一的。

这里我们约定，对一个设备（ProductName1，DeviceName1，Secret1）来说，它接入 IotHub 的 username 为"ProductName1/DeviceName1"，password 为"Secret1"。

为什么说三元组标识的是逻辑上的一个设备而不是物理上的一个设备呢？比如，移动应用接入 IotHub 并订阅某个主题，假如有一个用户在多个移动设备上用同一个账号登录，他使用的应该是同一个三元组，而他订阅的消息在每个设备上应该都能收到，那么在这种情况下，一个三元组实际上对应多个物理设备。我们后面再讲怎样区分物理设备。

用"/"做分隔符的理由这里先不做说明，在第 10 章讲到下行数据处理的部分再进行解释。

8.1.2 EMQX 的认证方式

EMQX 提供了多种认证方式，包括文件、内置数据库、MySQL、PostgresSQL 等，IotHub 使用 MongoDB 作为数据存储，所以这里我们选择 MongoDB 认证方式。除了使用 MongoDB 认证方式外，我们还会使用 JWT(JSON Web Token) 认证方式来提供一种临时性的接入认证。

1. MongoDB 认证

MongoDB 认证的实现逻辑很简单：将设备的 usemame/password 存储在 MongoDB 的某个集合（Collection）中，当设备发起连接请求时，Broker 会查找这个 Collection，如果 username/ password 能匹配上，则允许连接，否则拒绝连接。

我们可以在 EMQX Dashboard 上配置 MongoDB 认证，进入"访问控制"→"客户端认证"，单击"创建"按钮，如图 8-1 所示。

图 8-1　管理客户端认证方式

然后认证方式选择"Password-Based"，如图 8-2 所示。

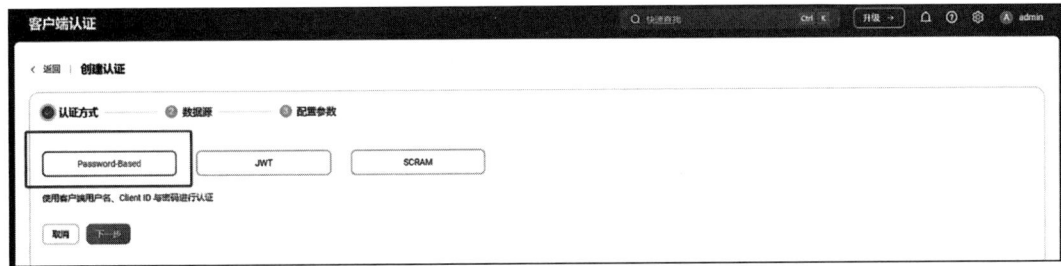

图 8-2　认证方式选择"Password-Based"

单击"下一步"按钮，数据源选择 MongoDB，如图 8-3 所示。

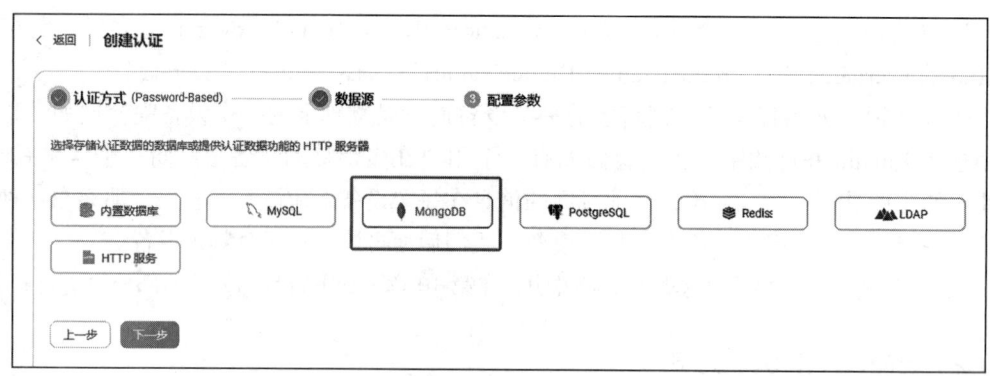

图 8-3　选择数据源为 MongoDB

继续单击"下一步"按钮，开始配置参数，这里有几个重要的参数需要我们配置：
- MongoDB 地址：127.0.0.1:27017。
- 数据库：mqtt，用于存储设备 usemame 和 password 的数据库，这里暂时用默认值。
- 集合：users，用于存储设备 username 和 password 的集合，这里暂时使用默认值。
- Password Hash 字段名：password。
- 密码加密方式：plain, password 字段的加密方式，这里选择不加密。

其他配置项使用默认值，最后配置如图 8-4 所示。

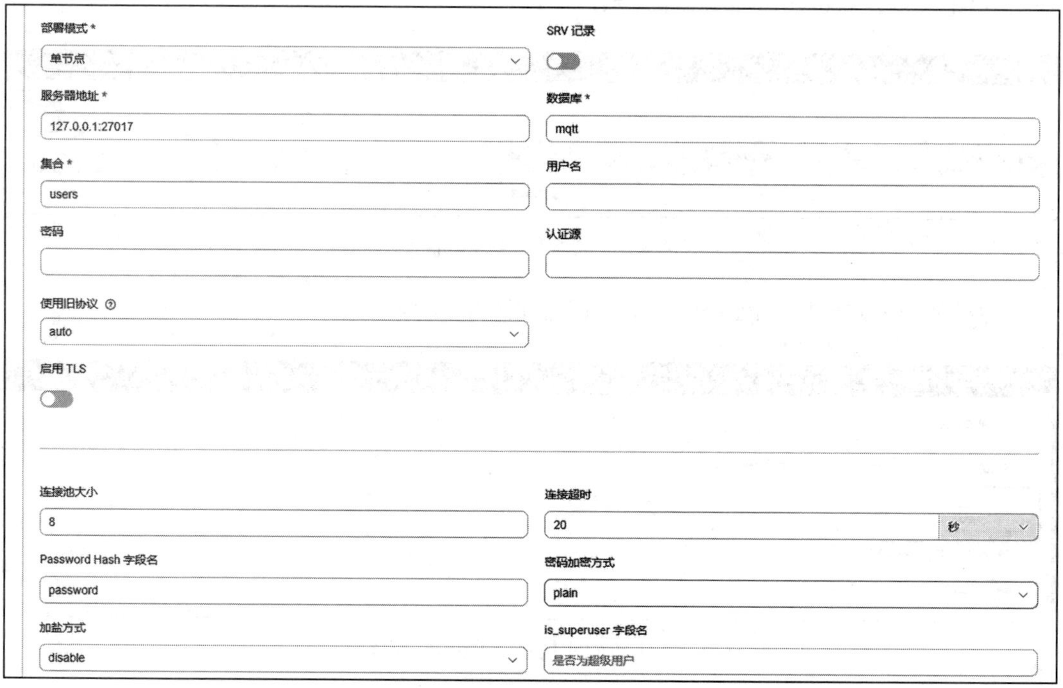

图 8-4　配置 MongoDB 认证

然后单击"创建"按钮，得到如图 8-5 所示的效果。

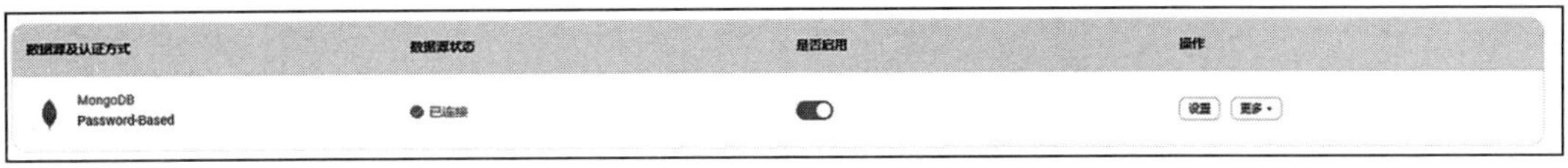

图 8-5 查看创建好的 MongoDB 认证

至此，MongoDB 认证就配置好了。

我们可以在 MongoDB 中插入一条记录，在 MongoDB Shell 中运行：

```
1. use mqtt
2. db.createCollection ("users")
3. db.users.insert({username: "test", password: "123456"})
```

然后，运行之前用于测试 Broker 连接的代码 test_mqtt.js，会得到以下输出：

```
Error: Connection refused: Bad username or password
```

接下来，修改 test_mqtt.js 代码，在连接时指定刚才存储在 MongoDB 中的 username/password: test/123456：

```
1. var client = mqtt.connect('mqtt://127.0.0.1:1883', {
2.     username: "test",
3.     password: "123456"
4. })
```

重新运行 test_mqtt.js，如果输出" return code: 0"，说明基于 MongoDB 的认证方式已经生效了。

2. JWT 认证

虽然 MongoDB 认证已经能够满足我们对设备注册的需求了，但是这里还想引入一种新的认证方式：JWT 认证。为什么呢？考虑以下两个场景：

- 在浏览器中，使用 WebSocket 方式进行接入时，你需要将接入 IotHub 的 username 和 password 一并传给前端的 JavaScript 代码，那么在浏览器的 Console 里就可以看见 username 和 password，这非常不安全。如果使用 JWT 认证方式，你只需要将一个有效期很短的 JWT 传给前端的 JavaScript 代码，即使泄露了，可以操作的时间窗口也很短。
- 有时候你需要绕过注册设备这个流程来连接 IotHub，EMQX 会在一些内部的系统主题上发布与 Broker 相关的状态信息，比如连接数、消息数等。如果你需要用一个 Client 连接到 IotHub 并订阅这些主题，先创建一个 Device 并不是很好的选择，在这种情况下，用 JWT 作为一次性的密码为这些系统内部的接入做认证就会非常方便。

> JWT 是一种基于 JSON 的、用于在网络上声明某种主张的令牌（Token），更详细的介绍可以参考相关资料。

JWT 认证的实现逻辑是这样的：
- Broker 和 Client 共享一个 secret。
- Client 仍然使用 username 和 password 进行认证，username 的值由 Client 自行决定，但是 password 是 secret 签名的一个 JWT Token，payload 为 {"username":<username>}（例如：username 为 jwt_user，那么 payload 就是 {"username":"jwt_user"}）。
- JWT Token 需要指定过期时间。
- Broker 使用 secret 对 password 中的 JWT Token 进行校验，并验证 Claim：检查 payload 中的 username 是否和 CONNECT 数据包中的 username 一致。
- 当 Token 过期时，Broker 应该断开使用该 Token 进行连接的 Client。

我们可以在 EMQX Dashboard 上配置 JWT 认证，进入"访问控制"→"客户端认证"，单击"创建"按钮，然后认证方式选择"JWT"，如图 8-6 所示。

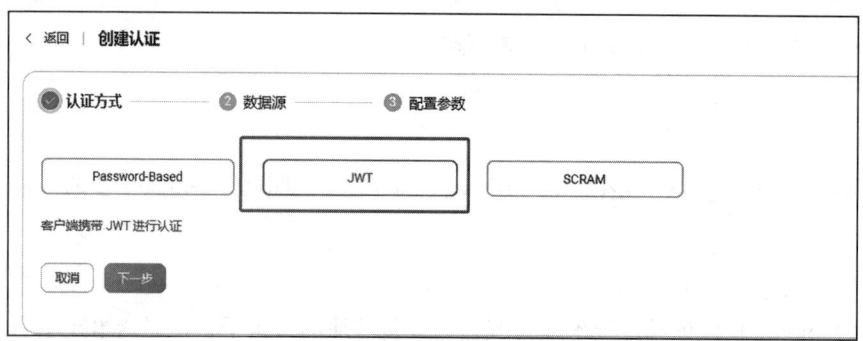

图 8-6　认证方式选择 JWT

根据上面的认证逻辑进行配置，效果如图 8-7 所示。

在设置 Claim 验证时，我们使用 ${username} 占位符来代表 CONNECT 数据包中的 username 值。这里 secret 使用了默认值，在实际生产环境中你需要使用一个长且复杂的字符串。

接下来写一段代码来验证 JWT 认证是否生效：

```
1. //test_mqtt_jwt.js
2. const jwt = require("jsonwebtoken")
3. const mqtt = require('mqtt');
4. const password = jwt.sign({
5.   username: "jwt_user",
6.   exp: Math.floor(Date.now() / 1000) + 10
```

```
 7.   }, "emqxsecret");
 8. 
 9. const client = mqtt.connect('mqtt://127.0.0.1:1883', {
10.   username: "jwt_user",
11.   password: password
12. });
13. client.on('connect', function (connack) {
14.   console.log(`return code: ${connack.returnCode}`)
15.   client.end()
16. })
```

图 8-7　配置 JWT 认证

在代码的第 4～7 行，使用我们在 EMQX Broker 中配置的 JWT Secret "emqxsecret" 来签发一个 JWT Token，它的 username 是 "jwt_user"，只有与连接 Broker 时使用的用户名一致才能通过验证。

代码的第 6 行将 JWT Token 的有效值设为 10 秒。

运行上面的代码，如果输出 "return code: 0"，说明基于 JWT 的认证方式已经生效了。

3. 认证链

我们配置了 MongoDB 和 JWT 两个认证，EMQX 可以用这两个认证组成的认证链对接入的 Client 进行认证。简单来说，设备既可以使用存储在 MongoDB 里的 username 和 password 接入 EMQX Broker，也可以使用 JWT Token 的方式接入 EMQX Broker。

8.1.3　设备接入流程

接下来，我们定义 IotHub 中设备从注册到接入的流程。

1）业务系统调用 IotHub Server API 的设备注册 API，并提供注册设备的 ProductName。

2）IotHub Server 根据业务系统提供的参数生成一个三元组（ProductName，DeviceName，Secret），然后将该三元组存储到 MongoDB，同时存储到 MongoDB 的还有该设备接入 EMQX 的用户名"ProductName/DeviceName"。

3）IotHub Server API 将生成的三元组返回给业务系统，业务系统应该保存这个三元组，以后调用 IotHub Server API 时需要使用。

4）业务系统通过某种方式，例如烧写 Flash，将这个三元组"写"到物联网设备上。

5）设备应用代码调用 DeviceSDK，传入三元组。

6）DeviceSDK 使用 username: ProductName/DeviceName, password: Secret 连接到 EMQX Broker。

7）EMQX Broker 到 MongoDB 里查询 ProductName/DeviceName 和 Secret，如果匹配成功，则允许连接。

设备接入流程如图 8-8 所示。

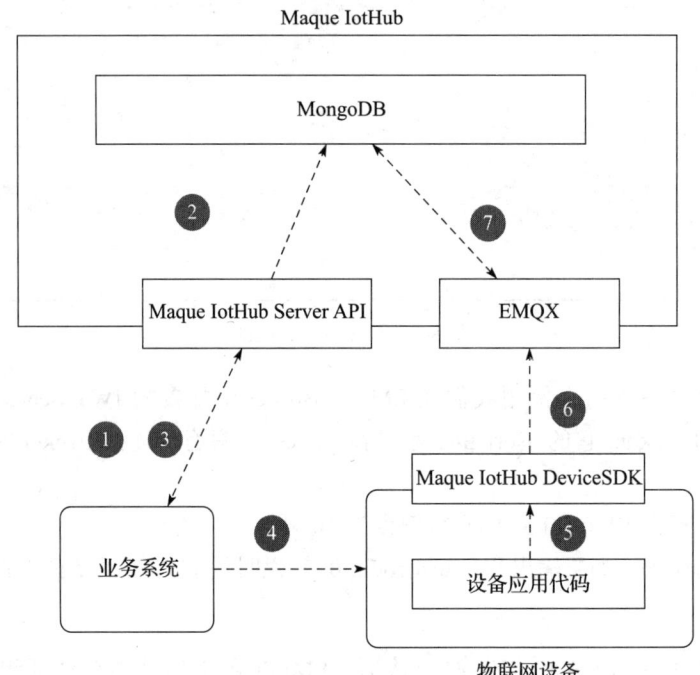

图 8-8　设备接入流程

8.1.4　Server API：设备注册

接下来，在 IotHub_Server 项目里实现 IotHub Server API 的设备注册 API。

首先在 MongoDB 里创建一个名为 IotHub 的数据库，用于存储设备信息。

1. 定义设备模型

我们使用 Mongoose 执行 MongoDB 的相关操作，首先定义用于存储设备信息的 Device 模型，代码如下。

> Mongoose 是一个 MongoDB 的 ORM。

```javascript
1.  // IotHub_Server/models/device.js
2.  const deviceSchema = new Schema({
3.    //ProductName
4.    product_name: {
5.      type: String,
6.      required: true
7.    },
8.    //DeviceName
9.    device_name: {
10.     type: String,
11.     required: true,
12.   },
13.   // 接入 EMQX 时使用的 username
14.   broker_username: {
15.     type: String,
16.     required: true
17.   },
18.   //secret
19.   secret: {
20.     type: String,
21.     required: true,
22.   }
23. })
```

2. RESTful API 实现

每次有新设备时，由系统自动生成 DeviceName 和 Secret，DeviceName 和 Secret 应该是随机且唯一的字符串，例如 UUID，这里我们用 shortid 来生成稍短一点的随机的唯一字符，代码如下。

> shortid 是一个 Node.js 的库，可以生成短的、随机的唯一字符串。

```javascript
1.  // routes/devices.js
2.  ...
3.  router.post("/", function (req, res) {
4.    var productName = req.body.product_name
5.    var deviceName = shortid.generate();
6.    var secret = shortid.generate();
```

```
7.     var brokerUsername = '${productName}/${deviceName}'
8.
9.     var device = new Device({
10.       product_name: productName,
11.       device_name: deviceName,
12.       secret: secret,
13.       broker_username: brokerUsername
14.     })
15.
16.     device.save(function (err) {
17.       if(err){
18.         res.status(500).send(err)
19.       }else{
20.         res.json({product_name: productName, device_name: deviceName, secret: secret})
21.       }
22.     })
23.   })
24.
25. ...
```

接着我们将这个 router 挂载到路径"/devices"下，并连接到 MongoDB。

```
1. //app.js
2. ...
3. mongoose.connect('mongodb://iot:iot@localhost:27017/iothub', { useNewUrlParser: true })
4. var deviceRouter = require('./routes/devices');
5. app.use('/devices', deviceRouter);
6. ...
```

运行"bin/www"启动 Web 服务器，然后在命令行用 curl 调用下面这个接口。

```
curl -d "product_name=IotApp" -X POST http://localhost:3000/devices
```

输出应为"{"product_name": "IotApp", "device_name": "V5MyuncRK", "secret": "GNxU20VYTZ"}"。

> ProductName 包含的字符是有限制的，不能包含"#""/""+"以及 IotHub 预留的一些字符，为了演示，这里跳过了输入参数的校验过程，但在实际项目中是需要加上的。

到这里，设备注册就成功了，我们需要记录下这个三元组。

8.1.5 调整 EMQX 配置

我们需要按照 IotHub 定义的数据库结构修改 EMQX MongoDB 认证的配置，下面是需要修改的配置：
- 数据库：iothub。
- 集合：devices。
- Password Hash 字段名：secret。
- 查询 Filter：{"broker_username":"${username}"}。

修改后，各项配置如图 8-9 所示。

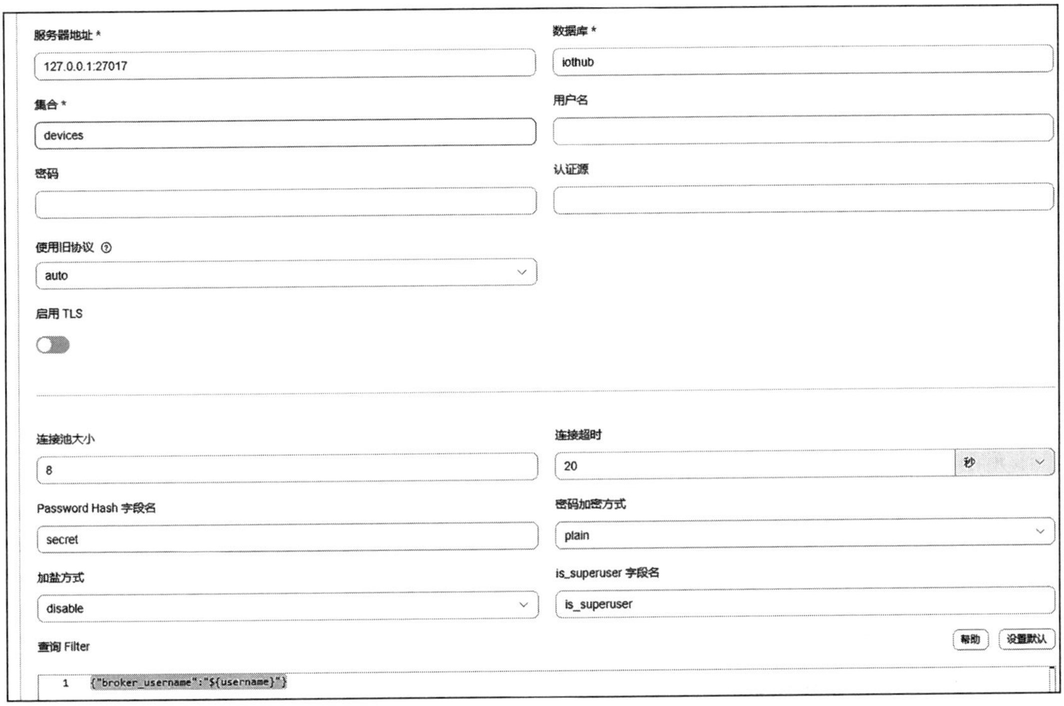

图 8-9 修改后 MongoDB 认证的各项配置

8.1.6 修改 DeviceSDK

接下来在 IoTHub_Device 项目里对 DeviceSDK 进行修改，接收三元组作为初始化参数。

```
1. // sdk/iot_device.js
2.
3. ...
4. class IotDevice extends EventEmitter {
5.   constructor({serverAddress = "127.0.0.1:8883", productName, deviceName, secret} = {}) {
6.     super();
7.     this.serverAddress = 'mqtts://${serverAddress}'
8.     this.productName = productName
9.     this.deviceName = deviceName
```

```
10.     this.secret = secret
11.     this.username = '${this.productName}/${this.deviceName}'
12.   }
13.   connect() {
14.     this.client = mqtt.connect(this.serverAddress, {
15.       rejectUnauthorized: false,
16.       username: this.username,
17.       password: this.secret
18.     })
19.     ...
20.   }
21.
22.   ...
23. }
24. ...
```

然后，用刚才记录下的三元组作为参数调用 DeviceSDK 接入 IotHub。

```
1. // samples/connect_to_server.js
2. ...
3. var device = new IotDevice({productName: "IotApp", deviceName: "V5MyuncRK", secret: "GNxU20VYTZ"})
4. device.connect()
5. ...
```

最后，运行 samples/connect_to_server.js，我们会得到输出"device is online"，说明设备已经完成注册并成功接入了 IotHub。

8.1.7　Server API：设备信息查询

我们还需要实现几个接口以完善注册流程。

1. 获取单个设备的信息

当业务系统查询设备信息的时候，我们并不需要返回 Device 的所有字段。首先定义返回内容。

```
1. // IotHub_Server/models/device.js
2. // 定义 device.toJSONObject
3. deviceSchema.methods.toJSONObject = function () {
4.   return {
5.     product_name: this.product_name,
6.     device_name: this.device_name,
7.     secret: this.secret
8.   }
9. }
```

然后实现 Server API。

```
1. // IotHub_Server/routes/devices.js
```

```
 2.  router.get("/:productName/:deviceName", function (req, res) {
 3.    var productName = req.params.productName
 4.    var deviceName = req.params.deviceName
 5.    Device.findOne({"product_name": productName, "device_name": deviceName},
   function (err, device) {
 6.      if (err) {
 7.        res.send(err)
 8.      } else {
 9.        if (device != null) {
10.          res.json(device.toJSONObject())
11.        } else {
12.          res.status(404).json({error: "Not Found"})
13.        }
14.      }
15.    })
16.  })
```

可以通过 curl 调用这个接口看一下效果：

```
curl http://localhost:3000/devices/IotApp/V5MyuncRK
{"product_name":"IotApp","device_name":"V5MyuncRK","secret":"GNxU20VYTZ"}
```

2. 获取设备列表

这里我们实现一个接口，以根据 ProductName 列出该产品下的所有设备。

```
 1.  // IotHub_Server/routes/devices.js
 2.  router.get("/:productName", function (req, res) {
 3.    var productName = req.params.productName
 4.    Device.find({"product_name": productName}, function (err, devices) {
 5.      if (err) {
 6.        res.send(err)
 7.      } else {
 8.        res.json(devices.map(function (device) {
 9.          return device.toJSONObject()
10.        }))
11.      }
12.    }
13.   })
14.  })
```

可以通过 curl 调用这个接口看看效果：

```
curl http://localhost:3000/devices/IotApp
[{"product_name":"IotApp","device_name":"V5MyuncRK","secret":"GNxU20VYTZ"}]
```

8.1.8 Server API：获取接入 IotHub 的一次性密码（JWT）

在前面使用 JWT 认证的示例代码里，我们是直接使用配置在 IotHub 中的 secret 进行签发，但在实际项目中，我们是不会把 IotHub 配置的 JWT secret 暴露出去的。我们可以提供一个接口，由业务系统通过这个接口向 IotHub 申请一对用于临时接入 IotHub 的用户名和密码。

```javascript
1.  // IotHub_Server/routes/tokens.js
2.
3.  var express = require('express');
4.  var router = express.Router();
5.  var shortid = require("shortid")
6.  var jwt = require('jsonwebtoken')
7.
8.  //这个值应该与 EMQX etc/plugins/emqx_auth_jwt.conf 中的保持一致
9.  const jwtSecret = "emqxsecret"
10.
11. router.post("/", function (_, res) {
12.   var username = shortid.generate()
13.   var password = jwt.sign({
14.     username: username,
15.     exp: Math.floor(Date.now() / 1000) + 10 * 60
16.   }, jwtSecret)
17.   res.json({username: username, password: password})
18. })
19.
20. module.exports = router
```

代码的第 12 行是生成一个随机的字符串作为临时的用户名。

然后挂载这个接口。

```javascript
1.  // IotHub_Server/app.js
2.  var tokensRouter = require('./routes/tokens')
3.  app.use('/tokens', tokensRouter)
```

通过这个接口，可以签发一个有效期为 1 分钟的 username/password。

```
curl http://localhost:3000/tokens -X POST
{"username":"apmE_JPll","password":"eyJhbGciOiJIUzI1NiIsInR5cCI6IkpXVCJ9.eyJ1c2VybmFtZSI6ImFwbUVfSlBsbCIsImV4cCI6MTU2ODMxNjk2MSwiaWF0IjoxNTU4MzE2OTYxfQ.-SnqvBGdO3wjSu7IHR91Bo58gb-VLFuQ28BeN6hlTLk"}
```

> 大家可能会发现，Server API 没有对调用者的身份进行认证和权限控制，也没有对输入参数进行校验，输出列表时也没有进行分页等处理，而在实际的项目中，这些都是必要的。因为这些属于 Web 编程的范畴，大家应该都非常熟悉了，所以此处就跳过了，有需要的读者可以自行扩展。

8.1.9 完善细节

1. 添加数据库索引

由于 IotHub 经常需要通过 Device 的 product_name 和 device_name 进行查询，所以我们需要在这两个字段上加上索引，在 MongoDB shell 里面输入如下代码。

```
1. use iothub
2. db.devices.createIndex({
3.     "production_name" : 1,
4.     "device_name" : 1
5. }, { unique: true })
```

MongoDB 插件在每次接入设备时都会使用 broker_name 查询 Devices Collection，所以我们也需要在 broker_name 上加一个索引。

```
1. use iothub
2. db.devices.createIndex({
3.     "broker_username" : 1
4. })
```

2. 使用持久化连接

细心的读者可能已经发现，DeviceSDK 在连接到 Broker 的时候并没有指定客户端标识符（Client Identifier）。没错，到目前为止，我们使用的都是在连接时自动分配的 Client Identifier，没有办法很好地使用 QoS1 和 QoS2 的消息。

Client Identifier 是用来唯一标识 MQTT Client 的，由于我们之前的设计保证了（ProductName，DeviceName）是全局唯一的，因此一般来说用这个二元组作为 Client Identifier 就足够了。但是，之前我也提到过，在某些场景下，可能会出现多个设备使用同样的设备三元组接入 IotHub 的情况。综合这些情况，我们可按下面的方法设计 IotHub 里的 Client Identifier：设备提供一个可选的 Client ID 标识自己，可以是硬件编号、Android ID 等，如果设备提供 Client ID，那么使用 ProductName/DeviceName/Client ID 作为连接 Broker 的 Client Identifier，否则使用 ProductName/DeviceName。

接下来根据这个规则对 DeviceSDK 进行修改。

```
 1. // IotHub_Device/sdk/iot_devices.js
 2. ...
 3. class IotDevice extends EventEmitter {
 4.   constructor({serverAddress = "127.0.0.1:8883", productName, deviceName,
    secret, clientID} = {}) {
 5.     super();
 6.     this.serverAddress = `mqtts://${serverAddress}`;
 7.     this.productName = productName;
 8.     this.deviceName = deviceName;
 9.     this.secret = secret;
10.     this.username = `${this.productName}/${this.deviceName}`
```

```
11.     // 根据 ClientID 设置
12.     if(clientID != null){
13.       this.clientIdentifier = '${this.username}/${clientID}'
14.     }else{
15.       this.clientIdentifier = this.username
16.     }
17.   }
18.
19.   connect() {
20.     this.client = mqtt.connect(this.serverAddress, {
21.       rejectUnauthorized: false,
22.       username: this.username,
23.       password: this.secret,
24.       // 设置 ClientID 和 clean session
25.       clientId: this.clientIdentifier,
26.       clean: false
27.     })
28.     ...
29.   }
30.   ...
```

然后，我们可以再运行一次 samples/connect_to_server.js 看看效果。

因为 Node.js 的 MQTT 库自带断线重连功能，所以这里就不用自己实现了。

3. 从环境变量中读取配置

根据 The Twelve-Factor App 的理念，从环境变量中读取配置项是一个非常好的实践，在我们的项目中有两个地方要用到环境变量中的配置：

- ServerAPI，比如 MongoDB 的地址。
- DeviceSDK 端的 samples 里的代码会经常使用到预先注册的三元组（ProductName, DeviceName, Secret）。

这里我们使用 Node.js 的 dotenv 库来管理环境变量，它可以从 .env 文件中读取并设置环境变量。

> The Twelve-Factor App，即 12 要素应用，是一个设计符合现代要求的应用的方法论和经验总结。

首先，在 IotHub_Server 项目中创建一个 .env 文件。

```
1. # IotHub_Server/.env
2. MONGODB_URL=mongodb://iot:iot@localhost:27017/iothub
3. JWT_SECRET=emqxsecret
```

然后，在 IotHub Server 启动的时候加载 .env 中预设的环境变量。

```
1. // IotHub_Server/app.js
2. require('dotenv').config()
```

连接 MongoDB 时使用环境变量中的配置。

```
1. // IotHub_Server/app.js
2. ...
3. mongoose.connect(process.env.MONGODB_URL, { useNewUrlParser: true })
4. ...
```

在接口中使用环境变量中的配置。

```
1. // IotHub_Server/routes/tokens.js
2. ...
3. const jwtSecret = process.env.JWT_SECRET
4. ...
```

同样，在 IotHub_Device 项目中创建一个 .env 文件。

```
1. #IotHub_Device/samples/.env
2. PRODUCT_NAME=注册接口获取的 ProductName
3. DEVICE_NAME=注册接口获取的 DeviceName
4. SECRET=注册接口获取的 Secret
```

然后在代码中读取环境变量中的配置。

```
1. // IotHub_Device/samples/connect_to_server.js
2. require('dotenv').config()
3. var device = new IotDevice({
4.   productName: process.env.PRODUCT_NAME,
5.   deviceName: process.env.DEVICE_NAME,
6.   secret: process.env.SECRET
7. })
```

我们在本节中设计和实现了 IotHub 设备注册的所有功能，接下来将实现 IotHub 设备连接状态的监控功能。

8.2 设备连接状态管理

如何得知一个设备是在线或离线？这是一个经常会被问到的问题，也是实际生产中非常必要的一个功能。那么它有哪些解决方案呢？

8.2.1 Poor man's Solution

MQTT 协议并没有在协议级别约定如何对 Client 的在线状态进行管理，但我们在第二部分里介绍过一个解决思路：

1）Client 在连接成功时向 TopicA 发送一个消息，表示 Client 已经上线。

2）Client 在连接时指定 LWT，Client 在离线时向 TopicA 发送一个 Retained 消息，表示已经离线。

3）只要订阅 TopicA 就可以获取 Client 上线和离线的状态。

这个解决方案在实际中是可行的，但有一个问题，你始终需要保持一个接入 Broker 的 Client 来订阅 TopicA，如果设备的数量高达十万甚至几十万，这个订阅 TopicA 的 Client 就很容易成为单点故障点，所以这种解决方案的可扩展性比较差。

8.2.2 使用 EMQX 的解决方案

EMQX 提供了丰富的管理功能和接口，我们可以利用 EMQX 提供的这些功能和接口来实现设备的连接状态管理。

1. 基于系统主题的解决方案

EMQX 使用许多系统主题发布 Broker 内部的状态和事件。

当 Client Identifier 为 "${clientid}" 的 Client 连接到节点名为 "${node}" 的 EMQX Broker 时，EMQX Broker 会向系统主题 "$SYS/brokers/${node}/clients/${clientid}/connected" 发布一条消息。当这个 Client 离线时，EMQX 会向系统主题 "$SYS/brokers/${node}/clients/${clientid}/disconnected" 发布一条消息。

> 你可以在 https://docs.emqx.com/zh/emqx/latest/observability/mqtt-system-topics.html 找到系统主题的列表。

那么，我们只需要订阅 "$SYS/brokers/+/clients/+/connected" 和 "$SYS/brokers/+/clients/+/disconnected" 就可以获取到每个 EMQX 节点上所有 Client 的上线和离线事件。实现代码如下：

```
1.  //IotHub_Device/samples/sys_topics.js
2.  var mqtt = require('mqtt')
3.  var jwt = require('jsonwebtoken')
4.  require('dotenv').config()
5.  var password = jwt.sign({
6.    username: "jwt_user",
7.    exp: Math.floor(Date.now() / 1000) + 10
8.  }, process.env.JWT_SECRET)
9.  var client = mqtt.connect('mqtt://127.0.0.1:1883', {
10.   username: "jwt_user",
11.   password: password
12. })
13. client.on('connect', function () {
14.   console.log("connected")
15.   client.subscribe("$SYS/brokers/+/clients/+/connected")
```

```
16.        client.subscribe("$SYS/brokers/+/clients/+/disconnected")
17.    })
18.
19.    client.on("message", function (_, message) {
20.        console.log(message.toString())
21.    })
```

先运行 sys_topics.js，随后运行 connect_to_server.js，接着关闭 connect_to_server.js，我们会看到以下输出：

{"ipaddress":"127.0.0.1","expiry_interval":7200000,"clean_start":false,"sockport":8883,"proto_ver":4,"proto_name":"MQTT","connected_at":1725424123812,"clientid":"IotApp-Nzt1z5dOy-connect_to_server","username":"IotApp/Nzt1z5dOy","ts":1725424123816,"protocol":"mqtt","keepalive":60}
{"ipaddress":"127.0.0.1","disconnected_at":1725424125221,"sockport":8883,"proto_ver":4,"proto_name":"MQTT","connected_at":1725424123812,"clientid":"IotApp-Nzt1z5dOy-connect_to_server","username":"IotApp/Nzt1z5dOy","ts":1725424125225,"protocol":"mqtt","reason":"ssl_closed"}

输出的第 1 部分是 Client 连接建立事件的信息，第 2 部分是 Client 连接断开事件的信息，这些信息包含 ClientID、IP 地址、连接时间等，非常详细。

这种解决方案的缺点也很明显，和上面提到的一样，订阅这两个主题的 Client 很容易成为单点故障点。

2. 基于 EMQX WebHook 的解决方案

EMQX 提供一个 WebHook 功能，该功能可以在设定的事件发生时，将该事件的信息用 HTTP 的方式推送到预设的 HTTP 接口上。那么我们只需要实现一个 Web 服务来接收设备上下线的信息就可以实现对设备在线状态的管理了。

我们可以在 EMQX Dashboard 创建和配置 WebHook，进入"集成"→"WebHook"，如图 8-10 所示。

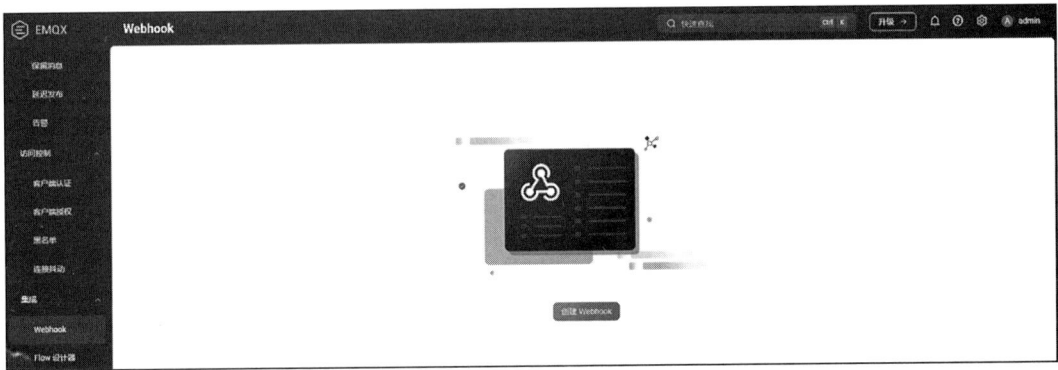

图 8-10　创建 WebHook

单击"创建 WebHooK"按钮，并配置将连接建立和连接断开的事件用 POST 的方式发送到 http://127.0.0.1:3000/emqx_web_hook，如图 8-11 所示。

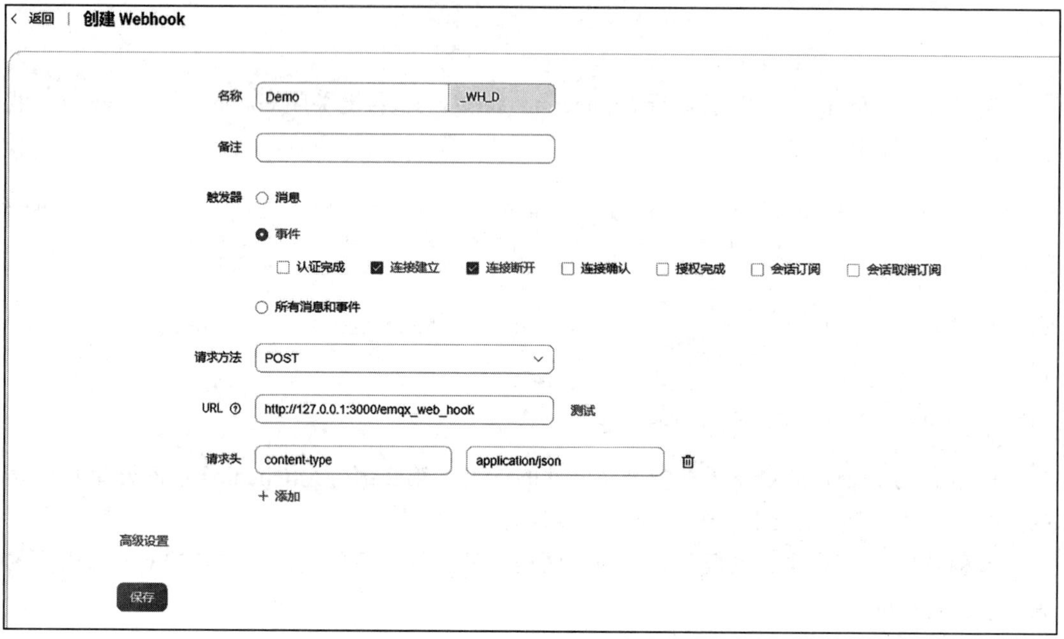

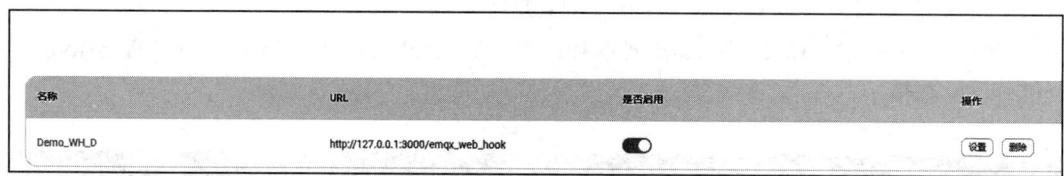

图 8-11　配置 WebHook

然后单击"保持"按钮，这个 WebHook 就被启用了。启用后的效果如图 8-12 所示。

图 8-12　启用 WebHook

我们先简单实现一下 WebHook 的回调，只把 EMQX 发送过来的信息打印出来：

```
1. //IotHub_Server/routes/emqx_web_hook.js
2. var express = require('express');
3. var router = express.Router();
4.
5. router.post("/", function (req, res) {
6.     console.log(req.body)
7.     res.status(200).send("ok")
8. })
```

```
 9.
10. module.exports = router
```

然后挂载上面的 router：

```
1. 1.   //IotHub_Server/app.js
2. 2.   var webHookeRouter = require ('. /routes/emqx_web_hook')
3. 3.   app.use ('/emqx_web_hook',  webHookeRouter)
```

运行 samples/connect_to_server.js，当 Client 连接时，EMQX 会把以下的 JSON 发送到指定的 URL：

```
{
  receive_maximum: 32,
  conn_props: { 'User-Property': {} },
  expiry_interval: 7200,
  clean_start: false,
  mountpoint: 'undefined',
  is_bridge: false,
  proto_ver: 4,
  proto_name: 'MQTT',
  connected_at: 1725427484315,
  clientid: 'IotApp-Nzt1z5dOy-connect_to_server',
  username: 'IotApp/Nzt1z5dOy',
  event: 'client.connected',
  metadata: { rule_id: 'Demo_WH_D' },
  keepalive: 60,
  sockname: '127.0.0.1:8883',
  peername: '127.0.0.1:61259',
  timestamp: 1725427484319,
  node: 'emqx@127.0.0.1'
}
```

然后关闭 connect_to_server.js，当 Client 断开连接时，EMQX 会把以下 JSON 发送到指定的 URL：

```
{
  disconnected_at: 1725427695316,
  disconn_props: { 'User-Property': {} },
  proto_ver: 4,
  proto_name: 'MQTT',
  clientid: 'IotApp-Nzt1z5dOy-connect_to_server',
  username: 'IotApp/Nzt1z5dOy',
  event: 'client.disconnected',
  metadata: { rule_id: 'Demo_WH_D' },
  sockname: '127.0.0.1:8883',
  peername: '127.0.0.1:61259',
  timestamp: 1725427695320,
```

```
    reason: 'ssl_closed',
    node: 'emqx@127.0.0.1'
}
```

在 Client 连接建立和连接断开事件中，包含了 Client 连接时使用的 username，而 username 里面包含了 (ProductName, DeviceName)，所以我们可以通过这些信息定位到具体是哪一个设备已经连接或者没有连接，从而更新设备的连接状态。

> /emq_web_hook 这个 URL 是在 IotHub 内部使用的，除了 WebHook，外部是不能够访问的，本书为了让内容更紧凑，尽量跳过了这些属于 Web 编程范畴的内容，但在实际项目中，这些都是需要考虑的。

8.2.3　管理设备的连接状态

验证了 WebHook 的功能后，我们可以开始设计设备连接状态管理功能了。

1）IotHub 不保存某个设备在线与否这个 boolean 值，而是保存一个 connection 列表，这个列表包含了所有用这个设备的三元组接入的 connection，connection 的信息由 WebHook 捕获的 client_connected 事件提供。

2）当收到 client_connected 的消息时，通过 username 里面的 ProductName 和 DeviceName 查找到 Device 记录，然后用 ClientID 查找 Device 的 connection 列表，如果不存在该 ClientID 的 connection 记录，就新增一条 connection 记录；如果存在，则更新这条 connection 记录，状态为 connected。

3）当收到 client_disconnected 的消息时，通过 username 里面的 ProductName 和 DeviceName 查找到 Device 记录，然后用 ClientID 查找 Device 的 connection 列表，如果存在该 ClientID 的 connection 记录，则更新这条 connection 记录，状态为 disconnected。

4）业务系统可以通过调用 Server API 的设备详情接口获取设备的连接状态。

通过这样的设计，我们不仅可以知道一个设备是否在线，还能知道其连接的具体信息。

1. Connection 模型

我们定义一个 Connection 模型来存储连接信息。

```
1. // IotHub_Server/models/connection.js
2.
3. const connectionSchema = new Schema({
4.     connected: Boolean,
5.     client_id: String,
6.     Keepalive: Number,
7.     ipaddress: String,
```

```
8.    proto_ver: Number,
9.    connected_at: Number,
10.   disconnect_at: Number,
11.   conn_ack: Number,
12.   device: {type: Schema.Types.ObjectId, ref: 'Device'}
13. })
14.
15. const Connection = mongoose.model("Connection", connectionSchema);
```

2. 实现回调

我们在 Device 类里用两个方法来实现对 connected 事件和 disconnected 事件的处理。

```
1.  // IotHub_Server/models/device.js
2.
3.  //connected
4.  deviceSchema.statics.addConnection = function (event) {
5.    var username_arr = event.username.split("/")
6.    this.findOne({product_name: username_arr[0], device_name: username_arr[1]}, function (err, device) {
7.      if (err == null && device != null) {
8.        Connection.findOneAndUpdate({
9.          client_id: event.client_id,
10.         device: device._id
11.       }, {
12.         connected: true,
13.         client_id: event.client_id,
14.         Keepalive: event.Keepalive,
15.         ipaddress: event.ipaddress,
16.         proto_ver: event.proto_ver,
17.         connected_at: event.connected_at,
18.         conn_ack: event.conn_ack,
19.         device: device._id
20.       }, {upsert: true, useFindAndModify: false, new: true}).exec()
21.     }
22.   })
23.
24. }
25. //disconnected
26. deviceSchema.statics.removeConnection = function (event) {
27.   var username_arr = event.username.split("/")
28.   this.findOne({product_name: username_arr[0], device_name: username_arr[1]}, function (err, device) {
29.     if (err == null && device != null) {
30.       Connection.findOneAndUpdate({client_id: event.client_id, device: device._id},
31.         {
32.           connected: false,
33.           disconnect_at: Math.floor(Date.now() / 1000)
34.         }, {useFindAndModify: false}).exec()
35.     }
```

```
36.     })
37. }
```

代码的第 8 ～ 20 行调用了 findOneAndUpdate 方法，其处理逻辑是，如果 client_id 为 event.client_id 的 Connection 记录不存在，则创建一条新的记录，否则更新已有的 Connection 记录。

其次，我们修改一下之前实现的回调，在收到对应事件信息时调用上面实现的两个方法。

```
1.  //IotHub_Service/routes/emqx_web_hook.js
2.  router.post("/", function (req, res) {
3.    switch (req.body.event){
4.      case "client.connected":
5.        Device.addConnection({
6.          client_id: req.body.clientid,
7.          username: req.body.username,
8.          connected_at: req.body.connected_at,
9.          keepalive: req.body.keepalive,
10.         proto_ver: req.body.proto_ver,
11.         ipaddress: req.body.peername.split("/")[0]
12.       })
13.       break
14.     case "client.disconnected":
15.       Device.removeConnection({
16.         client_id: req.body.clientid,
17.         username: req.body.username,
18.         disconnected_at: req.body.disconnected_at
19.       })
20.       break;
21.   }
22.   res.status(200).send("ok")
23. })
```

然后，修改设备详情接口，在接口的返回中加上设备的 Connection 数据。定义 Connection 的 JSON 返回格式。

```
1.  // IotHub_Server/models/connection.js
2.  connectionSchema.methods.toJSONObject = function () {
3.    return {
4.      connected: this.connected,
5.      client_id: this.client_id,
6.      ipaddress: this.ipaddress,
7.      connected_at: this.connected_at,
8.      disconnect_at: this.disconnect_at
9.    }
10. }
```

最后，通过接口查询设备对应的 Connection 数据后返回。

```
1.  // IotHub_Server/routes/devices.js
2.  router.get("/:productName/:deviceName", function (req, res) {
3.    var productName = req.params.productName
4.    var deviceName = req.params.deviceName
5.    Device.findOne({"product_name": productName, "device_name": deviceName}).
      exec(function (err, device) {
6.      if (err) {
7.        res.send(err)
8.      } else {
9.        if (device != null) {
10.         Connection.find({device: device._id}, function (_, connections) {
11.           res.json(Object.assign(device.toJSONObject(), {
12.             connections: connections.map(function (conn) {
13.               return conn.toJSONObject()
14.             })
15.           }))
16.         })
17.       } else {
18.         res.status(404).json({error: "Not Found"})
19.       }
20.     }
21.   })
22. })
```

代码的第 11 ~ 12 行把设备的 JSONObject 和 Connection 的 JSONObject 数组合并起来作为接口的返回结果。

代码完成后，运行 IotHub_Device/samples/connect_to_server.js，然后调用设备详情接口"curl http://localhost:3000/devices/IotApp/c-jOc-2qq"，我们会得到以下输出。

```
{"product_name":"IotApp","device_name":"c-jOc-2qq","secret":"m0PfE0DcNC","connections":[{"connected":true,"client_id":"IotApp/c-jOc-2qq","ipaddress":"127.0.0.1","connected_at":1558354603}]}
```

关闭 connect_to_server.js，再次调用设备详情接口"curl http://localhost:3000/devices/IotApp/c-jOc-2qq"，我们会得到以下输出。

```
{"product_name":"IotApp","device_name":"c-jOc-2qq","secret":"m0PfE0DcNC","connections":[{"connected":false,"client_id":"IotApp/c-jOc-2qq","ipaddress":"127.0.0.1","connected_at":1558354603,"disconnect_at":1558355260}]}
```

由于 DeviceName 是随机生成的，读者在使用 curl 调用接口时，应该使用在本地生成的 DeviceName 替代相应参数或路径。

这样我们就完成了设备状态管理，业务系统通过查询设备详情，就可以知道设备是否在线（有 connected==true 的 Connection 记录），以及设备连接的一些附加信息。

本节设计并实现了 IotHub 的设备连接状态管理功能，细心的读者可能已经发现，这种解决方案是有瑕疵的。

- 存在性能问题。每次设备上下线，包括 Publish/Subscribe 等，EMQX 都会发起一个 HTTP POST，这肯定是有损耗的，至于多大损耗以及能不能接受这个损耗，取决于你的业务和数据量。
- 由于 Web 服务是并发的，因此有可能出现在很短时间内发生的一对 connect/disconnect 事件，而 disconnect 事件会比 connect 事件先处理，从而导致设备的连接状态不正确。
- 关于设备下线时间，我们取的是处理这个事件的时间，不准确。

在第三部分的后半部分，我们会使用一个基于 RabbitMQ 的插件来替换 WebHook，然后再来尝试解决这些问题，在此之前，我们都将用 WebHook 完成功能验证。

8.3 设备的禁用与删除

有时候我们可能需要禁止某个设备接入 IotHub，或者彻底删除这个设备。

8.3.1 禁用设备

设备禁用的逻辑很简单，业务系统可以通过一个接口暂停设备的接入认证，从而使被禁用的设备无法接入 IotHub；业务系统也可以通过一个接口恢复设备的接入认证，使设备可以重新接入 IotHub。这里还暗含着另外一个操作，即在禁用设备时，如果这个设备已经接入 IotHub 且是在线状态，那么需要将这个设备踢下线。接下来，我们来一步步实现这些功能。

1. 设备接入状态

首先在 Device 模型里加一个字段，标识设备当前是否可以接入 IotHub。

```
1.  // IotHub_Server/models/Device.js
2.  const deviceSchema = new Schema({
3.    //ProductName
4.    product_name: {
5.      type: String,
6.      required: true
7.    },
8.    //DeviceName
9.    device_name: {
10.     type: String,
11.     required: true
12.   },
13.   // 接入 EMQX 时使用的 username
14.   broker_username: {
15.     type: String,
16.     required: true
17.   },
18.   //secret
19.   secret: {
```

```
20.      type: String,
21.      required: true,
22.    },
23.
24.    // 可接入状态
25.    status: String
26. })
```

在创建 Device 时，这个字段的默认值为 active。

```
1. //IotHub_Server/routes/device.js
2. router.post("/", function (req, res) {
3.   ...
4.
5.   var device = new Device({
6.     product_name: productName,
7.     device_name: deviceName,
8.     secret: secret,
9.     broker_username: brokerUsername,
10.    status: "active"
11.  })
12.
13.  ...
14. })
```

在连接设备时，还要通过这个字段判断设备是否可以接入。然后配置 MongoDB 认证插件。

```
# <EMQX 安装目录>/etc/plugins/emqx_auth_mongo.conf
auth.mongo.auth_query.selector = broker_username=%u, status=active
```

2. 主动断开设备连接

当禁用设备时，如果设备已经连入了 IotHub，那么我们应该主动断开和这个设备的连接。MQTT 协议并没有在协议级别约定 Broker 如何管理 Client 的连接，不过 EMQX Broker 提供了一套 RESTful API 来监控和管理 Broker（具体可查看 API 的相关文档，地址为 http://localhost:18083/api-docs/index.html），其中有一个可以管理 Client 连接的接口，我们可以调用这个接口主动断开和设备的连接。

EMQX 的 API 需要对调用者的身份进行验证，验证方式为 Basic Authentication。我们需要在 EMQX Dashboard 中创建一对密钥，进入"系统设置"→"API 密钥"，单击"创建"按钮，如图 8-13 所示。

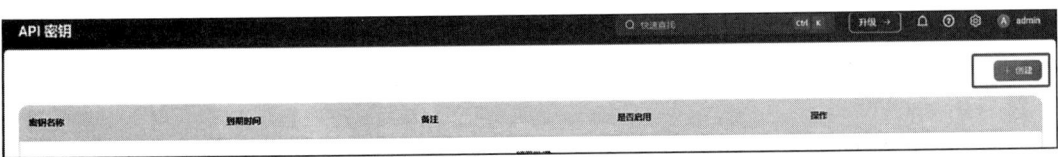

图 8-13　管理 API 密钥

输入密钥名称，到期时间为"永不过期"，如图 8-14 所示。

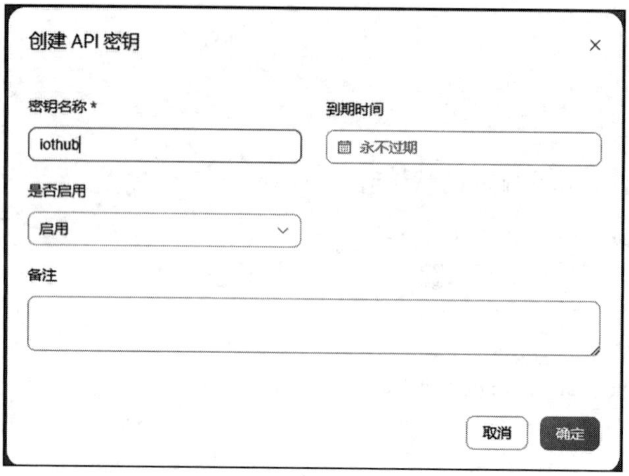

图 8-14 创建 API 密钥

然后将生成的 API Key 和 Secret Key 记录下来，如图 8-15 所示。

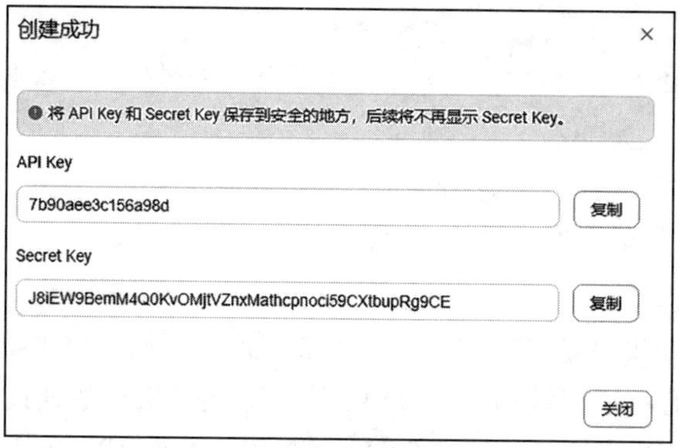

图 8-15 查看创建的 API 密钥

API 的访问地址是 http://127.0.0.1:18083/api/v5，我们把这些信息都记录到 .env 文件中：

```
# IotHub_Server/.env
EMQX_APP_KEY=7b90aee3c156a98d
EMQX_APP_SECRET=J8iEW9BemM4Q0KvOMjtVZnxMathcpnoci59CXtbupRg9CE
EMQX_API_URL=http://127.0.0.1:18083/api/v5
```

断开与某个 Client 连接的接口如下：

```
DELETE /clients/{client_id}
```

需要提供 Client 的 ClientID 作为参数，在设备连接状态管理里面已经保存了设备的 ClientID，所以按需调用这个接口就可以了。

首先对 EMQX API 的调用进行封装：

```javascript
1. //IotHub_Server/services/emqx_service.js
2. class EMQXService {
3.   static disconnectClient(clientId) {
4.     const apiUrl = `${process.env.EMQX_API_URL}/clients/${clientId}`
5.     request.delete(apiUrl, {
6.       "auth": {
7.         'user': process.env.EMQX_APP_KEY,
8.         'pass': process.env.EMQX_APP_SECRET,
9.         'sendImmediately': true
10.      }
11.    }, function (error, response, body) {
12.      console.log('statusCode:', response && response.statusCode);
13.      console.log('body:', body);
14.    })
15.  }
16. }
17.
18. module.exports = EMQXService
```

然后在 Device 类里提供一个 disconnect 方法：

```javascript
1. //IotHub_Server/models/device.js
2. deviceSchema.methods.disconnect = function () {
3.   Connection.find({device: this._id}).exec(function (err, connections) {
4.     connections.forEach(function (conn) {
5.       emqxService.disconnectClient(conn.client_id)
6.     })
7.   })
8. }
```

代码的第 4～7 行遍历了这个设备的所有连接，并依次断开。

3. Server API：禁用和恢复设备
接下来实现两个 Server API 来设置设备的接入状态，即禁用和恢复。

（1）禁用设备

```javascript
1. // IotHub_Server/routes/devices.js
2. ...
3. router.put("/:productName/:deviceName/suspend", function (req, res) {
4.   var productName = req.params.productName
5.   var deviceName = req.params.deviceName
6.   Device.findOneAndUpdate({"product_name": productName, "device_name": deviceName},
7.     {status: "suspended"}, {useFindAndModify: false}).exec(function (err, device) {
8.     if (err) {
9.       res.send(err)
10.    } else {
```

```
11.      if (device != null) {
12.        device.disconnect()
13.      }
14.      res.status(200).send("ok")
15.    }
16.  })
17. })
```

在代码的第 11 行,在更新设备的 status 字段后,便主动断开与设备的连接。

(2)恢复设备

```
1. // IotHub_Server/routes/devices.js
2. ...
3. router.put("/:productName/:deviceName/resume", function (req, res) {
4.   var productName = req.params.productName
5.   var deviceName = req.params.deviceName
6.   Device.findOneAndUpdate({"product_name": productName, "device_name": deviceName},
7.     {status: "active"}, {useFindAndModify: false}).exec(function (err) {
8.     if (err) {
9.       res.send(err)
10.    } else {
11.      res.status(200).send("ok")
12.    }
13.  })
14. })
```

这时我们可以来试一下,首先暂停设备的接入认证" curl http://localhost:3000/devices/IotApp/c-jOc-2qq/suspend -X PUT",运行 IotHub_Device/samples/connect_to_server.js,控制台的输出如下。

```
Error: Connection refused: Not authorized
...
```

然后恢复这个设备的接入认证" curl http://localhost:3000/devices/IotApp/c-jOc-2qq/resume -X PUT",控制台的输出如下。

```
device is online
```

这时我们再运行" curl http://localhost:3000/devices/IotApp/c-jOc-2qq/suspend -X PUT",在运行 connect_to_server.js 的终端上会有以下输出。

```
device is online
device is offline
Error: Connection refused: Not authorized
...
```

分析如下:

1）设备连接上 IotHub 后，输出"device is online"。

2）被禁用后，连接被 IotHub 断开，输出"device is offline"。

3）触发 DeviceSDK 的自动重连功能，因为设备已被禁用，所以在连接时输出"Error: Connection refused: Not authorized"。

8.3.2 删除设备

完成了禁用设备的功能后，删除设备对我们来说就非常简单了，依葫芦画瓢就可以了，基本思路如下。

1）删除设备。

2）删除设备的连接信息。

3）将设备的所有连接断开。

删除设备的实现代码如下。

```
1. // IotHub_Server/routes/device.js
2.
3. router.delete("/:productName/:deviceName", function (req, res) {
4.     var productName = req.params.productName
5.     var deviceName = req.params.deviceName
6.     Device.findOne({"product_name": productName, "device_name": deviceName}).exec(function (err, device) {
7.         if (err) {
8.           res.send(err)
9.         } else {
10.          if (device != null) {
11.            device.remove()
12.            device.disconnect()
13.            res.status(200).send("ok")
14.          } else {
15.            res.status(404).json({error: "Not Found"})
16.          }
17.        }
18.   })
19. })
```

同时，在删除设备时，删除所有的连接信息。

```
1. // IotHub_Server/models/device.js
2.
3. deviceSchema.post("remove", function (device, next) {
4.   Connection.deleteMany({device: device._id}).exec()
5.   next()
6. })
```

这里我们使用 Mongoose 的回调钩子（Hook）来完成这个功能，当一个设备被删除时，就会触发 Connection 的删除动作（代码第 4 行）。

我们可以运行"curl http://localhost:3000/devices/IotApp/c-jOc-2qq -X DELETE"来看下效果。

本节完成了设备的禁用和删除，至此，设备从注册、接入到移除的流程就完整了，在 8.4 节，我们将设计和实现设备的权限管理。

8.4 设备权限管理

设备权限管理是指对一个设备的 Publish（发布）和 Subscribe（订阅）权限进行控制，设备只能发布到它有发布权限的主题上，同时它也只能订阅它有订阅权限的主题。

8.4.1 为什么要控制 Publish 和 Subscribe 权限

我们可以考虑以下的场景。

场景 1：ClientA 订阅主题 command/ClientA 来接收服务器端的指令，这时 ClientB 接入，同时也订阅 command/usernameA，那么在服务器向 ClientA 下发指令时，ClientB 也能收到，同时 ClientB 也可以将收到的指令再发布到 command/ClientA，ClientA 无法肯定指令是否来自正确的对象。

场景 2：ClientA 向主题 data/ClientA 发布数据，这时 ClientB 接入，它也向 data/ClientA 发布数据，那么 data/ClientA 的订阅者无法肯定数据来源是否为 ClientA。

在这两个场景下都存在安全性和数据准确性的问题，但是如果我们能控制 Client 的权限，只让 ClientA 订阅 command/ClientA，同时也只有 ClientA 才能发布到 data/ClientA，那么刚才的问题就都不存在了。

这就是我们需要对设备的 Publish 权限和 Subscribe 权限进行控制的原因。

8.4.2 EMQX 的 ACL 功能

EMQX 提供了多种 ACL（权限管理）功能，这里我们同样使用 MongoDB 来进行 ACL 验证。基于 MongoDB 的 ACL 验证的逻辑很简单，Client 在发布和订阅时，Broker 会查询一个集合，找到该 Client 对应的一个或者多个 ACL 记录，每条记录应该包含如下字段：

- permission：用于指定操作权限，可选值有 allow 和 deny。
- action：用于指定当前规则适用于哪些操作，可选值有 publish、subscribe 和 all。
- topics：用于指定当前规则适用的主题列表，可以使用主题过滤器和主题占位符。
- qos：（可选）用于指定当前规则适用的消息 QoS 等级，可选值有 0、1、2，也可以使用数字数组同时指定多个 QoS。默认为所有 QoS。
- retain：（可选）用于指定当前规则是否支持发布 Retain 消息，可选值有 0、1，或 true、false。默认允许发布 Retain 消息。

> 主题占位符是指将主题的部分替换为 Client 的信息，比如 topic/${client_id}，更详细的替换规则可以参考 https://docs.emqx.com/zh/emqx/latest/access-control/authz/authz.html#%E4%B8%BB%E9%A2%98%E5%8D%A0%E4%BD%8D%E7%AC%A6。

Broker 根据 ACL 记录来判断 Client 能否发布或订阅当前的主题。

我们可以在 EMQX Dashboard 配置 MongoDB ACL，进入"访问控制"→"客户端授权"，单击"创建"按钮，如图 8-16 所示。

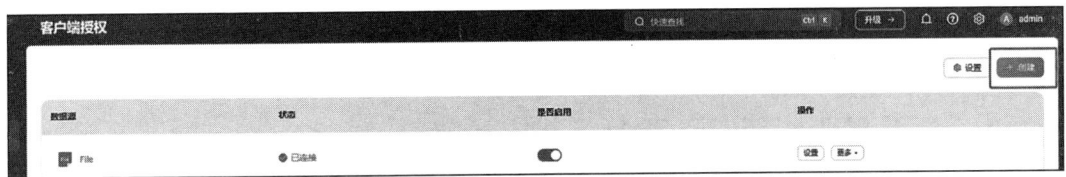

图 8-16　创建客户端授权

选择 MongoDB，然后单击"下一步"。这里我们先使用数据库 mqtt、集合 mqtt_acl 做 ACL 查询，如图 8-17 所示。

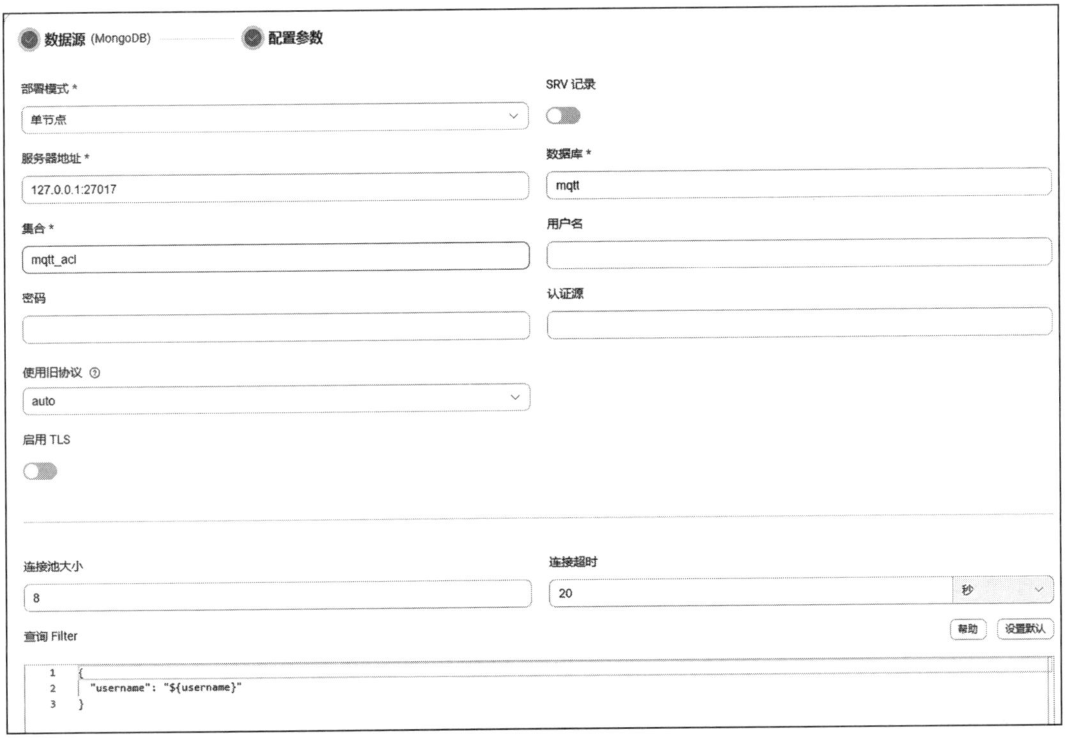

图 8-17　配置 MongoDB 授权

接着在 Mongo Shell 里创建 mqtt_acl 集合但是暂时不添加任何记录：

```
use mqtt
db.createCollection("mqtt_acl")
```

接下来我们对功能进行验证，用代码对 Publish 权限进行验证，首先实现一个 Subscribe 端，使用 JWT 接入：

```javascript
1.  //IotHub_Device/samples/test_mqtt_sub.js
2.  var jwt = require('jsonwebtoken')
3.  var mqtt = require('mqtt')
4.  require('dotenv').config()
5.  var username = "username"
6.  var password = jwt.sign({
7.     username: username,
8.     exp: Math.floor(Date.now() / 1000) + 10
9.  }, process.env.JWT_SECRET)
10. var client = mqtt.connect('mqtt://127.0.0.1:1883', {
11.    username: username,
12.    password: password
13. })
14. client.on('connect', function (connack) {
15.    console.log(`return code: ${connack.returnCode}`)
16.    client.subscribe("topic1")
17. })
18.
19. client.on("message", function (_, message) {
20.    console.log(message.toString())
21. })
```

然后实现一个 Publish 端，用已注册的设备的信息接入。

```javascript
1.  //IotHub_Device/samples/test_mqtt_pub.js
2.  var mqtt = require('mqtt')
3.  require('dotenv').config()
4.
5.  var client = mqtt.connect('mqtt://127.0.0.1:1883', {
6.     username: `${process.env.PRODUCT_NAME}/${process.env.DEVICE_NAME}`,
7.     password: process.env.SECRET
8.  })
9.  client.on('connect', function (connack) {
10.    console.log(`return code: ${connack.returnCode}`)
11.    client.publish("topic1", "test", console.log)
12. })
```

先运行 test_mqtt_sub.js，再运行 test_mqtt_pub.js，我们可以看到 test_mqtt_sub.js 输出 "test"，说明 EMQX 在查询不到对应的 ACL 记录时，对 Client 的 Publish 和 Subscribe 权限是不限制的。

我们可以修改这个行为，进入"访问控制"→"客户端授权"，单击"设置"按钮，如图 8-18 所示。

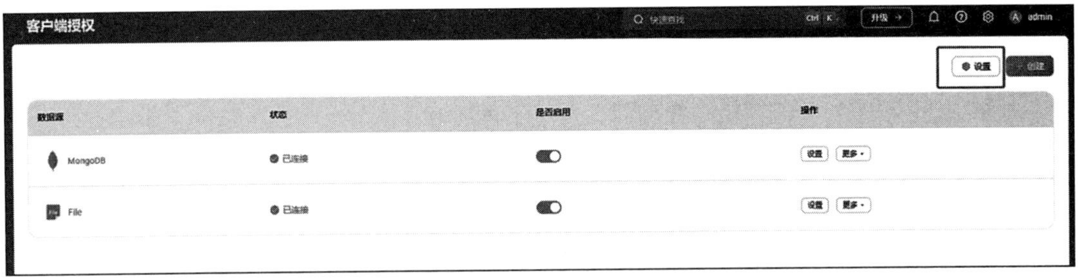

图 8-18　修改客户端授权设置

然后将"未匹配时执行"设为 deny，如图 8-19 所示。

图 8-19　设置"未匹配时执行"选项为 deny

重新运行 test_mqtt_pub.js，控制台就不会再输出"test"了。这里的 Publish 操作并没有报错，从安全性的角度来说，忽略未授权的操作比返回错误信息要好，有需要的话我们可以在设置里面将"拒绝时执行"改为 disconnect，这样 ACL 校验失败以后，Broker 就会断开对应 Client 的连接。

然后我们在 Mongo Shell 里面添加一条 ACL 记录，允许 Client 向 topic1 发布消息：

```
use mqtt
db.mqtt_acl.insertOne({
    username: "IotApp/Nzt1z5dOy",
    topics: ["topic1"],
```

```
  permission: "allow",
  action: "publish",
})
```

重新运行 test_mqtt_pub.js，这时 test_mqtt_sub.js 又会输出"test"，说明 EMQX 已经按照 ACL 记录 Client 的 Publish 权限进行了限制。

Subscribe 权限的验证逻辑与此相同，这里不再展开。

启用了 ACL 功能之后，EMQX 在 Client 进行发布和订阅时都会查询 MongoDB 进行验证，这会带来额外的开销，需要我们进行平衡和选择，因为安全性和效率是冲突的。在一个完全可信的环境里，你也可以选择不打开 ACL 功能来提升效率，这一切都取决于你的应用场景，在 IotHub 中，我们会保持 ACL 功能的开启。

为了提高性能，EMQX 在默认情况下会缓存 ACL 查询的结果，我们也可以在设置里面对缓存进行设置。

通常情况下，我们应该打开 ACL 缓存，并根据你的使用场景设定一个合理的 ACL 过期时间，这样可以减少很多不必要的数据库查询操作，因为大多数时候设备的可订阅的主题与查询的主题不会频繁变动。

8.4.3 集成 EMQX 的 ACL 功能

接下来，我们把 EMQX 的 ACL 功能集成到现有的体系当中：
- 事先定义好设备可以订阅和发布的主题范围。
- 在注册设备时，生成设备的 ACL 记录。
- 在删除设备时，删除相应的 ACL 记录。

我们使用名为 device_acl 的 collection 保存设备的 ACL 记录：

```
1. //IotHub_Server/models/device_acl.js
2. const deviceACLSchema = new Schema({
3.   broker_username: String,
4.   permission: String,
5.   action: String,
6.   topics: Array,
7.   qos: Number,
8.   retain: Boolean
9. }, { collection: 'device_acl' })
```

然后我们要对 MongoDB ACL 的配置做相应修改：
- 数据库改为 iothub。
- 集合改为 device_acl。
- 查询 filter 改为 {"broker_username":"${username}"}。

修改后，各项配置如图 8-20 所示。

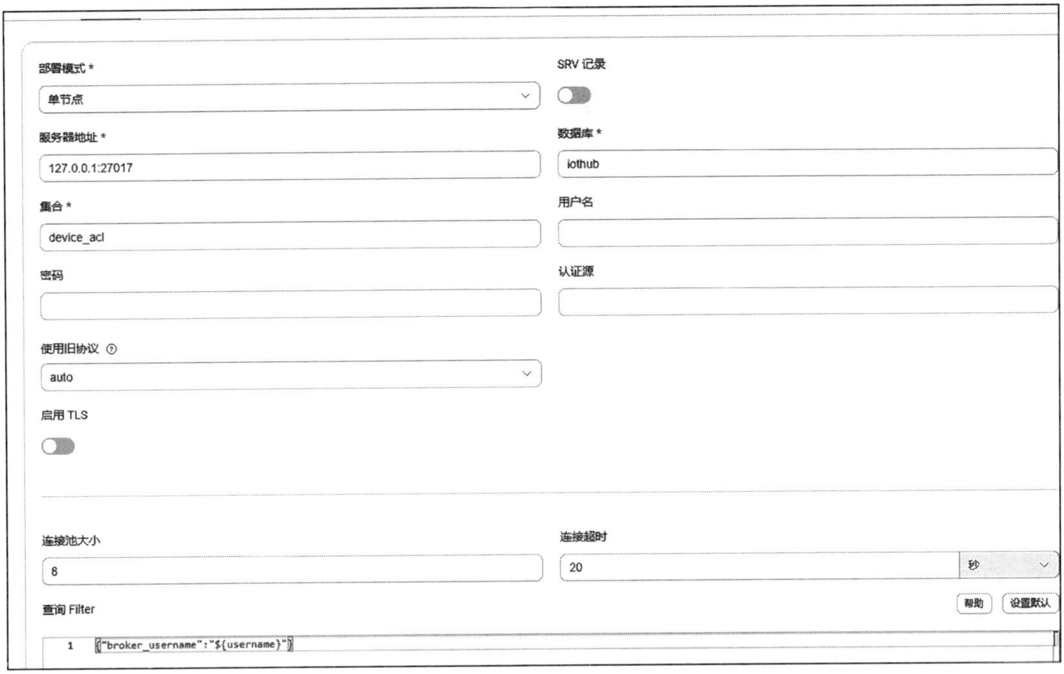

图 8-20　更新 MongoDB 授权配置

这里，我们可以定义一个方法返回某个设备可以订阅和发布的主题列表，在第 9 章和第 10 章讲到处理上行数据和下发指令时，再来规划设备可以订阅和发布的主题，所以这里暂时返回空数组：

```
deviceSchema.methods.getACLRule = function () {
  return [];
}
```

然后在注册设备的时候，根据这个方法的返回值生成 ACL 记录：

```
//IotHub_Server/routes/devices.js
router.post("/", function (req, res) {
......
device.save(function (err) {
    if (err) {
      res.status(500).send(err)
    } else {
      DeviceACL.insertMany(device.getACLRule(), () => {
        res.json({product_name: productName, device_name: deviceName, secret: secret})
      })
    }
  })
}
```

在删除设备的时候，移除相应的 ACL 记录：

```
//IotHub_Server/models/device.js
deviceSchema.post("remove", function (device, next) {
  Connection.deleteMany({device: device._id}).exec()
  DeviceACL.deleteMany({broker_username: device.broker_username}).exec()
  next()
})
```

由于 EMQX 在验证设备权限的时候，会根据 broker_username 字段来查询设备的 ACL 记录，因此这个字段还需要加上索引：

```
## MongoDB Shell
use iothub
db.device_acl.createindex({
"broker_username" : 1,
})
```

这样，IotHub 的设备权限管理框架就完成了。

本节完成了设备权限管理框架构建，设备具体可订阅和可发布的主题会在后面的章节里讲解。到此，我们就完成了 Maque IotHub 的设备从注册到删除的全生命周期管理，8.5 节将讨论一个和设备管理无关的内容：IotHub 的扩展性。

8.5 给 IotHub 加一点扩展性

前面我们讨论了设备接入的抽象问题和生命周期的管理问题，在继续深入前，我们先讨论一下 IotHub 的扩展性问题，毕竟作为一个物联网平台，能够承载大量的设备接入是非常重要的，我想这也是大家非常关心的问题。

这里把问题稍微改一下，从 IotHub 能容纳多少设备接入，改成 IotHub 能不能随着业务扩容来满足业务需求。也就是说，IotHub 是否具有可扩展性？

现在 IotHub 的组成部分有：基于 Express 的 Web API、MongoDB 和 EMQX。如何扩展 Web 服务和搭建多节点的 MongoDB 在本节中就不赘述了，只要清楚 Web 服务和 MongoDB 都具备良好的扩展性就可以了。本节主要讨论如何扩展 EMQX Broker。

8.5.1 EMQX 的纵向扩展

纵向扩展是指单机如何更多地接入设备。根据 EMQX 官网的信息，EMQX 号称单机可接入百万设备。

这里不打算验证这个说法，因为可接入数量不仅取决于你的硬件、网络和功能（如果加载了 MongoDB 插件，那么 MongoDB 的配置也会对 Broker 性能产生影响），还取决于你的测试资源，你可能需要一些测试服务器，通过并发的方式来模拟大量 Client 的接入。这里只简单介绍如何调优和测试的方法。

EMQX 提供了性能与调优指南，里面详细列出了需要修改的配置项，主要包括：
- 修改操作系统参数，提高可打开的文件句柄数。
- 优化 TCP 协议栈参数。
- 优化 Erlang 虚拟机参数，提高 Erlang Process 限制。
- 修改 EMQX 配置，提高最大并发连接数。

> 你可以在 https://docs.emqx.com/zh/emqx/latest/performance/tune.html 找到性能调优的全部内容。

EMQX 还提供了一个压测工具 EMQTT Benchmark，你需要配置运行压测工具的计算机和服务器，使单机能够创建更多的连接。如果你希望测试的并发数很大，可能还需要准备多台计算机或者服务器来运行压测工具。

> 你可以在 https://github.com/emqtt/emqtt_benchmark 找到这个测试工具。

我的建议是加载所有需要的插件，启用 MQTTS（如果业务需要的话），在与生产环境一致的硬件、操作系统和软件环境下进行测试。最好内存够大，因为大量的连接会占用较多内存。

在一台 8 核 32GB 的 Ubuntu 服务器上，在加载了全部的应用和扩展插件并使用 MQTTS 的情况下，我的数据是 3 ～ 5 万 Client 接入，系统的负载还比较平稳。

8.5.2　EMQX 的横向扩展

单机的容量不管怎么扩展，总是有上限的，EMQX 还支持由多个节点组成集群。随着业务的发展，我们可以接入新的 EMQX 节点来扩容。理论上，横向扩展是无上限的。

这里会简单展示一下在 Manual 方式下建立一两个节点的 EMQX 集群，以及节点如何退出集群。

除了手动的方式以外，EMQX 还支持通过 etcd、Kubernetes、DNS 等方式实现集群自动发现，具体可以查看 EMQX 的集群配置文档：https://docs.emqx.com/zh/emqx/latest/deploy/cluster/create-cluster.html。

准备两台运行 Ubuntu18.04 的服务器：
- EMQX_A，IP 为 192.168.1.50。
- EMQX_B，IP 为 192.168.1.180。

1. 加入集群

首先，在 EMQX_A 和 EMQX_B 上安装 EMQX 5.7.2。然后需要在这两台服务器上分别配置 Erlang 节点名，编辑 /etc/emqx/emqx.conf。

EMQX_A:

```
node {
  name = "emqx@192.168.1.50"
  cookie = "emqxsecretcookie"
  data_dir = "/var/lib/emqx"
}

cluster {
  name = emqxcl
  discovery_strategy = manual
}
```

EMQX_B:

```
node {
  name = "emqx@192.168.1.180"
  cookie = "emqxsecretcookie"
  data_dir = "/var/lib/emqx"
}

cluster {
  name = emqxcl
  discovery_strategy = manual
}
```

分别重启两个节点。注意，两个节点间的 cookie 值要保持一致。

然后在 EMQX_B 上运行：

```
emqx ctl cluster join emqx@192.168.1.50
```

如果加入成功，可以得到以下输出：

```
Join the cluster successfully.
Cluster status: #{running_nodes => ['emqx@192.168.1.180','emqx@192.168.1.50'],
                  stopped_nodes => []}
```

我们可以在 EMQX Dashboard 查看集群状态，进入"监控"→"集群概览"→"节点"，如图 8-21 所示。

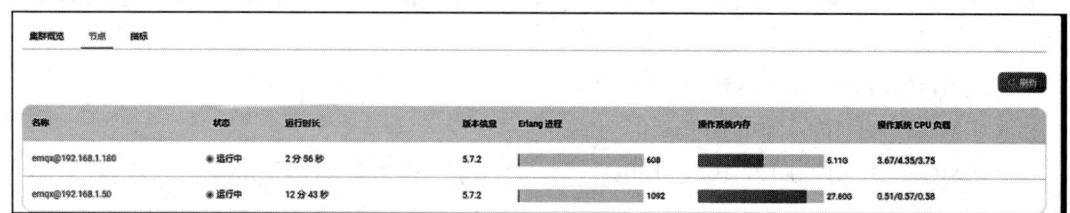

图 8-21　查看集群状态（一）

这说明集群已经搭建成功了。

接下来，我们来看一下集群的效果，用一个 MQTT Client 连接到 EMQX_A 并订阅一个主题。

```
mosquitto_sub -h 192.168.1.50 -t "topic1" -v
```

用另一个 MQTT client 连接到 EMQX_B，并向这个主题发布一个消息。

```
mosquitto_pub -h 192.168.1.180 -t "topic1" -m "test"
```

如果订阅端输出"topic1 test"，就说明这个集群的工作是正常的。

2. 退出集群

退出集群有两种方式，以 EMQX_B 退出集群为例：

1）在 EMQX_B 上运行 emqx ctl cluster leave。

2）在 EMQX_A 上运行 emqx ctl cluster force-leave emqx@192.168.1.180。

在执行上面任一命令以后，我们通过 EMQX Dashboard 查询集群状态，如果出现如图 8-22 所示的界面，说明节点已经退出成功了。

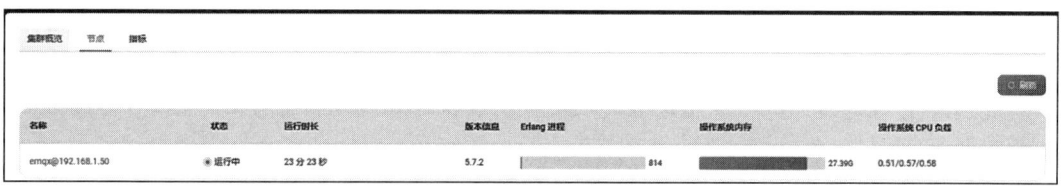

图 8-22　查看集群状态（二）

8.6　本章小结

本章我们学习了如何横向和纵向扩展 EMQX Broker。

通常我们会在 EMQX 集群前部署一个 Load Balancer，所有的 Client 都使用 Load Balancer 的地址建立连接，Load Balancer 再与集群里的各个节点建立连接并传输数据。

一般，我们可以从一个单节点或者双节点的 EMQX 集群开始，使用压测工具测试配置是否满足业务的要求，然后随着业务的变化，再往这个集群里添加或者减少节点，进而实现 EMQX 的扩展性。

可以看到，IotHub 的组件都是可扩展的，所以 IotHub 也是可以扩展的，它具有很好的可扩展性。

本章实现了设备的全生命周期管理，为后续内容打下了基础，同时也验证了 IotHub 的扩展性。接下来，我们一起进入第 9 章的学习。

第 9 章

上行数据处理

作为一个物联网平台,首先要做的就是可以接收并处理设备上传的数据,我们称之为上行数据。

本章将设计和实现 IotHub 的上行数据处理模块,它应有如下功能。

- 存储上行数据:IotHub 接收设备端上传的数据,并将数据来源(设备的 ProductName、DeviceName)、消息 ID、消息类型、Payload 进行存储。
- 通知业务系统:当有新的上行数据到达时,IotHub 会通知并将上行数据发送给业务系统,业务系统可以自行处理这些数据,例如通知用户,将数据和其他业务数据融合后存储在业务系统的数据库等。
- 设备数据查询:业务系统可以通过 IotHub Server API 查询某个设备上传的历史数据。

9.1 选择一个可扩展的方案

IotHub 应该怎么接收来自设备的数据呢?

这也是我被问到的比较多的一个问题:"MQTT 协议服务端怎么接收客户端发送的数据呢?"

这里我想先做一个说明,MQTT 协议架构里是没有"服务端"和"客户端"的概念的,只有 Broker 和 MQTT Client,所以 EMQX 说自己是一个 MQTT Broker,而不是 MQTT 的 Server。服务端和客户端是我们在 MQTT 协议的基础上构建的 C/S 结构的平台或者业务系统里面的概念,所以我们需要做一些抽象,让这两组不太相干的逻辑实体匹配起来。

在我们的架构里,IotHub Server 就是服务端,设备就是客户端,IotHub Server 有一个最基础的功能就是接收设备的数据并存储，那怎么实现呢？我们来看一下几个可能的方案。

9.1.1 完全基于 MQTT 协议的方案

这个方案使用 MQTT 协议框架内的实体来实现设备上行数据的接收功能。

像前面说的一样，MQTT 协议架构里没有"服务端"和"客户端"，那么如果 IotHub Server 需要接收设备端的数据，它需要和设备一样，以 MQTT Client 的身份接入 EMQX Broker，订阅相关的主题来获取数据。

1）设备端发布消息到特定主题，例如"data/client/:DeviceName"。

2）IotHub Server 启动一个 MQTT Client，接入 EMQX Broker，并订阅主题"data/client/+"。

3）IotHub Server 的 MQTT Client 接收到消息后，将消息存入数据库。

这是一个可行的方案，但是依然存在单点故障问题：服务端的 MQTT Client 挂了怎么办？当数据量很大时，这个 Client 能否处理得过来，这会不会成为系统的瓶颈？

我们可以往前走一步，将设备进行分片。设备在发布的时候先随机生成一个 1 ～ 20 的随机整数 SliceID（这里假设要分 20 片），然后将数据发布到"data/client/: SliceId/: DeviceName"。IotHub Server 可以启动最多 20 个 MQTT Client，分别订阅"data/client/1/+"到"data/client/20/+"这 20 个主题。通过这样的方式，设备在服务端将数据流从一个 Client，分散到了最多 20 个 Client，降低了这部分成为系统瓶颈的可能性。

这个解决方案仍然有一个问题，当 IotHub Server 的某一个 MQTT Client 挂了以后，有一部分设备的数据上传就会受到影响，直到这个 MQTT Client 恢复为止。

我们还可以更进一步。EMQX Broker 支持共享订阅功能，多个订阅者可以订阅同一个主题，EMQX Broker 会按照某种顺序依次把消息分发给这些订阅者，在某种意义上实现订阅者负载均衡。

共享订阅的实现很简单，订阅者只需要订阅具有特殊前缀的主题即可，目前共享订阅支持 2 种前缀"$queue/"和"$share/<group>/"，且支持通配符"#"和"+"，我们可以做个实验。

在两个终端上运行 mosquitto_sub -t '$share/group/topic/+'，并在第三个终端上运行 mosquitto_pub -t "topic/1" -m "test" --repeat 10，我们会发现在运行 mosquitto_sub 的两个终端上会分别打印出 test，加起来一共 10 次。

1）$share/group/topic/+ 中的 group 可以为任何有意义的字符串。

2）在发布的时候不再需要加上共享订阅的前缀。

3）这里为了方便验证，将 EMQX 设置为允许匿名登录。

4）共享订阅有多种分发策略，可以在 <EMQX 安装目录 >/emqx/etc/emqx.conf 中修改配置项 shared_subscription_strategy，对分发的策略进行配置。

下面补充上述方案中涉及的几个参数。
- random：默认值，所有共享订阅者随机选择分发。
- round_robin：按照共享订阅者订阅的顺序分发。
- sticky：分发给上次分发的订阅者。
- hash：根据发布 Client 的 ClientID 进行分发。

如果使用共享订阅的方式实现服务端接收设备端数据，我们就可以根据数据量动态地增添共享订阅者，这样就不存在单点故障了，且具有良好的扩展性。唯一的缺点是，这个方案引入了多个 MQTT Client 这样额外的实体，提高了系统的复杂性，增加了开发、部署和运维监控的成本。

9.1.2 基于 WebHook 的方案

这个方案会使用 EMQX 的钩子机制实现设备上行数据的接收功能。

在 8.2 节中，我们已经使用了 EMQX 的 WebHook 功能。和设备上线与下线一样，EMQX 会在收到 PUBLISH 数据包时将发布的信息通过 WebHook 传递出来。

我们首先需要修改之前创建的 WebHook 设定，让它将消息发布的事情发送到我们设定的 URL 上面，进入"EMQX Dashboard"→"集成"→"WebHook"→"设置"，在触发器中选中"消息发布"，如图 9-1 所示，然后单击"保存"按钮。

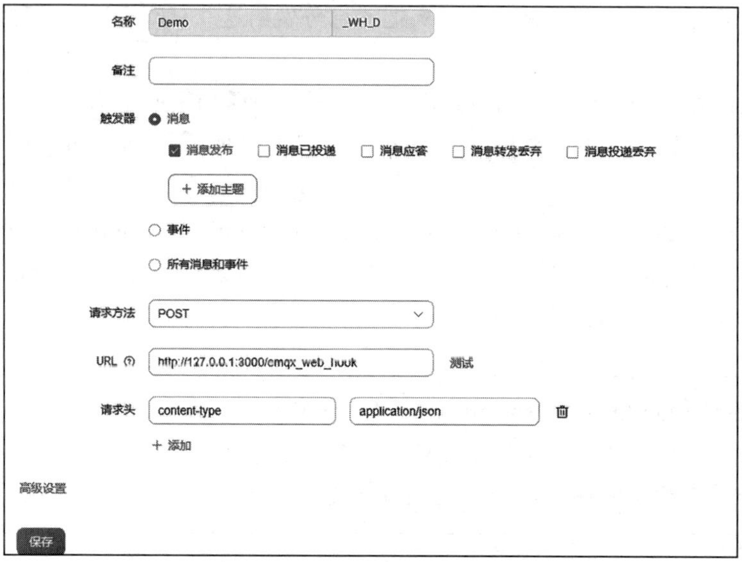

图 9-1　更新 WebHook 配置

由 WebHook 传递过来的消息发布事件的内容如下：

```
{
  publish_received_at: 1725453890374,
  pub_props: { 'User-Property': {} },
  peerhost: '127.0.0.1',
  qos: 0,
  topic: 'topic1',
  clientid: 'mosqpub|19920-DESKTOP-I',
  payload: 'test',
  username: 'undefined',
  event: 'message.publish',
  metadata: { rule_id: 'Demo_WH_D' },
  timestamp: 1725453890374,
  node: 'emqx@192.168.1.50',
  id: '0006214A8A364B0220BC000043240002',
  flags: { retain: false, dup: false }
}
```

这时，我们就可以对数据进行存储和处理，实现接收设备的上行数据的功能。基于 WebHook 的方案不用在服务端建立和管理连接到 Broker 的 MQTT Client，系统复杂度要低一些。Maque IotHub 使用的是基于 WebHook 的方案实现上行数据的接收。在后面的章节里，我们还会用更高效的方案替换掉基于 WebHook 的方案，但这些方案背后的逻辑是一样的，都是通过事件触发的方式来获取上行数据。

> 基于共享订阅和基于 WebHook 的方案都是可以在生产环境中使用的解决方案，Maque IotHub 使用基于 WebHook 的方案只是因为这样开发和部署要简单一些，而不是因为这个方案相较于基于共享订阅的方案有明显的、决定性的优势。

9.1.3 数据格式

接下来让我们定义一下上行数据的格式，在 IotHub 里，上行数据由两部分组成：负载和元数据。

- 负载（Payload）：消息所携带的数据本身，比如传感器在某一时刻的读数。负载可以是任意格式，例如 JSON 字符或者二进制数据，具体由业务系统和设备约定。IotHub 不对负载进行解析，只负责在业务系统和设备之间传递负载数据并存储。这部分数据包含在 PUBLISH 数据包的消息体中。
- 元数据（Metadata）：描述消息的数据，包括消息发布者的身份（ProductName、DeviceName）、数据类型等。在 IotHub 中，上行数据会使用 QoS1，需要在接收端对消息进行手动去重，所以元数据中还会包含消息的唯一 ID，在后面我们还会看到更多的元数据类型。元数据的内容是包含在 PUBLISH 数据包的主题名里面的，IotHub 会对元数据进行解析，以便做后续的处理。

9.1.4 主题名规划

从这里开始，我们需要对 IotHub 的设备订阅或者发布的主题名进行规划，设备会发布、订阅很多主题，这里暂时不一起规划完，而是一步一步地进行规划。

如 9.1.3 节所说，我们会把上行数据的元数据放在主题名里，那么设备发布的主题名格式为：upload_data/:ProductName/:DeviceName/:DataType/:MessageID。其中各个字段的含义如下所示。

- ProductName：设备的产品名。
- DeviceName：设备名。
- DataType：上传的数据类型，具体由业务系统和设备约定。比如传感器的温度数据，可以设置 DataType 为 temperature，在主题名中添加这一层级的目的是使主题名尽量精确。(这是一个 MQTT 主题命名的最佳实践。)
- MessageID：每个消息的唯一 ID。

假设来自设备的 PUBLISH 数据包的主题名为：

upload_data/IotApp/ODrvBHNaY/temperature/5ce4e36de3522c03b48a8f7f,

那么通过解析这个主题名，IotHub 就可以获取该条消息的元数据：消息为设备上传的数据，来自设备（IotApp，ODrvBHNaY），数据类型为 temperature，消息 ID 为 5ce4e36de3522c03b48a8f7f。

9.1.5 上行数据存储

IotHub 仍然使用 MongoDB 存储设备上传的数据，这里我们来定义一些用于存储设备上传数据的数据库模型。

```javascript
1.  //IotHub_Server/models/message.js
2.
3.  var mongoose = require('mongoose');
4.  var Schema = mongoose.Schema;
5.
6.  const messageSchema = new Schema({
7.    message_id: String,
8.    product_name: String,
9.    device_name: String,
10.   data_type: String,
11.   payload: Buffer,
12.   sent_at: Number
13. })
14.
```

```
15.  const Message = mongoose.model("Message", messageSchema);
16.
17.  module.exports = Message
```

因为负载可以是任意类型的数据，例如字符串或者二进制数据，所以这里将它定义为 Buffer 类型。

消息可以根据 message_id 或者（product_name，device_name）查询，所以需要创建相应的索引。

```
1.  # MongoDB Shell
2.  use iothub
3.  db.messages.createIndex({
4.      "production_name" : 1,
5.      "device_name" : 1
6.  })
7.  db.messages.createIndex({
8.      "message_id" : 1
9.  })
```

9.1.6　通知业务系统

来自设备的数据到达 IotHub 后，IotHub 需要通知对应的业务系统。

实际上有很多种方式可以在新的上行数据到达时通知业务系统，比如调用业务系统预先注册的回调 URL、使用队列系统等，这属于软件层面的架构设计。本书选择了一种简单的方式进行演示——使用 RabbitMQ 进行通知，当有新的上行数据到达时，IotHub 会向相应的 Exchange 发布一条包含设备上行数据负载的消息。

9.1.7　上行数据查询

Server API 可提供接口供业务系统查询存储在 IotHub 上的设备上行数据，我们可以通过 MessageID（ProductName，DeviceName）进行查询。

由于负载可以是任意二进制数据，所以通过 HTTP 接口返回负载内容时需要进行编码，Server API 使用 Base64 进行负载编码。

9.1.8　上行数据处理流程

综合上文的设计，我们可以画出 IotHub 上行数据处理流程，如图 9-2 所示。

1）物联网设备调用 DeviceSDK 的接口将数据发布到"upload_data/:ProductName/:DeviceName/:DataType/:MessageID"（MessageID 由 DeviceSDK 生成）。

2）EMQX Broker 通过 WebHook 将消息传递给 IotHub Server。

3）IotHub Server 将消息存储到 MongoDB。

4）IotHub Server 将数据放入对应的 RabbitMQ 队列。

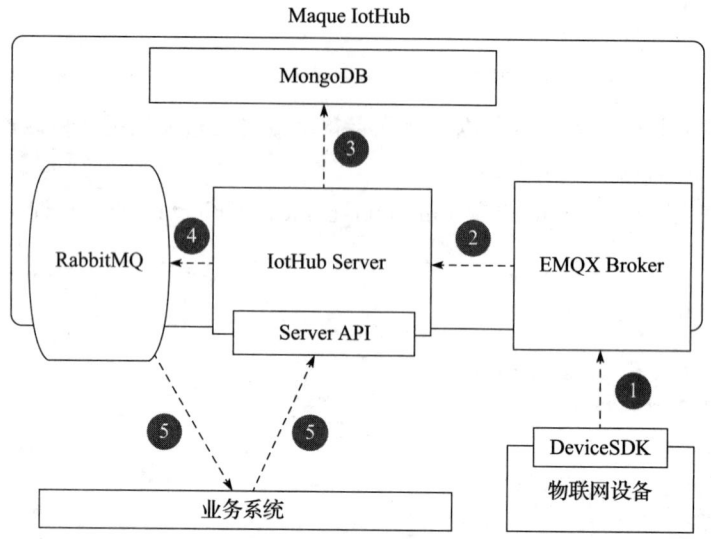

图 9-2　IotHub 的上行数据处理流程

5）业务系统从 RabbitMQ 获取新的上行数据，业务系统也可以调用 Server API 提供的接口查询设备的上行数据。

本节确定了 IotHub 上行数据处理方案，并设计了上行数据处理流程。接下来，我们将按照这个设计实现 IotHub 的上行数据处理功能。

9.2　实现上行数据处理功能

本节将实现 IotHub 的上行数据处理功能，包括设备端和服务端的实现。

在设备端，我们会实现数据上传的接口；在服务端，我们会实现元数据提取、消息去重、存储等功能。

9.2.1　DeviceSDK 的功能实现

1. 实现 uploadData 接口

DeviceSDK 端的实现比较简单，实现一个 uploadData 方法供设备应用代码调用，按照 9.1 节约定的主题名发布数据就可以了。在发布数据时，DeviceSDK 负责为消息生成唯一的 MessageID。生成算法有很多选择，最简单的就是用 UUID，在本书中，我们使用 BSON 的 ObjectID 作为 MessageID。

BSON（Binary JSON）是一种类 JSON 的二进制存储格式，我们在其他章节还会用到 BSON。

```
1. //IotHub_Device/sdk/iot_device.js
```

```
2.
3.  const objectId = require('bson').ObjectID;
4.  class IotDevice extends EventEmitter{
5.     ...
6.     uploadData(data, type="default"){
7.         if(this.client != null){
8.             var topic = 'upload_data/${this.productName}/${this.deviceName}/${type}/${new ObjectId().toHexString()}'
9.             this.client.publish(topic, data, { qos: 1 })
10.        }
11.    }
12. }
```

在代码的第 8 行，按照之前约定的格式拼接生成主题名。

2. 使用可持久化的 Message Store

MQTT Client 在发布 QoS>1 的消息时，会先在本地存储这条消息，等收到 Receiver 的 ACK 后，再删除这条消息。同时，在现在大部分的 Client 实现里，也会把还没有发布出去的消息缓存在本地，这样即使 Client 和 Broker 因为网络问题断开连接，也可以继续调用 publish 方法，在恢复连接之后，再把这部分消息依次发布出去。这些消息被称为 in-flight 消息，用于存储 in-flight 消息的地方叫 Message Store。

在 DeviceSDK 里，in-flight 消息是存储在内存里的，这是有问题的：设备断电之后，in-flight 消息就都丢了。所以我们需要可持久化的 Message Store。

Node.js 版的 MQTT Client 有几种支持可持久化的 Message Store：mqtt-level-store、mqtt-nedbb-store 和 mqtt-localforage-store，这里我们选择 mqtt-level-store 作为可持久化的 Message Store。

```
1.  //IotHub_Device/sdk/iot_device.js
2.  var levelStore = require('mqtt-level-store');
3.  constructor({serverAddress = "127.0.0.1:8883", productName, deviceName, secret, clientID, storePath} = {}) {
4.     ...
5.     if(storePath != null) {
6.         this.manager = levelStore(storePath);
7.     }
8.  }
9.
10. connect() {
11.    var opts = {
12.        rejectUnauthorized: false,
13.        username: this.username,
14.        password: this.secret,
15.        clientId: this.clientIdentifier,
16.        clean: false
17.    };
18.    if(this.manager != null){
19.        opts.incomingStore = this.manager.incoming
```

```
20.         opts.outgoingStore = this.manager.outgoing
21.     }
22.     this.client = mqtt.connect(this.serverAddress, opts)
23.     ...
24. }
```

代码的第 3 行新增了 storePath 参数，代码的第 6 行用这个参数初始化了 levelStore。

代码的第 18～22 行将之前初始化的 levelStore 传递给了 MQTT Client，作为 Message Store。

大多数语言的 MQTT Client 库都有类似的持久化 Message Store 实现，所以你在其他语言或者平台上开发时，需要找到或者实现对应的持久化 Message Store。

9.2.2 IotHub Server 的功能实现

IotHub Server 在接收到上行数据时需要做以下处理。

1. 提取元数据

接下来我们需要在类似 "upload_data/IotApp/ODrvBHNaY/temperature/5ce4e36de3522c03b48a8f7f" 的主题名中将消息的元数据提取出来，这样的操作用正则表达式进行模式匹配是最好的，不太会写正则表达式的读者也不用担心，可以使用 path-to-regexp 按照预先定义好的规则生成对应的正则表达式。

path-to-regexp 是一个 Node.js 包，可以根据预先设定的路径规则生成对应的、用于匹配的正则表达式。path-to-regexp 的输出是一个通用的正则表达式，所以不用 Node.js 也可以用 path-to-regex 按照主题名规则预先生成正则表达式，然后复制到你的代码里使用。在这里每次都重新生成正则表达式，这样的代码会更好读一些。

```
1. //IotHub_Server/services/message_service.js
2. const pathToRegexp = require('path-to-regexp')
3. class MessageService {
4.     static dispatchMessage({topic, payload, ts} = {}){
5.         var dataTopicRule = "upload_data/:productName/:deviceName/:dataType/:messageId";
6.         const topicRegx = pathToRegexp(dataTopicRule)
7.         var result = null;
8.         if ((result = topicRegx.exec(topic)) != null) {
9.             var productName = result[1]
10.            var deviceName = result[2]
11.            var dataType = result[3]
12.            var messageId = result[4]
13.            // 接下来对上行数据进行处理
14.            ...
15.         }
16.     }
17. }
18. module.exports = MessageService
```

这里我们新建了一个 Service 类来实现消息的分发功能。

代码的第 5 行是我们定义路径的规则，第 6 行使用 path-to-regexp 生成对应的正则表达式。

代码的第 8 行用这个正则表达式来匹配主题名，如果匹配成功，就可以从匹配结果的数组中依次提取 productName、deviceName、dataType 和 messageId 的值。

2. 消息去重

消息去重的原理比较简单，我们使用 Redis 存储已接收到的消息的 MessageID，当收到一条新消息时，先检查 Redis，如果 MessageID 已存在，则丢弃该消息，如果 MessageID 不存在，则将该消息的 MessageID 存入 Redis，然后进行后续的处理。

创建 Redis 连接：

```
1. //IotHub_Server/models/redis.js
2. const redis = require('redis');
3. const client = redis.createClient(process.env.REDIS_URL);
4. client.on("error", function (err) {
5.   console.log("Error " + err);
6. });
7. module.exports = client;
```

检查 MessageID：

```
1. //IotHub_Server/services/message_service.js
2. const redisClient = require("../models/redis")
3.
4. class MessageService {
5.   ...
6.
7.   static checkMessageDuplication(messageId, callback) {
8.     var key = '/messageIDs/${messageId}'
9.     redisClient.setnx(key, "", function (err, res) {
10.       if (res == 1) {
11.         redisClient.expire(key, 60 * 60 * 6)
12.         callback.call(this, false)
13.       } else {
14.         callback.call(this, true)
15.       }
16.     })
17.   }
18. }
19. ...
```

代码的第 9～14 行使用 setnx 命令往 Redis 插入由 MessageID 组成的 key，如果 setnx 返回 1，说明 key 不存在，那么消息可以进行后续处理；如果返回 0，说明 MessageID 已经存在，应该丢掉这个消息。

这里我们给 key 设置了 6 个小时的有效期，从理论上来说，你应该永久保存已接收到的 MessageID，但是存储 MessageID 的空间不是无限的，它需要一种清理机制，在实际项目中，6 个小时的有效期已经可以应对 99.9% 的情况，你也可以根据实际情况自行调整。

3. 消息存储

消息存储非常简单，这里我们仍然做一个封装。

```
1. //IotHub_Server/services/message_service.js
2. 
3. static handleUploadData({productName, deviceName, ts, payload, messageId, dataType} = {}) {
4.     var message = new Message({
5.         product_name: productName,
6.         device_name: deviceName,
7.         payload: payload,
8.         message_id: messageId,
9.         data_type: dataType,
10.        sent_at: ts
11.    })
12.    message.save()
13. }
```

9.2.3 代码联调

现在，我们把之前的代码都合并到一起。

```
1. //IotHub_Service/services/message_service.js
2. static dispatchMessage({topic, payload, ts} = {}) {
3.     var dataTopicRule = "upload_data/:productName/:deviceName/:dataType/:messageId";
4.     var result = null;
5.     if ((result = topicRegx.exec(topic)) != null) {
6.         this.checkMessageDuplication(result[4], function (isDup) {
7.             if (!isDup) {
8.                 MessageService.handleUploadData({
9.                     productName: result[1],
10.                    deviceName: result[2],
11.                    dataType: result[3],
12.                    messageId: result[4],
13.                    ts: ts,
14.                    payload: payload
15.                })
16.            }
17.        })
18.    }
```

然后在 WebHook 的回调里调用 dispatchMessage 方法。

```
1. //IotHub_Service/routes/emqx_web_hook.js
2. router.post("/", function (req, res) {
```

```
3.    switch (req.body.event){
4.      case "client.connected":
5.        .........
6.        break
7.      case "client.disconnected":
8.        .........
9.        break;
10.     case "message.publish":
11.       messageService.dispatchMessage({
12.         topic: req.body.topic,
13.         payload: req.body.payload,
14.         ts: req.body.timestamp
15.       })
16.   }
17.   res.status(200).send("ok")
18. })
```

最后，我们需要在设备的 ACL 列表中加入这个主题，使设备有权限发布数据到这个主题中。

```
1.  //IotHub_Server/models/device.js
2.  deviceSchema.methods.getACLRule = function () {
3.    const publish = {
4.      broker_username: this.broker_username,
5.      permission: "allow",
6.      action: "publish",
7.      topics: [
8.        `upload_data/${this.product_name}/${this.device_name}/+/+`,
9.      ]
10.   }
11.   return [publish]
12. }
```

代码的第 8 行拼接的主题名中使用了 2 个 "+" 通配符，这是 ACL 允许的。

这些步骤完成后，我们可以写一段代码来验证下。我们需要事先重新注册一个设备来上传数据（或者你需要手动在 MongoDB 里更新已有的设备 ACL 列表）。

```
1.  //IotHub_Device/samples/upload_data.js
2.  var IotDevice = require("../sdk/iot_device")
3.  require('dotenv').config()
4.
5.  var device = new IotDevice({
6.    productName: process.env.PRODUCT_NAME,
7.    deviceName: process.env.DEVICE_NAME,
8.    secret: process.env.SECRET,
9.    clientID: path.basename(__filename, ".js"),
10.   storePath: '../tmp/${path.basename(__filename, ".js")}'
11. })
```

```
12. device.on("online", function () {
13.     console.log("device is online")
14. })
15. device.connect()
16. device.uploadData("this is a sample data", "sample")
```

在代码的第 9 ～ 10 行，我们使用 JavaScript 的文件名来设置 Message Store 的存储路径和 ClientID，这样的话 sample 目录下不同的 JavaScript 文件在运行时就不会产生冲突了。

运行 upload_data.js 之后，查询 IotHub 数据库的 Messages Collection，我们可以发现刚才发送的消息已经存进来了，如图 9-3 所示。

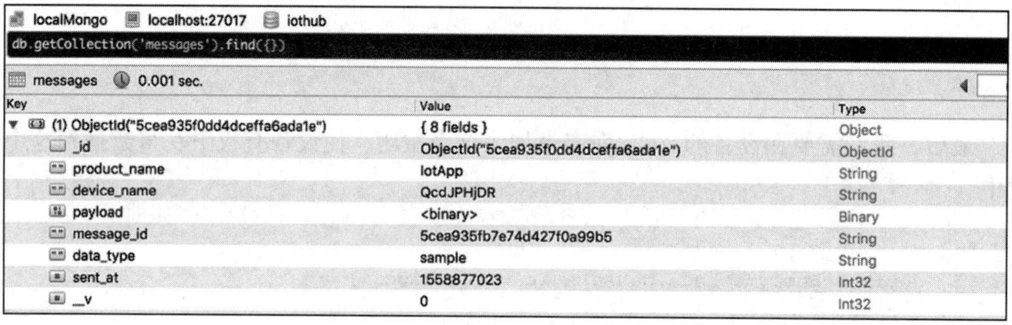

图 9-3　保存到 MongoDB 的上行数据

> 检查 IotHub_Device/tmp/upload_data 目录，可以看到这个目录下生成了一些文件。这是用于持久化 in-flight 消息的文件。

9.2.4　通知业务系统

当上行数据到达 IotHub 时，IotHub 可以通过 RabbitMQ 来通知并将收到的上行数据发送给业务系统。

这里我们做一个约定：当有新的上行数据达到时，IotHub 会向 RabbitMQ 名为 iothub.events.upload_data 的 Direct Exchage 发送一条消息，RoutingKey 为设备的 ProductName。

这里我们使用 ampqlib 作为 RabbitMQ Client 端实现。

关于 RabbitMQ Routing 相关的概念可以查看 RabbitMQ Tutorials 进行了解，本书不再赘述。

我们仍然新增一个 Service 类来实现通知业务系统的功能。

在程序启动时，初始化 RabbitMQ Client，并确保对应的 Exchange 存在。

```
1. //IotHub_Server/services/notify_service.js
2. var amqp = require('amqplib/callback_api');
```

```
3.  var uploadDataExchange = "iothub.events.upload_data"
4.  var currentChannel = null;
5.  amqp.connect(process.env.RABBITMQ_URL, function (error0, connection) {
6.    if (error0) {
7.      console.log(error0);
8.    } else {
9.      connection.createChannel(function (error1, channel) {
10.       if (error1) {
11.         console.log(error1)
12.       } else {
13.         currentChannel = channel;
14.         channel.assertExchange(uploadDataExchange, 'direct', {durable: true})
15.       }
16.     });
17.   }
18. });
```

然后实现通知业务系统功能的方法。

```
1.  //IotHub_Server/services/notify_service.js
2.  const bson = require('bson')
3.  class NotifyService {
4.    static notifyUploadData(message) {
5.      var data = bson.serialize({
6.        device_name: message.device_name,
7.        payload: message.payload,
8.        send_at: message.sendAt,
9.        data_type: message.dataType,
10.       message_id: message.message_id
11.     })
12.     if(currentChannel != null) {
13.       currentChannel.publish(uploadDataExchange, message.product_name, data, {
14.         persistent: true
15.       })
16.     }
17.   }
18. }
19. module.exports = NotifyService
```

代码的第 13 行使用 BSON 对上传数据的相关信息进行序列化后，再发送到相应的 Exchange 上，所以业务系统获取到这个数据后需要先用 BSON 反序列化。这是 IotHub 和业务系统之间的约定。

最后在接收到上行数据的时候调用这个方法。

```
1.  //IotHub_Server/service/message_service.js
2.  static handleUploadData({productName, deviceName, ts, payload, messageId, dataType} = {}) {
3.    var message = new Message({
4.      product_name: productName,
```

```
5.        device_name: deviceName,
6.        payload: payload,
7.        message_id: messageId,
8.        data_type: dataType,
9.        sent_at: ts
10.    })
11.    message.save()
12.    NotifyService.notifyUploadData(message)
13. }
```

接下来我们可以写一小段代码模拟业务系统从 IotHub 获取通知。

```
1.  //IotHub_Server/business_sim.js
2.  require('dotenv').config()
3.  const bson = require('bson')
4.  var amqp = require('amqplib/callback_api');
5.  var uploadDataExchange = "iothub.events.upload_data"
6.  amqp.connect(process.env.RABBITMQ_URL, function (error0, connection) {
7.    if (error0) {
8.      console.log(error0);
9.    } else {
10.     connection.createChannel(function (error1, channel) {
11.       if (error1) {
12.         console.log(error1)
13.       } else {
14.         channel.assertExchange(uploadDataExchange, 'direct', {durable: true})
15.         var queue = "iotapp_upload_data";
16.         channel.assertQueue(queue, {
17.           durable: true
18.         })
19.         channel.bindQueue(queue, uploadDataExchange, "IotApp")
20.         channel.consume(queue, function (msg) {
21.           var data = bson.deserialize(msg.content)
22.           console.log(`received from ${data.device_name}, messageId: ${data.message_id},payload: ${data.payload.toString()}`)
23.           channel.ack(msg)
24.         })
25.       }
26.     });
27.   }
28. });
```

运行 business_sim.js，再运行 IotHub_Device/samples/upload_data.js，可以看到在运行 business_sim.js 的终端上会输出如下内容：

```
received from QcdJPHjDR, messageId: 5ceb788f80124804aa1ea95b,payload: this is a sample data
```

这样就表示通知业务系统的功能已经完成了。

9.2.5 Server API 历史消息查询

Server API 历史消息查询的实现很简单，可以根据产品、设备和 MessageID 进行查询。首先定义在接口中返回的消息的 JSON 格式。

```
1.  //IotHub_Server/models/message.js
2.  messageSchema.methods.toJSONObject = function () {
3.    return {
4.      product_name: this.product_name,
5.      device_name: this.device_name,
6.      send_at: this.send_at,
7.      data_type: this.data_type,
8.      message_id: this.message_id,
9.      payload: this.payload.toString("base64")
10.   }
11. }
```

代码的第 9 行对负载进行了 Base64 编码，因为负载有可能是二进制数据。然后实现查询的接口。

```
1.  //IotHub_Server/routes/messages.js
2.  var express = require('express');
3.  var router = express.Router();
4.  var Message = require('../models/message')
5.  
6.  router.get("/:productName", function (req, res) {
7.    var messageId = req.query.message_id
8.    var deviceName = req.query.device_name
9.    var productName = req.params.productName
10.   var query = {product_name: productName}
11.   if (messageId != null) {
12.     query.message_id = messageId
13.   }
14.   if (deviceName != null) {
15.     query.device_name = deviceName
16.   }
17.   Message.find(query, function (error, messages) {
18.     res.json({
19.       messages: messages.map(function (message) {
20.         return message.toJSONObject()
21.       })
22.     })
23.   })
24. })
25. module.exports = router
```

最后将接口挂载到对应的 URL 上。

```
1.  //IotHub_Server/app.js
2.  var messageRouter = require('./routes/messages')
3.  app.use('/messages', messageRouter)
```

调用接口 curl http://localhost:3000/messages/IotApp\?device_name\=QcdJPHjDR\&message_id\=5ceb788f80124804aa1ea95b 会有以下输出。

```
{"messages":[{"product_name":"IotApp","device_name":"QcdJPHjDR","data_type":"sample","message_id":"5ceb788f80124804aa1ea95b","payload":"dGhpcyBpcyBhIHNhbXBsZSBkYXRh"}]}
```

要注意的是，接口返回的 payload 字段是用 Base64 编码的。

本节按照之前的设计方案，实现了 IotHub 的上行数据处理功能，包括 IotHub Server 和 DeviceSDK 的代码。

9.3 设备状态上报

本节来讨论另外一种设备上行数据，即设备状态。

9.3.1 设备状态

9.2 节实现了对设备上行数据的处理，假设我们有一台装有温度传感器的设备，那么它可以使用这个功能将每个时刻统计的温度数据上报到 IotHub，IotHub 会记录每一条温度数据并通知业务系统，业务系统可以自行存储温度数据，也可以使用 IotHub 提供的接口来查询不同时刻的温度数据。

除了温度数据，设备可能还需要上报一些其他数据，比如当前使用的软件／硬件版本、传感器状态（有没有坏掉）、电池电量等，这些属于设备的状态数据，通常我们不会关心这些数据的历史记录，只关心当前状态，那么用前面实现的上报数据功能来管理设备的状态就有点不合适了。

IotHub 需要对设备的状态进行单独处理，我们可以按如下方式设计 IotHub 的设备状态管理功能。

1）设备用 JSON 格式将当前的状态发布到主题 update_status/:productName/:deviceName/:messageId。

2）IotHub 将设备的状态用 JSON 格式存储在 Devices Collection 中。

3）IotHub 将设备的状态通知到业务系统，业务系统再做后续的处理，比如通知相关运维人员等。

4）IotHub 提供接口以便业务系统查询设备的当前状态。

为了对消息进行去重，设备状态消息也会带 MessageID。

在这里我们做一个定义，设备上报的状态一定是单向的，状态只在设备端更改，然后设备上报到 IotHub，最后由 IotHub 通知业务系统。

如果一个状态是业务系统、IotHub 和设备端都有可能更改的，那么使用 11.7 节要讲的设备影子可能会更好。

如果业务系统需要记录设备状态的历史记录，那么使用前面实现的上行数据就可以了：把设备状态看作一般的上行数据。

9.3.2 DeviceSDK 的实现

DeviceSDK 的实现比较简单，只需要实现一个方法，将状态数据发布到指定的主题。

```
1. //IotHub_Device/sdk/iot_device.js
2. updateStatus(status){
3.     if(this.client != null){
4.         var topic = `update_status/${this.productName}/${this.deviceName}/${new ObjectId().toHexString()}`
5.         this.client.publish(topic, JSON.stringify(status), {
6.             qos: 1
7.         })
8.     }
9. }
```

9.3.3 IotHub Server 的实现

IotHub Server 的实现和前面实现上行数据处理的逻辑非常相似。

1. 更新设备的 ACL 列表

首先需要将上报状态的主题加入设备的 ACL 列表。

```
1.  //IotHub_Service/models/device.js
2.  deviceSchema.methods.getACLRule = function () {
3.      const publish = {
4.          broker_username: this.broker_username,
5.          permission: "allow",
6.          action: "publish",
7.          topics: [
8.              `upload_data/${this.product_name}/${this.device_name}/+/+`,
9.              `update_status/${this.product_name}/${this.device_name}/+`,
10.         ]
11.     }
12.     return [publish]
13. }
```

你可能需要重新注册一个设备进行后续测试（或者手动在 MongoDB 里更新已有的设备 ACL 列表）。

2. 处理设备上报的状态

和处理上行数据一样，IotHub Server 根据主题名判断该数据是不是上报的状态数据，然后从主题中提取出元数据。

```
1. //IotHub_Server/services/message_service.js
2. static dispatchMessage({topic, payload, ts} = {}) {
```

```javascript
3.     var dataTopicRule = "upload_data/:productName/:deviceName/:dataType/:messageId";
4.     var statusTopicRule = "update_status/:productName/:deviceName/:messageId"
5.     const topicRegx = pathToRegexp(dataTopicRule)
6.     const statusRegx = pathToRegexp(statusTopicRule)
7.     var result = null;
8.     if ((result = topicRegx.exec(topic)) != null) {
9.         // 处理上报数据
10.        ...
11.    } else if ((result = statusRegx.exec(topic)) != null) {
12.        this.checkMessageDuplication(result[3], function (isDup) {
13.            if (!isDup) {
14.                MessageService.handleUpdateStatus({
15.                    productName: result[1],
16.                    deviceName: result[2],
17.                    deviceStatus: new Buffer(payload, 'base64').toString(),
18.                    ts: ts
19.                })
20.            }
21.        })
22.    }
23. }
```

同样的，在处理状态数据之前，要先进行消息去重。

我们会在 MessageService 的 handleUpdateStatus 方法里根据上报状态的内容更新设备的状态。

首先在 Device 模型里面添加存储设备状态的字段。

```javascript
1. //IotHub_Server/models/devices
2. const deviceSchema = new Schema({
3.     ...
4.     device_status: {
5.         type: String,
6.         default: "{}"
7.     },
8.     last_status_update: Number // 最后一次状态更新的时间
9. })
```

然后实现 handleUpdateStatus 方法。

```javascript
1. //IotHub_Server/services/message_service.js
2. static handleUpdateStatus({productName, deviceName, deviceStatus, ts}) {
3.     Device.findOneAndUpdate({product_name: productName, device_name: deviceName,
4.         "$or":[{last_status_update:{"$exists":false}}, {last_status_update:{"$lt":ts}}]},
5.         {device_status: deviceStatus, last_status_update: ts}, {useFindAndModify: false}).exec()
6. }
```

虽然 MQTT 协议可以保证数据包是按序到达的，但是在 WebHook 并发处理时有可能会乱序，所以我们只更新时间更近的状态数据。这也是为什么我们在 Device 模型中会用到一个 last_status_update 字段。

3. 通知业务系统

同上报数据一样，设备上报状态时 IotHub 也是通过 RabbitMQ 通知业务系统，IotHub 会向 RabbitMQ 名为 iothub.events.update_status 的 Direct Exchage 发送一条消息，RoutingKey 为设备的 ProductName，消息格式依然是 BSON。

```
1. //IotHub_Server/services/notify_service.js
2. var updateStatusExchange = "iothub.events.update_status"
3. static notifyUpdateStatus({productName, deviceName, deviceStatus}){
4.     var data = bson.serialize({
5.       device_name: deviceName,
6.       device_status: deviceStatus
7.     })
8.     if(currentChannel != null) {
9.       currentChannel.publish(updateStatusExchange, productName, data, {
10.         persistent: true
11.       })
12.     }
13.   }
```

然后在 handleUpdateStatus 调用这个方式来通知业务系统。

```
1. //IotHub_Server/services/message_service.js
2. static handleUpdateStatus({productName, deviceName, deviceStatus, ts}) {
3.     Device.findOneAndUpdate({product_name: productName, device_name: deviceName,
4.         "$or":[{last_status_update:{"$exists":false}}, {last_status_update:
{"$lt":ts}}]},
5.         {device_status: deviceStatus, last_status_update: ts}, {useFindAndModify:
false}).exec(function (error, device) {
6.         if (device != null) {
7.           NotifyService.notifyUpdateStatus({
8.             productName: productName,
9.             deviceName: deviceName,
10.             deviceStatus: deviceStatus
11.           })
12.         }
13.       })
14.   }
```

9.3.4　Server API：查询设备状态

我们只需在设备详情接口里面返回状态字段就可以了。

```
1. //IotHub_Server/models/device.js
```

```
2. deviceSchema.methods.toJSONObject = function () {
3.   return {
4.     product_name: this.product_name,
5.     device_name: this.device_name,
6.     secret: this.secret,
7.     device_status: JSON.parse(this.device_status)
8.   }
9. }
```

9.3.5 代码联调

我们可以在 business_sim.js 里加一小段代码，来验证整个流程。

```
1.  //IotHub_Server/business_sim.js
2.  var updateStatusExchange = "iothub.events.update_status"
3.  channel.assertExchange(updateStatusExchange, 'direct', {durable: true})
4.  var queue = "iotapp_update_status";
5.  channel.assertQueue(queue, {durable: true})
6.  channel.bindQueue(queue, updateStatusExchange, "IotApp")
7.  channel.consume(queue, function (msg) {
8.    var data = bson.deserialize(msg.content)
9.    console.log('received from ${data.device_name}, status: ${data.device_status}')
10.   channel.ack(msg)
11. })
```

然后写一小段代码，调用 DeviceSDK 的 updateStatus 方法来上报设备状态。

```
1. //IotHub_Device/samples/update_status.js
2. ...
3. device.connect()
4. device.updateStatus({lights: "on"})
```

运行 IotHub_Server/business_sim.js，然后运行 update_status.js，在运行 business_sim.js 的终端会输出 received from 60de4bqyu, status: {"lights":"on"}，最后调用设备详情接口 curl http://localhost:3000/devices/IotApp/60de4bqyu，输出如下。

```
{"product_name":"IotApp","device_name":"60de4bqyu","secret":"sVDhDJZhm7","device_status":{"lights":"on"},"connections":[{"connected":true,"client_id":"IotApp/60de4bqyu/update_status","ipaddress":"127.0.0.1","connected_at":1558964672,"disconnect_at":1558964668}]}%
```

可以看到，设备状态上报的整个流程都已完成了。

9.3.6 为何不用 Retained 消息

本书的第二部分曾提到过用 Retained 消息记录设备的状态是个不错的方案，但是这在 Maque IotHub 里目前是行不通的，我们看一下假设设备在向某个主题，如 TopicA 发送一条 Retained 消息表明自己的状态时，会发生什么：

1）设备 A 向 TopicA 发送一条消息 M，标记为 Retained，QoS=1；
2）EMQX Broker 收到 M，回复设备 A PUBACK；
3）EMQX 为 TopicA 保存下 Retained 消息 M_retained；
4）EMQX 通过 WebHook 将消息传递给 IotHub Server；
5）EMQX 发现没有任何 Client 订阅 TopicA，丢弃 M。

可以看到，由于在 IotHub 中使用的是基于事件触发的方式来获取设备发布的消息，没有实际的 Client 订阅设备发布状态的主题，所以即使发送 Retained 消息，也只是白白浪费 Broker 的存储空间罢了。

那么设备需要在什么时候上报状态呢？这在 DeviceSDK 里面并没有强制的约定，不过建议在设备每次开机时以及在状态发生变化时上报状态。

本节完成了设备状态上报功能。这样 IotHub 的上行数据处理功能就完整了，9.4 节将学习一种非常适合物联网数据存储的数据库：时序数据库。

9.4 时序数据库

在前文中我们完成了 IotHub 上行数据处理的功能。截至目前，IotHub 都是使用 MongoDB 作为数据存储，不过在物联网的应用中，在某些情况下，我们可能还会用到别的存储方案，比如时序数据库，本节就来学习一下。

9.4.1 时序数据

首先来看一下什么是时序数据。时序数据是一类按照时间维度进行索引的数据，它记录了某个被测量实体在一定时间范围内，每个时间点上的一组测试值。传感器上传的蔬菜大棚每小时的湿度和温度数据、A 股中某支股票每个时间点上的股价、计算机系统的监控数据等，都属于时序数据。时序数据有如下特点：

- 数据量较大，写入操作是持续且平稳的，而且写多读少。
- 只有写入操作，几乎没有更新操作，比如修改大棚温度和湿度的历史数据，这是没有意义的。
- 没有随机删除，即使删除也是按照时间范围进行删除。删除蔬菜大棚 08:35 的温度记录没有任何实际意义，但是删除 6 个月以前的记录是有意义的。
- 数据实时性和时效性很强，数据随着时间的推移不断追加，旧数据很快失去意义。
- 大部分以时间和实体为维度进行查询，很少以测试值为维度查询，比如用户会查询某个蔬菜大棚某个时间段的温度数据，但是很少会去查询温度高于多少度的数据记录。

如果你的业务数据符合上面的条件，比如你的业务数据属于监控、运维类，或者你的数据需要用折线图之类的工具进行可视化，那么你就可以考虑使用时序数据库。

9.4.2 时序数据库概述

时序数据库就是用来存储时序数据的数据库，相较于传统的关系型数据和非关系型数据库而言，时序数据库专门优化了对时序数据的存储。开源的时序数据库有 InfluxDB、OpenTSDB、TimeScaleDB 等。本书使用 InfluxDB 数据库进行演示。

时序数据库有如下几个概念。

- Metric：度量，可以当作关系型数据库中的表（table）。
- Data Point：数据点，可以当作关系型数据库中的行（row）。
- Timestamp：时间戳，数据点生成时的时间戳。
- Field：测量值，比如温度和湿度。
- Tag：标签，用于标识数据点，通常用来标识数据点的来源，比如温度和湿度数据来自哪个大棚，可以当作关系型数据库中的表的主键。

图 9-4 所示为时序数据库概念示例，方便大家理解这几个概念。

- Vents：度量，存储所有大棚的温度和湿度数据。
- Humidity 和 Temperature：测量值。
- Vent No. 和 Vent Section：标签，标识测量值来自哪个大棚。
- Time：时间戳。

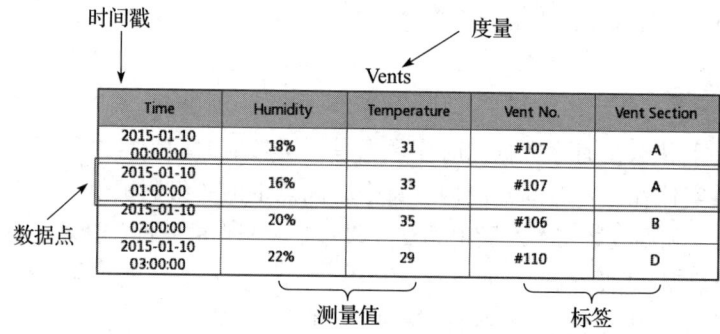

图 9-4　时序数据库概念示例

线框中的部分就是一个数据点，它包含时间戳、测量值、标签。

9.4.3　收集设备连接状态变化的数据

这里我们将 IotHub 中的一些状态监控的数据存入 InfluxDB 来演示如何使用时序数据库。目前在我们的数据中，设备连接状态变化（上线/下线）可以算作一种时序数据，我们将这个数据加入时序数据库，这样就可以看到设备连接状态的变化情况，对故障排查也很有帮助。

1. 安装和运行 InfluxDB

可以在 https://docs.influxdata.com/influxdb/v1.7/ 找到 InfluxDB 的安装文档，我们使用

的是 InfluxDB 1.7.6 版本，在对应的操作系统上安装并按照默认配置运行 InfluxDB，默认情况下 InfluxDB 运行在 "localhost: 8086"。

然后，我们创建一个数据库来存储设备的连接状态变化记录。

1）运行 InfluxDB CLI：influx。

```
connected to http://localhost:8086 version 1.7.6
InfluxDB shell version: 1.7.6
Enter an InfluxQL query
```

2）然后输入 create database iothub，按回车键，这样数据库就创建好了。

2. 存储数据

接下来需要做的事情比较简单，IotHub 在获取到设备上线和下线时间时，将对应的数据写入 InfluxDB，这里我们使用 InfluxDB 的 Node.js 库 Influx。

首先创建一个 Service 类来实现设备连接记录的写入。

> 在 InfluxDB 中，Metric 被称为 Measurement。

```js
1.  //IotHub_Server/services/influxdb_service.js
2.
3.  const Influx = require('influx')
4.  const influx = new Influx.InfluxDB({
5.    host: process.env.INFLUXDB,
6.    database: 'iothub',
7.    schema: [
8.      {
9.        measurement: 'device_connections',
10.       fields: {
11.         connected: Influx.FieldType.BOOLEAN
12.       },
13.       tags: [
14.         'product_name', 'device_name'
15.       ]
16.     }
17.   ]
18. })
19.
20. class InfluxDBService{
21.   sstatic writeConnectionData({productName, deviceName, connected, ts}) {
22.     var timestamp = ts == null ? Math.floor(Date.now() / 1000) : ts
23.     influx.writePoints([
24.       {
25.         measurement: 'device_connections',
26.         tags: {product_name: productName, device_name: deviceName},
27.         fields: {connected: connected},
```

```
28.         timestamp: timestamp
29.       }
30.     ], {
31.       precision: 's',
32.     }).catch(err => {
33.       console.error('Error saving data to InfluxDB! ${err.stack}')
34.     })
35.   }
36. }
37. module.exports = InfluxDBService
```

这里使用 measurement: 'device_connections' 存储设备连接状态变化的数据，标签为一个二元组（ProductName，DeviceName），可以唯一标识一台设备，测量值是一个布尔值，可以标识设备的连接状态。

然后在设备上线/下线时，调用 writeConnectionData 方法，将设备连接状态变化的数据写入 InfluxDB。

```
1. //IotHub_Server/models/device.js
2. deviceSchema.statics.addConnection = function (event) {
3.   var username_arr = event.username.split("/")
4.   let productName = username_arr[0];
5.   let deviceName = username_arr[1];
6.   this.findOne({product_name: productName, device_name: deviceName}, function (err, device) {
7.     if (err == null && device != null) {
8.       ...
9.       influxDBService.writeConnectionData({
10.        productName: productName,
11.        deviceName: deviceName,
12.        connected: true,
13.        ts: event.connected_at
14.      })
15.    }
16.  })
17.
18. }
19.
20. deviceSchema.statics.removeConnection = function (event) {
21.   var username_arr = event.username.split("/")
22.   let productName = username_arr[0];
23.   let deviceName = username_arr[1];
24.   this.findOne({product_name: productName, device_name: deviceName}, function (err, device) {
25.     if (err == null && device != null) {
26.       ...
27.       influxDBService.writeConnectionData({
28.         productName: productName,
29.         deviceName: deviceName,
```

```
30.            connected: false
31.         })
32.      }
33.   })
34. }
```

接下来我们可以验证一下，运行 IotHub_Device/samples/connect_to_server.js，等看到 device is online 的输出以后，按 Ctrl+C 组合键终止程序，重复操作几次之后运行 influx -precision -s，然后查询 device_connections。

```
use iothub
select * from device_connections
```

这时，我们会看到，设备的连接状态变化已经被存入 InfluxDB。

```
Connected to http://localhost:8086 version 1.7.6
InfluxDB shell version: 1.7.6
Enter an InfluxQL query
> use iothub
Using database iothub
> select * from device_connections
name: device_connections
time           connected device_name product_name
----           --------- ----------- ------------
1559046440     true      60de4bqyu   IotApp
1559046442     false     60de4bqyu   IotApp
1559046443     true      60de4bqyu   IotApp
1559046444     false     60de4bqyu   IotApp
>
```

> influx -precision -s 表明 InfluxDB 使用 UNIX 时间戳格式来显示 time 字段。

通常我们可以将这些监控数据可视化，但这些超出了本书的范围，有兴趣的读者可以自行实现。

9.5 本章小结

本章设计和实现了 IotHub 上行数据处理的全部功能，并展示了如何在 IotHub 中使用时序数据库。接下来让我们开始实现另外一个非常重要的功能——下行数据处理。

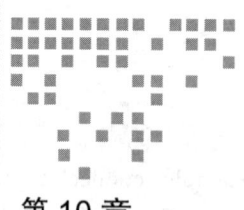

第 10 章

下行数据处理

什么是下行数据？

在物联网应用中，下行数据一般有两种：第一种是需要同步的数据，比如平台需要把训练好的模型部署到前端的摄像头上，这样平台下发给设备的消息中就包含了模型数据的信息；第二种是指令，平台下发给设备，要求设备完成某种操作，比如共享单车的服务端下发给单车开锁的指令。

在 IotHub 里，我们会把这两种下行数据统称为指令，因为第一种数据也可以看作要求设备完成"同步数据"这个操作的指令。大多数情况下，设备在收到指令后都应该向业务系统回复指令执行的结果[⊖]，比如文件有没有下载完毕、继电器有没有打开等。是否回复以及如何回复应该由业务逻辑决定，这是业务系统和设备之间的约定，IotHub 只负责将业务系统下发的指令发送到设备，同时将设备对指令的回复再传送回业务系统。IotHub 在实现一些内部的功能时，也会向设备发送一些内部的指令。

IotHub 的指令下发有如下功能。

1）业务系统可以通过 IotHub Server API 提供的接口向指定的设备发送指令，指令可以包含任意格式的数据，比如字符串和二进制数据。

2）指令可设置过期时间，过期的指令将不会被执行。

3）业务系统可在设备离线时下发指令，设备在上线以后可以接收到离线时业务系统下发的指令。

4）设备可以向业务系统回复指令的执行结果，IotHub 会把设备的回复传给业务系统，

⊖ 注意，不是回复指令已收到，因为使用 QoS>1 的消息在 MQTT 协议层面就已经保证了设备一定能收到指令。

包括哪个设备回复了哪条指令、回复的内容是什么等。

那么 IotHub 应该如何将指令下发给设备呢？

10.1 选择一个可扩展的方案

在 IotHub 里，下行数据分为两种：
- 业务系统下发给设备的消息，比如需要同步的数据、需要执行的指令等，这些数据会经由 IotHub 发送给设备。
- IotHub 和设备之间发送的消息，通常是为了实现 IotHub 相关功能的内部消息。

就像在第 9 章开头说的那样，MQTT 协议架构里没有"服务端"和"客户端"的概念，所谓的上行和下行只是我们在实现 IotHub 时抽象出来的概念。从 IotHub Server 发送到设备的数据是下行数据，反之就是上行数据；而对 MQTT Broker 来说，IotHub Server 和设备一样，都是 MQTT Client。接下来我们看一下发送下行数据的一些可能的方案。

10.1.1 完全基于 MQTT 协议的方案

这个方案的逻辑非常直接，IotHub Server 以 MQTT Client 的身份接入 EMQX Broker，将数据发布到设备订阅的主题上，具体分析如下：
- 设备端订阅某特定的主题，比如 /cmd/ProductNameA/DeviceNameA。
- IotHub Server 启动一个 MQTT Client 接入 EMQX Broker。
- 业务系统通过 IotHub Server API 的接口告知 IotHub Server 要发送的数据和设备。
- IotHub 的 MQTT Client 将数据发布到 /cmd/ProductNameA/DeviceNameA。

这是一个可行的方案，只不过仍然存在单点故障的问题，如果 IotHub Server 用于发布的 MQTT Client 挂了怎么办？

我们可以更进一步，IotHub Server 可以同时启用多个用于发布的 MQTT Client，这些 Client 可以从一个工作队列（比如 RabbitMQ、Redis 等）里获取要发布的消息，然后将其发布到对应的设备，在每次 IotHub Server 需要发送数据到设备时，只需要往这个队列里投递一条消息就可以了。具体流程如图 10-1 所示。

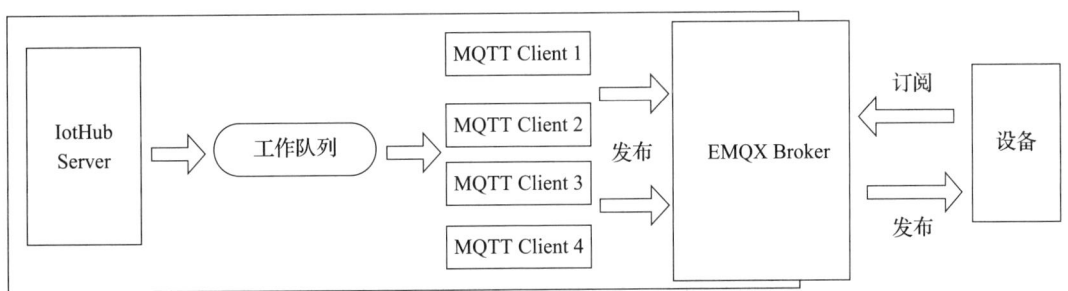

图 10-1　完全基于 MQTT 协议的下行数据处理流程

现在这个方案就具有较好的扩展性了，也不存在单点故障。实际上笔者在几个项目中使用过这个方案，效果还是不错的。

这个方案的唯一缺点就是引入了多个 MQTT Client 这样额外的实体，提高了系统的复杂性，同时增加了开发、部署和运维监控的成本。

10.1.2 基于 EMQX RESTful API 的方案

在设备生命周期管理功能里，我们已经使用过 EMQX 的 RESTful API 了，EMQX 的 RESTful API 提供了一个接口，可以向某个主题发布消息。

```
API 入口: POST api/v5/publish
API 请求 Body:
{
  "topic": "api/example/topic",
  "qos": 0,
  "payload": "hello emqx api",
  "retain": false
}
```

这个方案不需要维护多个用于发布的 MQTT Client，在开发和部署上的复杂度要低一些。IotHub 使用该方案向设备发送下行数据，如图 10-2 所示。

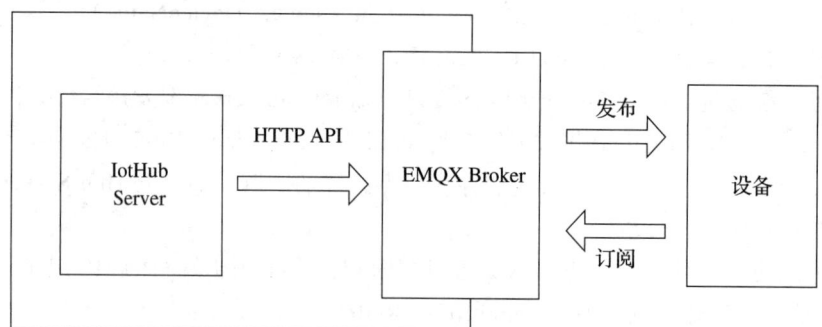

图 10-2　基于 EMQX RESTful API 的下行数据处理流程

10.1.3　下行数据格式

和上行数据一样，指令也由元数据和负载组成，指令的元数据也是放在主题名中的，一般来说指令有如下元数据。

- ProductName、DeviceName：用于标识指令发送给哪个设备。
- MessageID：作为消息的唯一标识，用于消息去重，也用于标识指令，设备回复指令时会用到。
- 指令名称：用于标识指令的名称，比如单车开锁的指令可以叫作 unlock。

- 指令类别：用于标识指令的类别，在后面实现一些特殊的指令时会用到。
- 过期时间：有些指令具有时效性，设备不应该执行超过有效时间的指令，比如单车开锁的指令，假设单车的网络断开，一个小时后恢复了，那么单车会收到在断线期间用户发出的开锁指令，单车不应该执行这些指令，所以需要给开锁指令加一个过期时间，比如 1 分钟。

负载中包含了执行指令需要的额外数据，比如前面说的部署模型到前端摄像头的情景，指令的负载就应该是模型的数据，比如下载模型的 URL，指令名称可以称为 update_model。

我们可以这样理解 IotHub 里面的指令，下发指令相当于远程在设备上执行一个函数 $f(x)$，那么在主题名里的指令名就相当于函数名 f，指令的负载就相当于函数的参数 x，设备还会将 $f(x)$ 的返回值回复给业务系统或者 IotHub（如果 $f(x)$ 有返回值的话）。

10.1.4 主题名规划

和上行数据处理一样，IotHub 会把指令的元数据放在主题名中，为了接收下发的指令，设备需要订阅以下主题：cmd/:ProductName/:DeviceName/:CommandName/:Encoding/:RequestID/:ExpiresAt。

这个主题的第一层级代表的是指令的类别，目前固定为 cmd，代表普通的下行指令，后面我们还会看到其他类型的指令。后面的每个层级代表一种指令的元数据，元数据的含义如下所示。

- ProductName 和 DeviceName：这两个元数据很好理解，代表接受指令的设备名称，设备用自己的 ProductName 和 DeviceName 进行订阅。
- CommandName：指令的名称，比如重启设备的名称叫作 reboot。
- Encoding：指令数据的编码格式，由于 IotHub 提供给业务系统的接口是 HTTP 的，同时 IotHub Server 也是调用 EMQX 的 RESTful API 发布指令，所以如果发布的指令携带的是二进制数据，就需要对这个二进制数据进行编码，让它变成一个字符串。当 DeviceSDK 接收到二进制的指令数据时，需要按照相应的编码方式解析出原始的二进制数据。Encoding 可以有 2 种值：plain 或 Base64，其中 plain 代表未编码，在指令数据为字符串的时候使用；Base64 代表使用 Base64 编码，在指令数据为二进制数据时使用。
- RequestID：指令的编号。它有两层意义：第一，和上行数据的 MessageID 一样，用来做消息去重；第二，用于唯一标识一条指令，设备在回复指令时需要带上指令的 RequestID。
- ExpiresAt：可选，指令的过期时间，格式为 UNIX 时间戳。如果指定了 ExpiresAt，那么 DeviceSDK 在收到指令时就会检查当前时间是否大于 ExpiresAt，如果是，就直接丢弃掉这条指令。

> 如果我们统一对负载进行 Base64 编码的话就可以省去 Encoding 这个层级，这里增加这个层级是为了尽量减少设备端不必要的计算，如果发送的指令数据是 ASCII 字符串就不用再解码了。你可以根据具体情况来决定是否需要这个层级。

10.1.5 如何订阅主题

一般来说，按照 MQTT 协议的方式，DeviceSDK 可以按如下方式订阅上面的主题。

```
1.  client.on('connect', function (connack) {
2.    if(connack.returnCode == 0) {
3.      if (connack.sessionPresent == false) {
4.        client.subscribe('cmd/${this.productName}/${this.DeviceName}/+/+/+/#', {
5.          qos: 1
6.        }, function (err, granted) {
7.          if (err != undefined) {
8.            console.log("subscribe failed")
9.          } else {
10.           console.log('subscribe succeeded with ${granted[0].topic}, qos: ${granted[0].qos}')
11.         }
12.       })
13.     }
14.   }else {
15.     console.log('Connection failed: ${connack.returnCode}')
16.   }
17. })
```

cmd/${this.productName}/${this.DeviceName}/+/+/+/# 正好可以匹配接受指令用的主题，因为 ExpiresAt 这个层级是可选的，所以用放在最后的 # 号来匹配，我们以后在设计主题的时候，尽量把可选的层级放在最后面。

除了这种方式以外，我们还可以利用 EMQX 的服务端订阅功能进行更高效、更灵活的订阅。服务端订阅指的是，当 MQTT Client 连接到 EMQX Broker 时，EMQX 会按照预先定义好的规则自动为 Client 订阅主题。用这种方式时，设备不需要再发送 subscribe，增加和减少设备订阅的主题时也不需要改动设备的代码。

在后文中，我们会看到如何使用 EMQX 的服务端订阅功能。

10.1.6 设备端消息去重

回想一下在处理上行数据时 IotHub 的消息去重流程，IotHub 会把已收到消息的 MessageID 存入 Redis，每次收到新消息时都会拿新消息的 MessageID 去和已收到的 MessageID 进行比较，如果找到相同的，就丢弃收到的消息。同时对 MessageID 的存储进行时间限制，这样才不会让存储空间无限增大。

同样，在 DeviceSDK 端，我们也需要找到这样一个存储 RequestID 的缓存来帮助我们进行消息去重，这个缓存最好有以下特性：
- key-value 存储。
- 可以设置 key 的有效期。
- 可持久化，设备掉电也不会丢失已存储的 RequestId。

因为本书使用 Node.js 来实现 DeviceSDK，所以这里会使用一个符合上述要求的 Node.js 版本的缓存实现。

如果你是在其他语言或平台上进行设备端的开发，那么你还需要找到或者自己实现一个类似的缓存。

10.1.7 指令回复

当设备回复指令时，它需要向一个特定的主题发布一个消息。同样，我们把这个回复的元数据放在主题名中，把回复的数据放在消息的负载中：cmd_resp/:ProductName/:DeviceName/:CommandName/:RequestID/:MessageID。其中，

- ProductName、DeviceName：标识回复来自哪个设备。
- CommandName：所回复的指令的名称。
- RequestID：所回复的指令的 RequestID。
- MessageID：回复本身也是一条上行数据，需要使用 MessageID 来唯一标识自己，以实现消息去重。

本节设计了 IotHub 的指令下发功能，并选择了发送下行数据的方案，接下来开始实现指令下发的设备端的功能。

10.2 DeviceSDK 端的实现

本节实现 IotHub 指令下发的 DeviceSDK 端的功能。首先进行消息去重，接着使用正则表达式提取出元数据，然后通过事件触发的方式将指令的数据传递给设备应用代码，最后提供一个接口供设备对指令进行回复。

10.2.1 消息去重

node-persist 是 Node.js 提供的一个本地存储功能库，可用来存储已收到指令的 RequestID。首先，在构造函数中初始化存储。

```
1. //IotHub_Device/sdk/iot_device.js
2. const storage = require('node-persist');
3. class IotDevice extends EventEmitter {
4.   constructor({serverAddress = "127.0.0.1:8883", productName, deviceName, secret, clientID, storePath} = {}) {
```

```
5.    ...
6.    storage.init({dir: '${storePath}/message_cache'})
7.    ...
8. }
```

代码的第 6 行初始化了用于存储 RequestID 的缓存,基于文件 message_cache。然后在 IotDevice 类里面实现一个方法,来检查 RequestID 是否重复。

```
1. //IotHub_Device/sdk/iot_device.js
2. class IotDevice extends EventEmitter {
3.   ...
4.   checkRequestDuplication(requestID, callback) {
5.     var key = 'requests/${requestID}'
6.     storage.getItem(key, function (err, value) {
7.       if (value == null) {
8.         storage.setItem(key, 1, {ttl: 1000 * 3600 * 6})
9.         callback(false)
10.      } else {
11.        callback(true)
12.      }
13.    })
14.  }
15.
16.  ...
17. }
```

10.2.2　提取元数据

和 IotHubServer 一样,DeviceSDK 也使用 pathToRegexp 生成正则表达式,从主题名中提取出元数据。

```
1. //IotHub_Device/sdk/iot_device.js
2. class IotDevice extends EventEmitter {
3.   connect() {
4.     ...
5.     this.client.on("message", function (topic, message) {
6.       self.dispatchMessage(topic, message)
7.     })
8.   }
9.
10.  dispatchMessage(topic, payload){
11.    var cmdTopicRule = "cmd/:productName/:deviceName/:commandName/:encoding/:requestID/:expiresAt?"
12.    var result
13.    if((result = pathToRegexp(cmdTopicRule).exec(topic)) != null){
14.      this.checkRequestDuplication(result[6], function (isDup) {
15.        if (!isDup) {
16.          self.handleCommand({
17.            commandName: result[3],
```

```
18.                encoding: result[4],
19.                requestID: result[5],
20.                expiresAt: result[6] != null ? parseInt(result[6]) : null,
21.                payload: payload
22.             })
23.           }
24.
25.         })
26.       }
27.     }
28.
29.     ...
30. }
```

代码的第 14 行使用从主题名中提取出的 RequestID 进行消息去重，如果消息不重复，则对消息进行处理（代码的第 16 行）。

> 因为 ExpiredAt 层级是可选的，所以用 ":expiresAt?" 来表示。

10.2.3 处理指令

DeviceSDK 对指令的处理流程如下：

1）检查指令是否过期。
2）根据 Encoding 对指令数据进行解码。
3）通过 Emit Event 的方式将指令传递给设备应用代码。

```
1.  //IotHub_Device/sdk/iot_device.js
2.  class IotDevice extends EventEmitter {
3.    ...
4.    handleCommand({commandName, requestID, encoding, payload, expiresAt}){
5.      if(expiresAt == null || expiresAt > Math.floor(Date.now() / 1000)){
6.        var data = payload;
7.        if(encoding == "base64"){
8.          data = Buffer.from(payload.toString(), "base64")
9.        }
10.       this.emit("command", commandName, data)
11.     }
12.   }
13.
14.   ...
15. }
```

代码的第 5 行对指令的有效期进行了判断，代码的第 7～9 行通过 Encoding 的值对指令数据进行了解码。

设备应用代码可以通过如下方式获取指令的内容。

```
1. device.on("command", function(commandName, data){
2.     // 处理指令
3. })
```

10.2.4 回复指令

是否回复指令，以及什么时候回复指令是由设备的应用代码来决定的，DeviceSDK 做不到强制约定，但是可以提供帮助函数来屏蔽掉回复指令所需的细节。

```
1. //IotHub_Device/sdk/iot_device.js
2. class IotDevice extends EventEmitter {
3.   ...
4.   handleCommand({commandName, requestID, encoding, payload, expiresAt}) {
5.     if (expiresAt == null || expiresAt < Math.floor(Date.now() / 1000)) {
6.       var data = payload;
7.       if (encoding == "base64") {
8.         data = Buffer.from(payload, "base64")
9.       }
10.      var respondCommand = function (respData) {
11.        var topic = 'cmd_resp/${this.productName}/${this.deviceName}/${commandName}/${requestID}/${new ObjectId().toHexString()}'
12.        this.client.publish(topic, respData, {
13.          qos: 1
14.        })
15.      }
16.      this.emit("command", commandName, data, respondCommand)
17.    }
18.  }
19.
20.  ...
21. }
```

代码的第 10 行创建了一个闭包，包含了回复这个指令的具体代码，并在 command 事件里把这个闭包传递给了设备应用代码（第 16 行），设备应用代码可以通过如下方式回复指令。

```
1. device.on("command", function(commandName, data, respondCommand){
2.     // 处理指令
3.     ...
4.     respondCommand("ok") // 处理完毕后回复，可以带任何格式的数据，字符串或者二进制数据
5. })
```

这样 IotHub 内部的指令下发、回复的流程和细节对设备应用代码就是完全透明的，符合我们对 DeviceSDK 的期望。

> 在非 Node.js 的语言环境，且没有闭包的情况下，你也可以使用类似的编程技巧来实现上述功能，比如方法对象（Method Object）、匿名函数、内部类、Lambda、block 等。

在 DeviceSDK 端，我们用 node-persist 存储 RequestID，通过正则表达式对主题名进行模式匹配的方式提取出元数据，对指令的过期时间进行检查后，通过事件触发的方式将指令传递给设备应用代码，并使用闭包的方式提供接口，供设备应用代码回复指令。

本节基本完成了指令下发 DeviceSDK 端的功能代码，接下来我们开始实现 IotHub 服务端的功能。

10.3 服务端的实现

本节实现指令下发的 IotHub Server 端的功能。首先使用 EMQX 的 API 发布消息，并提供指令下发接口供业务系统调用，然后使用 EMQX 的服务器订阅功能，实现设备的自动订阅；当设备对指令进行回复以后，通过 RabbitMQ 将设备的回复通知到业务系统，最后将 IotHub Server 端的代码和 DeviceSDK 的代码进行联调。

10.3.1 更新 ACL 列表

由于设备端需要在回复指令的时候发布到主题 cmd_resp/:ProductName/:DeviceName/:CommandName/:RequestID/:MessageID，因此我们需要先把这个主题添加到设备的 ACL 列表里。

```
1.  //
2.  deviceSchema.methods.getACLRule = function () {
3.    const publish = {
4.      broker_username: this.broker_username,
5.      permission: "allow",
6.      action: "publish",
7.      topics: [
8.        `upload_data/${this.product_name}/${this.device_name}/+/+`,
9.        `update_status/${this.product_name}/${this.device_name}/+`,
10.       `cmd_resp/${this.product_name}/${this.device_name}/+/+/+`
11.     ]
12.   }
13.   return [publish]
14. }
```

> 你需要重新注册一个设备或者手动更新已注册设备存储在 MongoDB 的 ACL 列表。

10.3.2 EMQX 发布功能

这里我们调用 EMQX Publish API 来实现消息发布功能，在 IotHub Server 需要向某个设备下发一个指令的时候会用到。

和前面用到的 EMQX RESTful API 一样，我们将调用 EMQX Publish API 的代码封装到 service 类里面。

```
1.  //IotHub_Server/service/emqx_service.js
2.  static publishTo({topic, payload, qos = 1, retained = false}) {
3.      const apiUrl = `${process.env.EMQX_API_URL}/publish`
4.      request.post(apiUrl, {
5.        "auth": {
6.          'user': process.env.EMQX_APP_KEY,
7.          'pass': process.env.EMQX_APP_SECRET,
8.          'sendImmediately': true
9.        },
10.       json:{
11.         topic: topic,
12.         payload: payload,
13.         qos: qos,
14.         retain: retained
15.       }
16.     }, function (error, response, body) {
17.       console.log(`published to ${topic}`)
18.       console.log('statusCode:', response && response.statusCode);
19.       console.log('body:', body);
20.     })
21.   }
```

IotHub 支持离线指令下发，所以发布的 QoS=1 在调用 EMQX 的 Publish API 时还需要提供一个 ClientID，这里随机生成一个就可以。

10.3.3　Server API：发送指令

IotHub Server API 需要提供一个接口供业务系统向设备下发指令，业务系统可以通过调用这个接口向指定的设备下发一条指令，业务系统可以指定指令的名称和指令附带的数据。

首先在 Device 类中做一个封装，实现一个下发指令的方法。

```
1.  //IotHub_Server/models/device.js
2.  const ObjectId = require('bson').ObjectID;
3.  deviceSchema.methods.sendCommand = function ({commandName, data, encoding, ttl = undefined}) {
4.    var requestId = new ObjectId().toHexString()
5.    var topic = 'cmd/${this.product_name}/${this.device_name}/${commandName}/${encoding}/${requestId}'
6.    if (ttl != null) {
7.      topic = '${topic}/${Math.floor(Date.now() / 1000) + ttl}'
8.    }
9.    emqxService.publishTo({topic: topic, payload: data})
10.   return requestId
11. }
```

注意，这里如果指定了 TTL（有效期，单位为秒）的话，是用当前的时间戳加上 TTL 作为指令的过期时间。

这里仍然使用 BSON 的 ObjectID 作为指令的 RequestID，同时需要将这个 RequestID 返回给调用者。

业务系统在请求 IotHub 给指定设备下发指令时，需要提供设备的 ProductName、DeviceName、指令名称、指令数据以及指令的 TTL。如果指令数据为二进制数据，那么业务系统需要在请求前对指令数据进行 Base64 编码，并在请求时指明编码格式（Encoding）为 Base64。

```
1.  router.post("/:productName/:deviceName/command", function (req, res) {
2.    var productName = req.params.productName
3.    var deviceName = req.params.deviceName
4.    Device.findOne({"product_name": productName, "device_name": deviceName},
   function (err, device) {
5.      if (err) {
6.        res.send(err)
7.      } else if (device != null) {
8.        var requestId = device.sendCommand({
9.          commandName: req.body.command,
10.         data: req.body.data,
11.         encoding: req.body.encoding || "plain",
12.         ttl: req.body.ttl != null ? parseInt(req.body.ttl) : null
13.       })
14.       res.status(200).json({request_id: requestId})
15.     }else{
16.       res.status(404).send("device not found")
17.     }
18.   })
19. })
```

指令发送成功以后，IotHub 会把指令的 RequestID 返回给业务系统，业务系统应该保存这个 RequestID，以便在收到设备对指令的回复时进行匹配。

例如，用户可以远程让家里的路由器下载一个文件，并希望下载完成后在手机上能收到通知，那么业务系统在调用 IotHub Server API 下发指令到路由器后应该保存 RequestID 和用户 ID，路由器下载后便回复该指令，业务系统收到回复后用回复里的 RequestID 去匹配它保存的 RequestID 和用户 ID，如果匹配成功，则使用对应的用户 ID 通知用户。

因为我们需要用 command 参数拼接主题名，所以 command 参数不应该包含"#""/""+"及 IotHub 预留的一些字符，这里为了演示，跳过了输入参数的校验操作，但是在实际项目中是需要加上的。

10.3.4　Broker 自动订阅

DeviceSDK 里面没有任何订阅接收指令的主题代码，因为我们会使用 EMQX 自动订阅功能来实现。EMQX 自动订阅功能会在 Client 连接到 Broker 的时候，自动为其订阅指定的主题。

我们可以在 EMQX Dashboard 里面配置自动订阅，进入"MQTT 高级功能"→"自动订阅"，单击"添加"按钮，如图 10-3 所示。

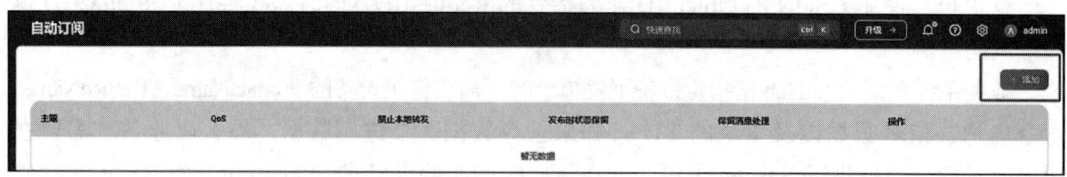

图 10-3　添加自动订阅配置

我们需要配置的自动订阅主题名为：cmd/${username}/+/+/+/#，如图 10-4 所示，这里我们使用了主题占位符号 ${username}，这也是为什么使用 ProductName/DeviceName 作为设备接入 Broker 的 username 的原因了，这算一个小小的取巧。

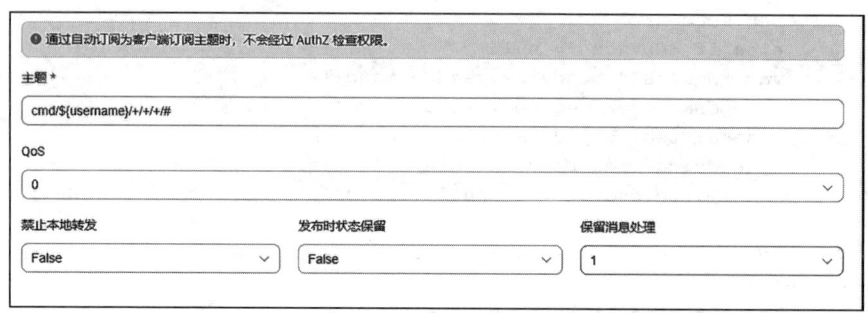

图 10-4　配置自动订阅主题

我们运行 IotHub_Device/samples/connect_to_server.js，然后查看 EMQX Dashbaord，进入"监控"→"订阅管理"，可以发现自动订阅功能已经生效了，如图 10-5 所示。

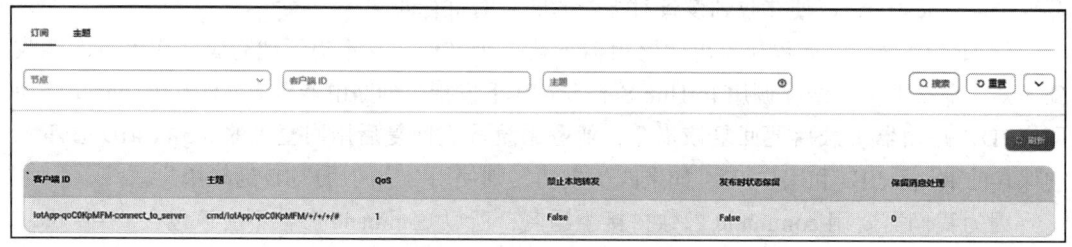

图 10-5　查看已订阅的主题

因为这个主题是 Broker 自动订阅的，并不是由一个真实的 MQTT Client 去发起订阅，所以不会触发 ACL 校验，我们无须将这个主题存入设备的 ACL 列表中。

10.3.5　通知业务系统

指令处理的最后一步就是将设备对指令的回复再转发到业务系统，和处理上行数据一样，IotHub 使用 RabbitMQ 对业务系统进行通知，当 IotHub 收到设备对指令的回复时，会向名为 iothub.events.cmd_resp 的 Exchange 发布一条消息，该消息包含 DeviceName、指令名、指令的 RequestID 及回复数据等内容。Exchange 的类型为 Direct，RoutingKey 为设备的 ProductName。

具体流程如下：

1）IotHub Server 通过 WebHook 获取设备对指令的回复消息。

2）IotHub Server 通过解析消息的主题名获取指令回复的元数据。

3）IotHub Server 向 RabbitMQ 对应的 Exchange 发布指令的回复。

4）业务系统从 RabbitMQ 获取指令回复。

首先在 WebHook 里添加对指令回复消息的处理，使用预先生成的正则表达式对主题名进行匹配。

```
1. /IotHub_Server/messages/message_service.js
2.   static dispatchMessage({topic, payload, ts} = {}) {
3.     ...
4.     var cmdRespRule = "(cmd_resp|rpc_resp)/:productName/:deviceName/:commandName/:requestId/:messageId"
5.     const cmdRespRegx = pathToRegexp(cmdRespRule)
6.     var result = null;
7.     if ((result = topicRegx.exec(topic)) != null) {
8.       ...
9.     } else if ((result = statusRegx.exec(topic)) != null) {
10.      ...
11.    } else if ((result = cmdRespRegx.exec(topic)) != null) {
12.      this.checkMessageDuplication(result[5], function (isDup) {
13.        if (!isDup) {
14.          MessageService.handleCommandResp({
15.            productName: result[1],
16.            deviceName: result[2],
17.            ts: ts,
18.            command: result[3],
19.            requestId: result[4],
20.            payload: new Buffer(payload, 'base64')
21.          })
22.        }
23.      })
24.    }
25.  }
```

然后在 handleCommandResp 方法里向 RabbitMQ 对应的 Exchange 发布一条包含指令回复内容的消息，这里仍然用 BSON 进行序列化。

```
1. //IotHub_Server/service/message_service.js
2. static handleCommandResp({productName, deviceName, command, requestId, ts, payload}) {
```

```
 3.       NotifyService.notifyCommandResp({
 4.         productName: productName,
 5.         deviceName: deviceName,
 6.         command: command,
 7.         requestId: requestId,
 8.         ts: ts,
 9.         payload: payload
10.       })
11.     }
```

```
 1. //IotHub_Server/service/notify_service.js
 2. static notifyCommandResp({productName, deviceName, command, requestId, ts, payload}){
 3.     var data = bson.serialize({
 4.       device_name: deviceName,
 5.       command: command,
 6.       request_id: requestId,
 7.       send_at: ts,
 8.       payload: payload
 9.     })
10.     if(currentChannel != null){
11.       currentChannel.publish(commandRespExchange, productName, data)
12.     }
13.   }
```

10.3.6 代码联调

我们可以总结一下整个下行数据处理流程，如图 10-6 所示。

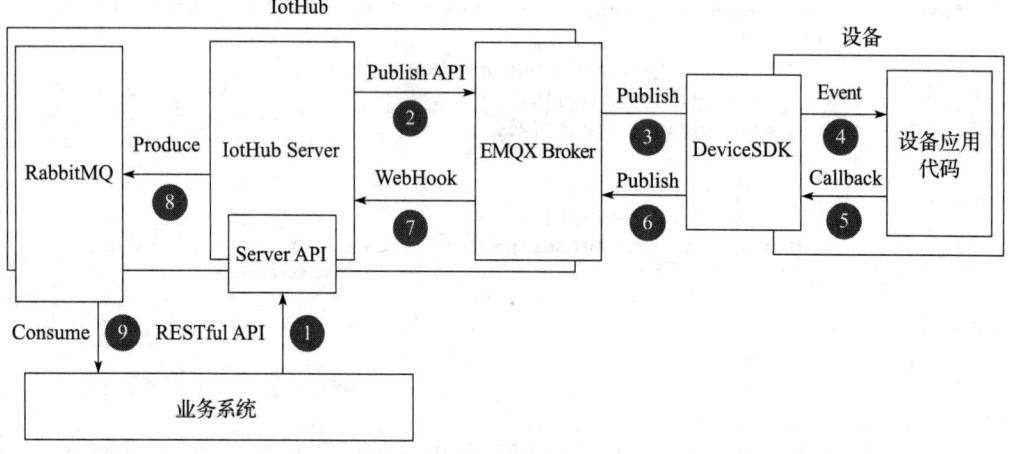

图 10-6 下行数据处理流程

1）业务系统调用 Server API 来发送指令。
2）IotHub Server 调用 EMQX 的 Publish API（RESTful）。
3）EMQX Broker 发布消息到设备订阅的主题。

4）DeviceSDK 提取出指令的信息并通过 Event 的方式传递到设备应用代码。

5）设备应用代码执行完指令要求的操作后，通过 Callback（闭包）的方式要求 DeviceSDK 对指令进行回复。

6）DeviceSDK 发布包含指令回复的消息到 EMQX Broker。

7）EMQX Broker 通过 WebHook 将指令回复传递到 IotHub Server。

8）IotHub Server 将指令回复放入 RabbitMQ 对应的队列中。

9）业务系统从 RabbitMQ 的对应队列中获得指令的回复。

接下来我们用代码验证这个流程。

我们把 Server 端的示例代码放在 IotHub_Server/samples 下面。我们先实现一段模拟业务系统的代码，它有如下功能：

- 调用 IotHub Server API，向设备发送指令 ping，指令数据为当前的时间戳，以二进制格式传输。
- 可以通过命令行参数指定指令的 TTL，默认情况下指令无有效期限制。
- 从 RabbitMQ 中获取设备对指令的回复，并打印出来。

```
1.  //IotHub_Server/samples/ping.js
2.  require('dotenv').config({path: "../.env"})
3.  const bson = require('bson')
4.  const request = require("request")
5.  var amqp = require('amqplib/callback_api');
6.  var exchange = "iothub.events.cmd_resp"
7.  amqp.connect(process.env.RABBITMQ_URL, function (error0, connection) {
8.    if (error0) {
9.      console.log(error0);
10.   } else {
11.     connection.createChannel(function (error1, channel) {
12.       if (error1) {
13.         console.log(error1)
14.       } else {
15.         channel.assertExchange(exchange, 'direct', {durable: true})
16.         var queue = "iotapp_cmd_resp";
17.         channel.assertQueue(queue, {
18.           durable: true
19.         })
20.         channel.bindQueue(queue, exchange, process.env.TARGET_PRODUCT_NAME)
21.         channel.consume(queue, function (msg) {
22.           var data = bson.deserialize(msg.content)
23.           if(data.command == "ping") {
24.             console.log('received from ${data.device_name}, requestId: ${data.request_id},payload: ${data.payload.buffer.readUInt32BE(0)}')
25.           }
26.           channel.ack(msg)
27.         })
28.       }
29.     });
```

```javascript
30.     }
31.   });
32.   const buf = Buffer.alloc(4);
33.   buf.writeUInt32BE(Math.floor(Date.now())/1000, 0);
34.   var formData = {
35.     command: "ping",
36.     data: buf.toString("base64"),
37.     encoding: "base64"
38.   }
39.   if(process.argv[2] != null){
40.     formData.ttl = process.argv[2]
41.   }
42.   request.post('http://127.0.0.1:3000/devices/${process.env.TARGET_PRODUCT_
      NAME}/${process.env.TARGET_DEVICE_NAME}/command', {
43.     form: formData
44.   }, function (error, response, body) {
45.     if (error) {
46.       console.log(error)
47.     } else {
48.       console.log('statusCode:', response && response.statusCode);
49.       console.log('body:', body);
50.     }
51.   })
```

代码的第 11 ~ 20 行绑定 queue 到对应的 Exchange，以接收来自设备的指令回复，第 22 行将接收到的 BSON 格式的消息反序列化，再从 payload 字段中读取指令的回复并打印出来。这里指令的回复是一个 32 位的整数。

代码的第 40 行使用命令行参数设定指令的有效期。

代码的第 42 行调用 Server API 的发送指令接口向设备下发指令。指令数据为一个 32 位整数，值为当前时间的 UNIX 时间戳。

接下来实现一段设备端应用代码，当接收到 ping 指令时，回复设备当前的时间戳，使用二进制格式进行传输。

```javascript
1. //IotHub_Device/samples/pong.js
2. var IotDevice = require("../sdk/iot_device")
3. require('dotenv').config()
4. var path = require('path');
5.
6. var device = new IotDevice({
7.   productName: process.env.PRODUCT_NAME,
8.   deviceName: process.env.DEVICE_NAME,
9.   secret: process.env.SECRET,
10.  clientID: path.basename(__filename, ".js"),
11.  storePath: '../tmp/${path.basename(__filename, ".js")}'
12.
13. })
14. device.on("online", function () {
15.   console.log("device is online")
```

```
16. })
17. device.on("command", function (command, data, respondCommand) {
18.     if (command == "ping") {
19.         console.log(`get ping with: ${data.readUInt32BE(0)}`)
20.         const buf = Buffer.alloc(4);
21.         buf.writeUInt32BE(Math.floor(Date.now())/1000, 0);
22.         respondCommand(buf)
23.     }
24. })
25. device.connect()
```

这两段代码是有实际意义的，即业务系统和设备可以通过一次指令的交互来了解它们之间数据传输的延迟状况（包括网络和 IotHub 处理的耗时）。

现在我们来运行上面的两段代码。先运行 node ping.js，然后运行 node pong.js，我们可以看到以下输出。

```
## node ping.js
statusCode: 200
body: {"request_id":"5cf25cce5cb7dc80277d4641"}
received from HBG84L_M6, requestId: 5cf25cce5cb7dc80277d4641,payload: 1559387342
## node pong.js
device is online
get ping with: 1559387342
```

这说明设备可以接收离线消息并回复，业务系统也正确地接收了设备对指令的回复，设备回复里的 RequestID 和业务系统下发指令时的 RequestID 是一致的。

先运行 node ping.js 10，设定指令有效期为 10 秒，然后在 10 秒内运行 node pong.js，我们可以看到输出和第一步的一致。

先运行 node ping.js 10，设定指令有效期为 10 秒，然后等待 10 秒，再运行 node pong.js，控制台上不会有任何和指令相关的输出，说明指令的有效期设置是生效的。

到本节为止，IotHub 的下行数据处理功能就完成了。目前 IotHub 已经可以正确地处理上行数据和下行数据了。第 11 章将基于 IotHub 上行和下行数据处理的框架，做进一步的抽象处理，实现更高级的功能。

10.4　本章小结

本章讨论了几种可行的下行数据处理方案，并选择了基于 EMQX RESTful API 的方案实现了 IotHub 的下行数据处理功能。我们可以看到，和上行数据处理一样，仍然使用主题名来携带消息的元数据。

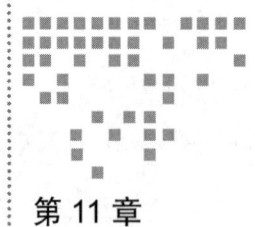

Chapter 11 第 11 章

IotHub 的高级功能

本章将开始设计和实现一些 IotHub 的更高维度、更抽象的功能。

11.1 RPC 式调用

第 10 章实现了 IotHub 的指令下发功能。我们曾经把指令下发当作是一次函数 $y = f(x)$ 调用，在目前的实现中，$f(x)$ 的返回结果 y 是通过异步方式告知调用者（业务系统）的，即业务系统调用下发指令接口，获得一个 RequestID，设备对指令进行回复后，业务系统再从 RabbitMQ 队列中，使用 RequestID 获取对应的指令执行结果。

而 RPC 式调用是指当业务系统调用 IotHub 的发送指令接口后，IotHub 会把设备对指令的回复内容直接返回给业务系统，而不再通过异步的方式（RabbitMQ）通知业务系统。程序执行的流程如图 11-1 所示。

1）业务系统对 IotHub Server API 的下发指令接口发起 HTTP POST 请求。
2）IotHub Server 调用 EMQX 的指令接口。
3）EMQX 将指令发送到设备。
4）设备执行完指令后，将指令执行结果发送到 EMQX Broker。
5）EMQX Broker 将指令执行结果发送到 IotHub Server。
6）IotHub Server API 将指令结果放入 HTTP Response Body 中，完成对 HTTP POST 请求的响应。

这样，业务系统只用一次 HTTP 请求，检查 Response Body 就可以获取指令的执行结果了。

第 11 章 IotHub 的高级功能

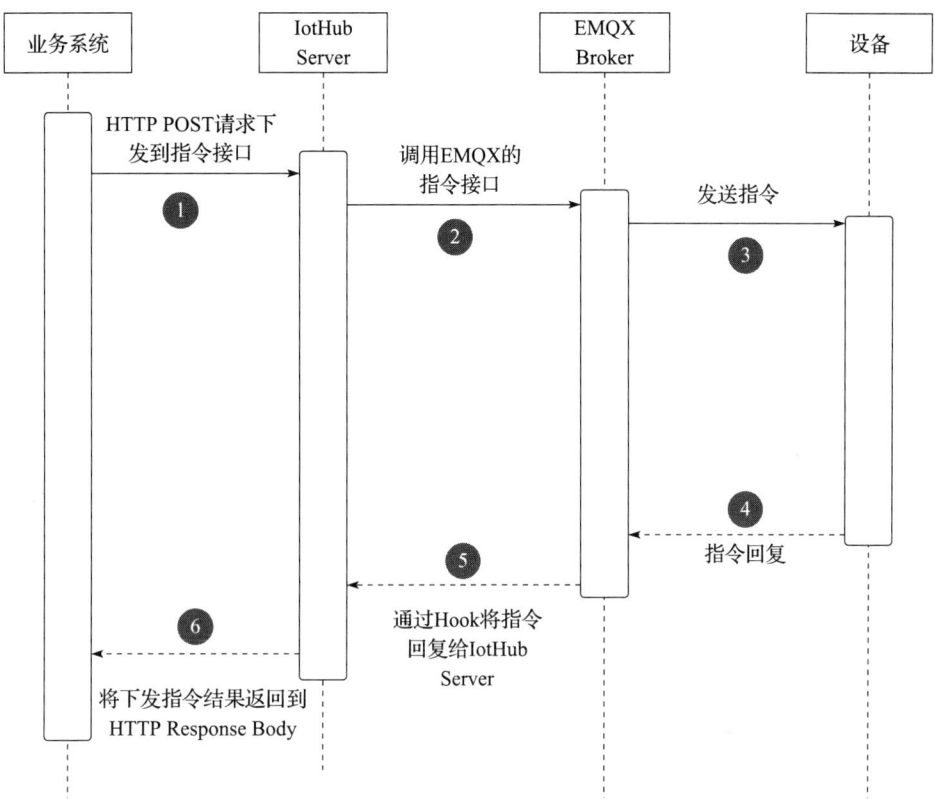

图 11-1 RPC 式调用流程

在 RPC 式调用中，如果设备在一定时间内没有对指令进行回复，那么 IotHub Server API 不会一直等待下去，而是在 HTTP Response Body 中放入错误信息（比如设备无响应）并返回给业务系统，所以指令一定是有有效期的，比如 5 秒。

至此，一次 RPC 式调用就完成了。我们可以用这样的操作来执行一些简单的、对时效性要求比较高的指令。

11.1.1 主题规划

我们会使用一个特定的主题来发布 RPC 式调用的指令：

rpc/:ProductName/:DeviceName/:CommandName/:Encoding/:RequestID/:ExpiresAt。

可以看到，这个主题和之前用于下发指令的主题相比，除了第一个层级从 cmd 变成了 rpc 之外，其他层级都是一模一样的。因为 RPC 式调用也是一种下发指令操作，所以，我们可以把下发指令的主题统一定义为：

:CommandType/:ProductName/:DeviceName/:CommandName/:Encoding/:RequestID/:ExpiresAt。

CommandType 有两个可选值：cmd 和 rpc。

设备会把对 RPC 指令的回复发布到主题：

```
rpc_resp/:ProductName/:DeviceName/:CommandName/:RequestID/:MessageID。
```

同样，这和之前指令回复的主题相比，除了第一个层级从"cmd_resp"变成了"rpc_resp"以外，其他层级都是一模一样的。

所以，我们可以把指令回复的主题统一定义为：

```
:RespType/:ProductName/:DeviceName/:CommandName/:RequestID/:MessageID。
```

RespType 有两个可选值：cmd_resp 和 rpc_resp。

11.1.2 等待指令回复

业务系统在调用 Server API 下发 RPC 式指令后，IotHub Server 需要等待设备对指令的回复，再把回复放入 HTTP Response Body 中，然后结束这次 HTTP 调用。我们可以使用 Redis 来帮助 IotHub Server 等待指令回复。

1）Server API 的代码调用了 EMQX 的 Publish 功能后，进一步调用 Redis 的 Get 指令来获取 Redis 中的 key "cmd_resp/:RequestID"的 value。如果 value 不为空，则将 value 作为指令的回复，返给业务系统；如果 value 为空，则需要等待一小段时间，比如 10 毫秒以后，重复上述操作。

2）IotHub Server 在收到设备对 RPC 指令的回复以后，调用 Redis 的 Set 指令将回复的 payload 保存到 Redis 的 key "cmd_resp/:RequestID"中。

3）如果 Server API 在指定时间内仍然无法获取到 key "cmd_resp/:RequestID"的 value，则返回"错误"给业务系统。

11.1.3 服务端实现

首先，封装等待设备回复的过程，并将其放入一个 Service 类中。

```
1. //IotHub_Server/services/utils_service.js
2. const redisClient = require("../models/redis")
3. class UtilsService {
4.   static waitKey(key, ttl, callback) {
5.     var end = Date.now() + ttl * 1000
6.     function checkKey() {
7.       if (Date.now() < end) {
8.         redisClient.get(key, function (err, val) {
9.           if (val != null) {
10.            callback(val)
11.          } else {
12.            setTimeout(checkKey, 10)
13.          }
```

```
14.         })
15.       } else {
16.         callback(null)
17.       }
18.
19.     }
20.     checkKey()
21.   }
22. }
23.
24. module.exports = UtilsService
```

waitKey 方法接收 TTL 参数作为等待超时时间，单位为秒。每隔 10 毫秒检查一次设备的回复是否被放入 Redis 当中。

然后，修改 Device 类的 sendCommand 方法，使它可以发送 RPC 式指令。

```
 1. //IotHub_Server/model/device.js
 2. deviceSchema.methods.sendCommand = function ({commandName, data, encoding,
    ttl = undefined, commandType="cmd"}) {
 3.   var requestId = new ObjectId().toHexString()
 4.   var topic = '${commandType}/${this.product_name}/${this.device_name}/
    ${commandName}/${encoding}/${requestId}'
 5.   if (ttl != null) {
 6.     topic = '${topic}/${Math.floor(Date.now() / 1000) + ttl}'
 7.   }
 8.   emqxService.publishTo({topic: topic, payload: data})
 9.   return requestId
10. }
```

sendCommand 新增了一个参数 commandType，该参数决定了是发送普通指令还是 RPC 式指令（通过发布到不同的主题名）。

最后，在 WebHook 中处理 RPC 式指令回复，如果是 RPC 式指令的调用，那么将 payload 放入 Redis 对应的 key 中。

```
 1. //IotHub_Server/service/message_service
 2.
 3. static dispatchMessage({topic, payload, ts} = {}) {
 4.   ...
 5.   var cmdRespRule = "(cmd_resp|rpc_resp)/:productName/:deviceName/
    :commandName/:requestId/:messageId"
 6.   const cmdRespRegx = pathToRegexp(cmdRespRule)
 7.   var result = null;
 8.   ...
 9.   else if ((result = cmdRespRegx.exec(topic)) != null) {
10.     this.checkMessageDuplication(result[6], function (isDup) {
11.       if (!isDup) {
12.         var payloadBuffer = new Buffer(payload, 'base64');
13.         if (result[1] == "rpc_resp") {
14.           var key = 'cmd_resp/${result[5]}';
```

```
15.            redisClient.setex(key, 5, payload)
16.          } else {
17.            MessageService.handleCommandResp({
18.              productName: result[2],
19.              deviceName: result[3],
20.              ts: ts,
21.              command: result[4],
22.              requestId: result[5],
23.              payload: payloadBuffer
24.            })
25.          }
26.        }
27.      })
28.    }
29.  }
```

这里指令回复的主题规则就变成了"(cmd_resp|rpc_resp)/:productName/:deviceName/:commandName/:requestId/:messageId",多了一个变量(第一个层级,指令类型),所以之前变量在 result 数组中的索引要依次 +1。

11.1.4 Server API:发送 RPC 指令

我们在原有的下发指令接口上添加一个参数,用来表明是否使用 RPC 式调用。如果使用 RPC 式调用,那么最多等待设备 5 秒,同时将指令的有效期设为 5 秒。

```
1.  //IotHub_Server/routes/devices.js
2.  router.post("/:productName/:deviceName/command", function (req, res) {
3.    var productName = req.params.productName
4.    var deviceName = req.params.deviceName
5.    var useRpc = (req.body.use_rpc == "true")
6.    Device.findOne({"product_name": productName, "device_name": deviceName},
    function (err, device) {
7.      if (err) {
8.        res.send(err)
9.      } else if (device != null) {
10.       var ttl = req.body.ttl != null ? parseInt(req.body.ttl) : null
11.       if(useRpc){
12.         ttl = 5
13.       }
14.       var requestId = device.sendCommand({
15.         commandName: req.body.command,
16.         data: req.body.data,
17.         encoding: req.body.encoding || "plain",
18.         ttl: ttl,
19.         commandType: useRpc ? "rpc" : "cmd"
20.       })
21.       if (useRpc) {
22.         UtilsService.waitKey('cmd_resp/${requestId}', ttl, function (val) {
23.           if(val == null){
```

```
24.         res.status(200).json({error: "device timeout"})
25.       }else{
26.         res.status(200).json({response: val.toString("base64")})
27.       }
28.     })
29.   } else {
30.     res.status(200).json({request_id: requestId})
31.   }
32. } else {
33.   res.status(404).send("device not found")
34.   }
35. })
36. })
```

由于 IotHub 允许设备对指令回复二进制数据，所以在第 26 行对设备的回复进行 Base64 编码以后再返回业务系统。

11.1.5 更新设备 ACL 列表

因为设备端需要将回复发布到主题 "rpc_resp/:productName/:deviceName/:commandName/:requestId/:messageId"，所以需要把这个新的主题加入设备的 ACL 列表里。

```
1. //IotHub_Server/models/devices
2. deviceSchema.methods.getACLRule = function () {
3.   const publish = {
4.     broker_username: this.broker_username,
5.     permission: "allow",
6.     action: "publish",
7.     topics: [
8.       `upload_data/${this.product_name}/${this.device_name}/+/+`,
9.       `update_status/${this.product_name}/${this.device_name}/+`,
10.      `cmd_resp/${this.product_name}/${this.device_name}/+/+/+`,
11.      `rpc_resp/${this.product_name}/${this.device_name}/+/+/+`,
12.    ]
13.
14.   return [publish]
15. }
```

你需要重新注册一个设备或者手动更新已注册设备存储在 MongoDB 的 ACL 列表。

11.1.6 更新服务器订阅列表

IotHub 会将 RPC 式指令发送到 "rpc/:ProductName/:DeviceName/:CommandName/:Encoding/:RequestID/:ExpiresAt"。所以需要在 EMQX 的自动订阅里面继续添加主题 "rpc/${username}/+/+/+/#"，如图 11-2 所示。

注意，这里不能用 "+/${username}/+/+/+/#" 代替 "rpc/${username}/+/+/+/#" 和 "cmd/${username}/+/+/+/#"，因为这样设备会订阅到其他不该订阅的主题。

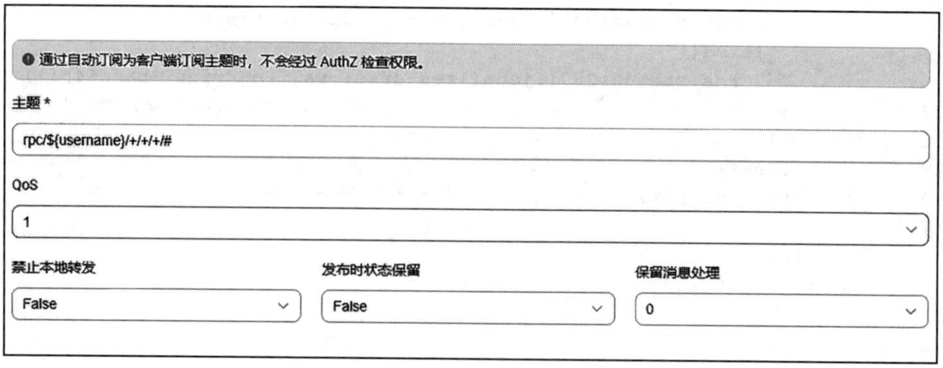

图 11-2　更新自动订阅配置

11.1.7　DeviceSDK 端实现

DeviceSDK 的实现非常简单，只需要保证可以匹配到相应的 RPC 指令的主题名，并将回复发布到正确的主题上。

```
1.  //IotHub_Device/sdk/iot_device.js
2.  dispatchMessage(topic, payload) {
3.      var cmdTopicRule = "(cmd|rpc)/:productName/:deviceName/:commandName/:encoding/:requestID/:expiresAt?"
4.      var result
5.      if ((result = pathToRegexp(cmdTopicRule).exec(topic)) != null) {
6.        this.checkRequestDuplication(result[6], function (isDup) {
7.          if (!isDup) {
8.            self.handleCommand({
9.              commandName: result[4],
10.             encoding: result[5],
11.             requestID: result[6],
12.             expiresAt: result[7] != null ? parseInt(result[7]) : null,
13.             payload: payload,
14.             commandType: result[1]
15.           })
16.         }
17.
18.       })
19.     }
20.   }
```

这里指令回复的主题规则变成了 "(cmd|rpc)/:productName/:deviceName/:commandName/:encoding/:requestID/:expiresAt?"，多了一个变量（第一个层级，指令类型），所以之前变量在 result 数组中的索引要依次 +1。

然后在指令处理的代码中，将 RPC 式指令回复发布到相应的主题上。

```
1. //IotHub_Device/sdk/iot_device.js
2. handleCommand({commandName, requestID, encoding, payload, expiresAt,
   commandType = "cmd"}) {
3.     if (expiresAt == null || expiresAt > Math.floor(Date.now() / 1000)) {
4.       var data = payload;
5.       if (encoding == "base64") {
6.         data = Buffer.from(payload.toString(), "base64")
7.       }
8.       var self = this
9.       var respondCommand = function (respData) {
10.        var topic = '${commandType}_resp/${self.productName}/${self.deviceName}/
   ${commandName}/${requestID}/${new ObjectId().toHexString()}'
11.        self.client.publish(topic, respData, {
12.          qos: 1
13.        })
14.      }
15.      this.emit("command", commandName, data, respondCommand)
16.    }
17.  }
```

对于设备应用代码来说，它并不知道指令是不是 RPC 式调用。不管是 RPC 式调用，还是普通的指令下发，设备应用代码的处理都是一样的：执行指令，然后回复结果。这是我们想要的效果。

11.1.8 代码联调

接下来，我们用代码来验证这个功能。仍然用之前 ping/pong 的例子进行演示，不过这次我们实现的是一个 RPC 式调用。

```
1.  //IotHub_Server/samples/rpc_ping.js
2.  require('dotenv').config({path: "../.env"})
3.  const request = require("request")
4.  const buf = Buffer.alloc(4);
5.  buf.writeUInt32BE(Math.floor(Date.now())/1000, 0);
6.  var formData = {
7.    command: "ping",
8.    data: buf.toString("base64"),
9.    encoding: "base64",
10.   use_rpc: true
11. }
12. request.post('http://127.0.0.1:3000/devices/${process.env.TARGET_PRODUCT_NAME}/
   ${process.env.TARGET_DEVICE_NAME}/command', {
13.   form: formData
14. },function (error, response, body) {
15.   if (error) {
16.     console.log(error)
17.   } else {
18.     console.log('statusCode:', response && response.statusCode);
```

```
19.      var result = JSON.parse(body)
20.      if(result.error != null){
21.        console.log(result.error)
22.      }else{
23.        console.log('response:', Buffer.from(result.response, "base64").
   readUInt32BE(0));
24.      }
25.    }
26. })
```

首先运行 IotHub_Device/samples/pong.js，然后运行 IotHub_Server/samples/rpc_ping.js，得到以下输出。

```
statusCode: 200
response: 1559532366
```

这说明调用 RPC 接口已经正确获得设备对指令的回复。

然后关闭 IotHub_Device/samples/pong.js，再运行 IotHub_Server/samples/rpc_ping.js，大概 5 秒后，得到如下输出。

```
statusCode: 200
device timeout
```

这就说明了 RPC 式调用可以正确处理设备执行指令超时的情况。

本节完成了 IotHub 的 RPC 式调用功能。大家可以看到，使用 RPC 式调用时，业务系统的代码会更少，逻辑更简单。不过，RPC 式调用的缺点是它不能用于执行时间比较长的指令。

RPC 式调用和我们之前实现的指令下发就好像一个功能的同步接口和异步接口一样，大家按照实际情况使用就可以了。

11.2 设备数据请求

到目前为止，如果要把数据从服务端发送到设备端，只能使用指令下发的方式，这种方式相当于 Push 模式，即服务端主动推送数据到设备端。本节实现数据从服务端到设备端的另一种方式——Pull 模式。

之前的 Push 模式，数据的传输是由服务端触发的，而 Pull 模式是指由设备端主动向服务端请求数据（服务端包括业务系统和 IotHub）。

这里举一个很有意思的例子，比如：业务系统通过 Push 模式把一些数据同步到设备中，一段时间后设备的存储故障，经过维修，换了一块新的存储，但是原有的本地数据已经丢失，这时设备就可以用 Pull 模式把本地数据从业务系统主动同步过来。

由此可以发现，数据同步这个功能需要提供 Push 和 Pull 这两种模式的操作才完整。

在 IotHub 里，一次设备主动请求数据的流程如图 11-3 所示。

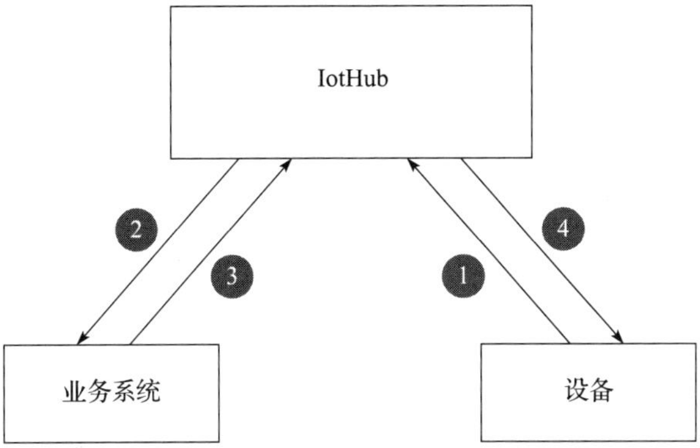

图 11-3　设备主动请求数据的流程

1）设备发送数据请求到特定的主题："get/:ProductName/:DeviceName/:Resource/:MessageID"，其中 Resource 代表要请求的资源名称。

2）IotHub 将请求的内容，包括 DeviceName 和 Resource 已经请求的 payload，通过 RabbitMQ 发送给业务系统。

3）业务系统调用指令下发接口，请求 IotHub 将相应的数据下发给设备。

4）IotHub 将数据用指令的方式下发给设备，指令名称以及设备是否需要回复这个指令由设备和业务系统约定，IotHub 不做强制要求。

我们可以把这个流程看作一次类似于 HTTP GET 请求的操作，主题中的 Resource 相当于查询的 URL，DeviceName 和消息的 payload 相当于查询参数，而 ProductName 相当于 HostName，指示 IotHub 把请求路由到对应的业务系统。

11.2.1　更新设备 ACL 列表

首先，需要把这个新增的主题加入设备的 ACL 列表。

```
1. //IotHub_Server/models/devices
2. deviceSchema.methods.getACLRule = function () {
3.   const publish = {
4.     broker_username: this.broker_username,
5.     permission: "allow",
6.     action: "publish",
7.     topics: [
8.       `upload_data/${this.product_name}/${this.device_name}/+/+`,
9.       `update_status/${this.product_name}/${this.device_name}/+`,
10.      `cmd_resp/${this.product_name}/${this.device_name}/+/+/+`,
11.      `rpc_resp/${this.product_name}/${this.device_name}/+/+/+`,
```

```
12.             `get/${this.product_name}/${this.device_name}/+/+`,
13.         ]
14.     return [publish]
15. }
```

你需要重新注册一个设备或者手动更新已注册设备存储在 MongoDB 的 ACL 列表。

11.2.2 服务端实现

服务端需要解析新的主题名，然后将相应的数据转发到业务系统。

```
1.  //IotHub_Server/services/message_service.js
2.  static dispatchMessage({topic, payload, ts} = {}) {
3.      ...
4.      var dataRequestTopicRule = "get/:productName/:deviceName/:resource/:messageId"
5.      const dataRequestRegx = pathToRegexp(dataRequestTopicRule)
6.      var result = null;
7.      ...
8.      } else if((result = dataRequestRegx.exec(topic)) != null){
9.          this.checkMessageDuplication(result[4], function (isDup) {
10.             if(!isDup){
11.                 MessageService.handleDataRequest({
12.                     productName: result[1],
13.                     deviceName: result[2],
14.                     resource: result[3],
15.                     payload: payload
16.                 })
17.             }
18.         })
19.     }
20. }
```

数据请求相关的数据将会被发送到名为"iothub.events.data_request"的 RabbitMQ Exchange 中，Exchange 的类型为 Direct，Routing key 为 ProductName。

```
1.  //IotHub_Server/services/notify_service.js
2.  var dataRequestRespExchange = "iothub.events.data_request"
3.  static notifyDataRequest({productName, deviceName, resource, payload}){
4.      var data = bson.serialize({
5.          device_name: deviceName,
6.          resource: resource,
7.          payload: payload
8.      })
9.      if(currentChannel != null){
10.         currentChannel.publish(dataRequestRespExchange, productName, data)
11.     }
12. }
```

```
1.  //IotHub_Server/services/message_service.js
2.  static handleDataRequest({productName, deviceName, resource, payload}) {
3.      NotifyService.notifyDataRequest({
4.          productName: productName,
5.          deviceName: deviceName,
6.          resource: resource,
7.          payload: payload
8.      })
9.  }
```

11.2.3 DeviceSDK 端实现

设备端需要向对应的主题发送消息。当业务系统下发数据后,设备只需要把业务系统下发的数据当作一条正常的指令处理就可以了。

```
1.  //IotHub_Device/sdk/iot_device.js
2.  sendDataRequest(resource, payload = "") {
3.      if (this.client != null) {
4.          var topic = 'get/${this.productName}/${this.deviceName}/${resource}/${new ObjectId().toHexString()}'
5.          this.client.publish(topic, payload, {
6.              qos: 1
7.          })
8.      }
9.  }
```

11.2.4 代码联调

这里我们模拟设备向业务系统请求当前天气数据的场景。

首先,需要实现业务系统的代码。当收到设备 Resource 为 weather 的数据请求时,业务系统会下发名为 weather 的指令,指令数据为 {temp:25,wind:4}。

```
1.  //IotHub_Server/samples/resp_to_data_request.js
2.  require('dotenv').config({path: "../.env"})
3.  const bson = require('bson')
4.  const request = require("request")
5.  var amqp = require('amqplib/callback_api');
6.  var exchange = "iothub.events.data_request"
7.  amqp.connect(process.env.RABBITMQ_URL, function (error0, connection) {
8.      if (error0) {
9.          console.log(error0);
10.     } else {
11.         connection.createChannel(function (error1, channel) {
12.             if (error1) {
13.                 console.log(error1)
14.             } else {
15.                 channel.assertExchange(exchange, 'direct', {durable: true})
```

```
16.      var queue = "iotapp_data_request";
17.      channel.assertQueue(queue, {
18.        durable: true
19.      })
20.      channel.bindQueue(queue, exchange, process.env.TARGET_PRODUCT_NAME)
21.      channel.consume(queue, function (msg) {
22.        var data = bson.deserialize(msg.content)
23.        if (data.resource == "weather") {
24.          console.log('received request for weather from ${data.device_name}')
25.          request.post('http://127.0.0.1:3000/devices/${process.env.TARGET_PRODUCT_NAME}/${data.device_name}/command', {
26.            form: {
27.              command: "weather",
28.              data: JSON.stringify({temp: 25, wind: 4}),
29.            }
30.          },function (error, response, body) {
31.            if (error) {
32.              console.log(error)
33.            } else {
34.              console.log('statusCode:', response && response.statusCode);
35.              console.log('body:', body);
36.            }
37.          })
38.        }
39.        channel.ack(msg)
40.      })
41.    }
42.  });
43.  }
44. });
```

在设备端发起对应的数据请求，并处理来自业务系统的相应指令。

```
1. //IotHub_Device/samples/send_data_request.js
2. var IotDevice = require("../sdk/iot_device")
3. require('dotenv').config()
4. var path = require('path');
5.
6. var device = new IotDevice({
7.   productName: process.env.PRODUCT_NAME,
8.   deviceName: process.env.DEVICE_NAME,
9.   secret: process.env.SECRET,
10.  clientID: path.basename(__filename, ".js"),
11.  storePath: '../tmp/${path.basename(__filename, ".js")}'
12.
13. })
14. device.on("online", function () {
15.   console.log("device is online")
16. })
```

```
17. device.on("command", function (command, data) {
18.   if (command == "weather") {
19.     console.log('weather: ${data.toString()}')
20.     device.disconnect()
21.   }
22. })
23. device.connect()
24. device.sendDataRequest("weather")
```

先运行 resp_to_data_request.js，再运行 send_data_request.js，得到如下输出。

```
## resp_to_data_request.js
received request for weather from yUNNHoQzv

## send_data_request.js
device is online
weather: {"temp":25,"wind":4}
```

本节完成了数据同步的最后一块拼图——Pull 模式。设备数据请求是一个很有用的功能，11.3 节将基于设备数据请求实现 IotHub 的 NTP 服务功能。

11.3　NTP 服务

什么是 NTP？大家对它可能并不陌生，NTP 是同步网络中各个计算机时间的一种协议。在 IotHub 中，保证设备和服务端的时间同步是非常重要的，比如指令的有效期设置就非常依赖设备和服务器间的时间同步，如果设备时间不准确，就有可能导致过期的指令仍然被执行的情况。

通常情况下，设备上都应该运行一个 NTP 服务，定时地和 NTP 服务器进行时间同步（IotHub 服务端也使用同样的 NTP 服务器进行时间同步），这样在大多数情况下可以保证设备和 IotHub 服务端的时间是同步的，除非设备掉电或者断网。

11.3.1　IotHub 的 NTP 服务

某些嵌入式设备上，系统可能没有自带 NTP 服务，或者因为设备资源有限，无法运行 NTP 服务，这时候 IotHub 就需要基于现有的数据通道，实现一个类似于 NTP 服务器的时间同步功能，以满足上述情景下的设备与 IotHub 的时间同步。

IotHub 的 NTP 服务的实现流程如下。

1）设备发起数据请求，请求 NTP 对时，请求中包含当前的设备时间 deviceSendTime。

2）IotHub 收到 NTP 对时请求后，通过下发指令的方式将收到 NTP 对时请求的时间 IotHubRecvTime、IotHub 发送指令的时间 IotHubSendTime，以及 deviceSendTime 发送到设备。

3）设备收到 NTP 对时指令后，记录当前时间 deviceRecvTime，然后通过公式（IotHubRecvTime + IotHubSendTime + deviceRecvTime – deviceSendTime）/2 获取当前的精确时间。时间的单位都为毫秒。

整个流程没有涉及业务系统，这里的数据请求和指令下发都只存在于 IotHub 和设备之间，我们把这样的数据请求和指令都定义为 IotHub 的内部请求和指令，它们有如下特点：

- 数据请求的 resource 以 $ 开头。
- 指令下发的指令名以 $ 开头。
- payload 格式统一为 JSON。

这也就意味着业务系统不能发送以 $ 开头的指令；设备应用代码也不能通过 sendDataRequest 接口发送 $ 开头的请求；在调用时需要对输入参数进行校验。本节为了演示，跳过了输入参数校验的部分，不过在实际项目中，是不能漏掉这部分的。

11.3.2 DeviceSDK 端实现

DeviceSDK 要实现发送 NTP 对时请求的功能，NTP 对时请求用数据请求的接口实现，这里我们约定 NTP 对时请求的 Resource 叫作 $ntp。

```
1. //IotHub_Device/sdk/iot_device.js
2. sendNTPRequest() {
3.     this.sendDataRequest("$ntp", JSON.stringify({device_time: Date.now()}))
4. }
```

DeviceSDK 在收到 IotHub 下发的 NTP 对时指令时进行正确计算，这里我们约定 NTP 对时的下发指令叫作 $set_ntp。

```
1.  //IotHub_Device/sdk/iot_device.js
2.  handleCommand({commandName, requestID, encoding, payload, expiresAt,
     commandType = "cmd"}) {
3.      if (expiresAt == null || expiresAt > Math.floor(Date.now() / 1000)) {
4.          ...
5.          if (commandName.startsWith("$")){
6.              if(commandName == "$set_ntp"){
7.                  this.handleNTP(payload)
8.              }
9.          } else {
10.             this.emit("command", commandName, data, respondCommand)
11.         }
12.     }
13. }
```

在处理内部指令时，DeviceSDK 不会通过"command"事件将内部指令的信息传递给设备应用代码。可能有的读者会觉得"if(commandName.startsWith("$"))"这个判断是多余的，毕竟后面还要按照指令名去对比，但是这是有必要的，如果 IotHub 的功能升级了，增加了新的内部命令，不做这个判断的话，当新的内部命令发给还未升级的 DeviceSDK 设备时，就会把内部命令暴露给设备应用代码。

最后计算当前的准确时间，再传递给设备应用代码。

```
1. //IotHub_Device/sdk/iot_device.js
2. handleNTP(payload) {
3.     var time = Math.floor((payload.iothub_recv + payload.iothub_send +
   Date.now() - payload.device_time) / 2)
4.     this.emit("ntp_set", time)
5.  }
```

设备应用代码可以捕获 ntp_set 事件来获取当前的准确时间。

11.3.3　服务端实现

服务端的实现很简单，在收到 NTP 对时请求后，将公式中需要的几个时间用指令的方式下发给设备。

```
1. //IotHub_Server/services/message_service.js
2. static handleDataRequest({productName, deviceName, resource, payload, ts}) {
3.     if(resource.startsWith("$")){
4.      if(resource == "$ntp"){
5.        this.handleNTP(payload, ts)
6.      }
7.     }else {
8.       NotifyService.notifyDataRequest(...)
9.     }
10. }
```

这里的检查"if(resource.startsWith(" $"))"和 DeviceSDK 中的检查类似，当 IotHub 弃用了某个内部数据请求时，如果不检查的话，使用还未升级的 DeviceSDK 设备可能会导致这个弃用的数据请求被转发至业务系统。

因为 NTP 要使用收到消息的时间，所以这里添加了 ts 参数。

接下来将 NTP 对时指令下发给设备。

```
1. //IotHub_Server/services/message_service.js
2. static handleNTP({payload, ts, productName, deviceName}) {
3.     var data = {
4.       device_time: payload.device_time,
5.       iothub_recv: ts * 1000,
6.       iothub_send: Date.now()
7.     }
8.     Device.sendCommand({
9.       productName: productName,
10.      deviceName: deviceName,
11.      data: JSON.stringify(data),
```

```
12.         commandName: "$set_ntp"
13.     })
14. }
```

11.3.4 代码联调

接下来我们用代码来验证一下。

```
1. //IotHub_Device/samples/ntp.js
2. ...
3. device.on("online", function () {
4.     console.log("device is online")
5. })
6. device.on("ntp_set", function (time) {
7.     console.log('going to set time ${time}')
8. })
9. device.connect()
10. device.sendNTPRequest()
```

运行 ntp.js，可以看到以下输出。

```
device is online
going to set time 1559569382108
```

至此，IotHub 的 NTP 服务功能就完成了。

本节设计和实现了 IotHub 的 NTP 服务功能，这是一个非常有用的功能，在一些无法运行 NTPClient 的设备上显得尤为重要。

11.4 设备分组

到目前为止，IotHub 一次只能对一个设备下发指令，假如业务系统需要对多台设备同时下发指令，那应该怎么做呢？我们可以将设备进行分组，业务系统可以通过指定指令的设备组，实现指令的批量下发。

来看一下这个场景，业务系统要关闭二楼所有的传感器（10 个），按照目前的 IotHub 功能设计，业务系统需要调用 10 次下发指令接口，这显然是不合理的。以 MQTT 协议的解决方案来说，这 10 个传感器都可以订阅一个主题，比如 sensors/2ndfloor，只要往这个主题上发布一条消息就可以，不需要每个设备都发布一次。

这就是 IotHub 设备分组要实现的功能，业务系统可以通过 IotHub Server API 提供的接口，给设备设置一个或者多个标签，同时 Server API 提供接口，可以根据标签批量下发指令。这样就实现了类似于设备分组的功能，拥有相同的标签的设备就相当于属于同一分组。

这里有两个问题是设备分组功能需要解决的。

1）设备如何订阅相应的标签主题。到目前为止，IotHub 的设备端是通过 EMQX 的服务器订阅功能完成订阅的，在设备分组的场景下，设备的标签是可以动态增加和删除的，所以无法使用 EMQX 的服务器订阅功能。那么我们就需要使用 MQTT 协议的订阅和取消订阅功能来完成标签的订阅。

2）设备如何知道自己应该订阅哪些标签的主题。业务系统修改了设备的标签，IotHub 需要将设备的标签信息告知设备，这样设备才能去订阅和取消订阅相应的标签主题。IotHub 同时会使用 Push 和 Pull 模式来告知设备它的标签信息。

11.4.1 功能设计

我们会为设备添加标签，设备会根据标签的内容去订阅相应主题。为了确保标签的内容可以正确同步到设备，我们会设计标签同步的 Push 和 Pull 模式。

1. 标签字段

Device 模型将新增一个 tags 字段，类型为数组，使一个设备可以拥有多个标签。

2. 标签信息同步

Push 模式：当设备的标签信息发生变化，即业务系统调用 Server API 修改设备标签后，IotHub 将设备标签数组通过指令下发给设备，指令名为 $set_tags。

Pull 模式：当设备连接到 IotHub 后，会发起一个 Resource 名为 $tags 的数据请求，IotHub 在收到请求后会将设备标签数组通过指令下发给设备，指令名为 $set_tags。

结合 Push 和 Pull 模式，我们可以保证设备能够准确地获取自己的标签。

熟悉 MQTT 协议的读者可能会有一个疑问，根据 MQTT 协议的内容，还有一个更简单的方案：每次设备标签信息发生变化后，向一个设备相关的主题上发布一个 Retained 消息，里面包含标签信息不就可以了吗？这样无论设备在什么时候连接到 IotHub 都能获取到标签，就不再需要 Pull 模式了。

按照 MQTT 3.1.1 协议，理论上这是更优的选择。但是实际情况和 MQTT 3.1.1 协议有一点出入：MQTT 3.1.1 协议规定了如果 Client 不主动设置 "clean_session = true"，那么 Broker 应该永久为 Client 保存会话，包括设备订阅的主题、未应答的 QoS>1 的消息等。但在实际情况中，Broker 的存储空间是有限的，它不会永久保存会话，大部分的 Broker 都会设置一个会话过期时间，我们可以在 EMQX Dashboard 中设置会话过期时间，进入"集群管理"→"MQTT 配置"，如图 11-4 所示。

默认情况下，EMQX Client 的会话过期时间是 2 小时。换句话来说，QoS1 消息的保存时间是 2 小时，你可以根据项目的实际情况将其调整为更大的值。但是 Broker 的存储空间是有限的，会话始终需要有过期时间，这是你在设计架构时需要考虑到的。

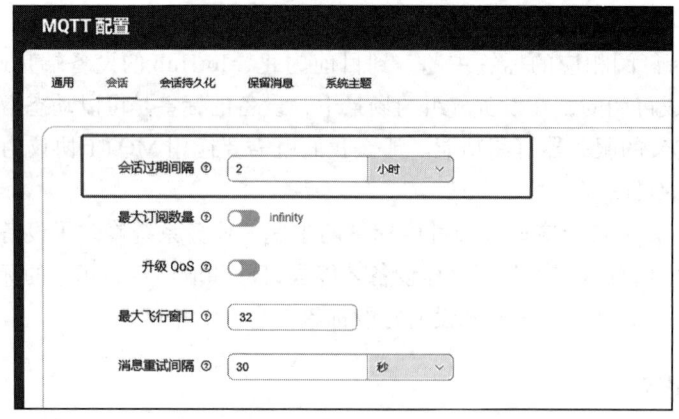

图 11-4　设置会话过期时间

 阿里云 IoT 的 QoS1 消息的保存时间是 7 天。

假设我们修改了设备的标签以后，恰好设备离线超出了设置的会话过期时间，那么设备就收不到标签相关的指令了。所以，这里我们加上 Pull 模式来保证设备能获取标签数据。

在 MQTT 协议架构里，Client 是无法从 Broker 处获取自己订阅的主题的，所以设备需要在本地保存自己的标签，以便和 $set_tags 指令数据里面的标签进行对比，因此设备需要提供持久化的存储。

假设设备的存储坏了（这是不可避免的），存储的标签数据没有了，更换了存储标签重新接入以后，设备对比 IotHub 发来的标签数组，是无法知道它应该取消订阅哪些标签的，所以设备可能会订阅到它不应该订阅的主题。在这种情况下，建议设备使用新的 ClientID 接入。

在实际的项目中，我们一般会使用 EMQX Broker 集群，如果设备的网络状态不是很稳定，有可能会出现标签指令乱序的情况，比如业务系统连续对一个设备的标签修改两次，结果第二次修改的指令比第一次修改的指令先到达，这样在设备端第一次修改的内容就会覆盖第二次修改的内容。

为了避免这种情况发生，$set_tags 指令会带一个标签信息的版本号 tags_version：

- 业务系统每次修改设备信息时，tags_version 会加 1。
- 设备端收到 $set_tags 指令时，用指令里的 tags_version 和本地保存的 tags_version 进行对比，如果指令里的 tags_version 大于本地保存的 tags_version，才会执行后续的处理。

这里的 tags_version 只是用来应对 MQTT PUBULISH 数据包未按照预定顺序到达设备时的情况，对于业务系统调用 Server API 导致对设备标签的并发修改的情况，则需要其他机制来应对，比如乐观锁，这和本书的主题无关，就暂行跳过，不再赘述和实现了。

3. 主题规划

这里我们约定设备通过标签接收下发指令的主题为：tags/:ProductName/:tag/cmd/:CommandName/:Encoding/:RequestID/:ExpiresAt。

设备收到 $set_tags 指令后，对比自己已订阅的标签和 $set_tags 指令数据里的标签数组，进而确定需要的订阅和取消订阅的主题。

11.4.2　服务端实现

1. 添加 tags 字段

在 Device 模型中，添加字段保存 tags 和 tags_version。

```
1. //IotHub_Server/models/device.js
2. const deviceSchema = new Schema({
3.   ...
4.   tags: {
5.     type: Array,
6.     default: []
7.   },
8. 
9.   tags_version: {
10.    type: Number,
11.    default: 1
12.  }
13. })
```

在查询设备信息时需要返回设备的 tags。

```
1. //IotHub_Server/models/device.js
2. deviceSchema.methods.toJSONObject = function () {
3.   return {
4.     product_name: this.product_name,
5.     device_name: this.device_name,
6.     secret: this.secret,
7.     device_status: JSON.parse(this.device_status),
8.     tags: this.tags
9.   }
10. }
```

2. 更新设备 ACL 列表

我们需要把设备订阅的标签主题加入设备的 ACL 列表中。

```
1. //IotHub_Server/models/devices
2. deviceSchema.methods.getACLRule = function () {
3.   ......
```

```
4.  const subscribe = {
5.      broker_username: this.broker_username,
6.      permission: "allow",
7.      action: "subscribe",
8.      topics: [`tags/${this.product_name}/+/cmd/+/+/+/#`]
9.  }
10. return [publish, subscribe]
11. }
```

细心的读者可能会发现，这个主题名在 tags 这一层级也用了通配符，这样会允许 Client 订阅到不属于它的标签主题，但是在发布时设备对 ACL 做了严格控制，所以安全性还是可以保证的。这样每次修改设备标签时就不用修改设备的 ACL 列表了，这是一种权衡。

你需要重新注册一个设备或者手动更新已注册设备存储在 MongoDB 的 ACL 列表。

3. 发送 $set_tags 指令

设备在连接到 IotHub 时会主动请求标签信息，离线的标签指令对设备来说没有意义，所以使用 QoS0 发送 $set_tags 指令。

首先需要在发送指令的方法上加上 QoS 参数。

```
1.  deviceSchema.statics.sendCommand = function ({productName, deviceName, commandName,
    data, encoding = "plain", ttl = undefined, commandType = "cmd", qos = 1}) {
2.      var requestId = new ObjectId().toHexString()
3.      var topic = '${commandType}/${productName}/${deviceName}/${commandName}/${encoding}/${requestId}'
4.      if (ttl != null) {
5.          topic = '${topic}/${Math.floor(Date.now() / 1000) + ttl}'
6.      }
7.      emqxService.publishTo({topic: topic, payload: data, qos: qos})
8.      return requestId
9.  }
```

然后封装发送 $set_tags 指令的方法。

```
1.  deviceSchema.methods.sendTags = function () {
2.      this.sendCommand({
3.          commandName: "$set_tags",
4.          data: JSON.stringify({tags: this.tags || [], tags_version: tags_version || 1}),
5.          qos: 0
6.      })
7.  }
```

4. 处理设备标签数据请求

当设备发送 resource 名为 $tags 的数据请求时，IotHub 应该响应这个请求，并将当前设备的标签下发到设备。这里可以做一个小小的优化，在设备的标签数据请求中带上设备本地的 tags_version，只有服务端的 tags_version 大于设备端的 tags_version 时才下发标签指令。

```
1.  //IotHub_Server/services/message_service.js
2.  static handleDataRequest({productName, deviceName, resource, payload, ts}) {
3.      if (resource.startsWith("$")) {
4.        if (resource == "$ntp") {
5.          ...
6.        } else if (resource == "$tags") {
7.          Device.findOne({product_name: productName, device_name: deviceName},
    function (err, device) {
8.            if (device != null) {
9.              var data = JSON.parse(payload.toString())
10.             if (data.tags_version < device.tags_version) {
11.               device.sendTags()
12.             }
13.           }
14.         })
15.       }
16.     } else {
17.       ...
18.     }
19.   }
```

5. Server API：修改设备标签

Server API 提供一个接口供业务系统修改设备的标签，多个标签名用逗号分隔。

```
1.  //IotHub_Server/route/devices.js
2.  router.put("/:productName/:deviceName/tags", function (req, res) {
3.    var productName = req.params.productName
4.    var deviceName = req.params.deviceName
5.    var tags = req.body.tags.split(",")
6.    Device.findOne({"product_name": productName, "device_name": deviceName},
    function (err, device) {
7.      if (err != null) {
8.        res.send(err)
9.      } else if (device != null) {
10.       device.tags = tags
11.       device.tags_version += 1
12.       device.save()
13.       device.sendTags()
14.       res.status(200).send("ok")
15.     } else {
16.       res.status(404).send("device not found")
17.     }
18.
19.   })
20. }
```

在代码的第 11 行，每次修改标签后，tags_version 将加 1。

6. Server API：批量指令下发

最后 Server API 需要提供接口，使业务系统可以按照标签批量下发指令。

```javascript
1.  //IotHub_Server/routes/tags.js
2.  var express = require('express');
3.  var router = express.Router();
4.  const emqxService = require("../services/emqx_service")
5.  const ObjectId = require('bson').ObjectID;
6.
7.  router.post("/:productName/:tag/command", function (req, res) {
8.    var productName = req.params.productName
9.    var ttl = req.body.ttl != null ? parseInt(req.body.ttl) : null
10.   var commandName = req.body.command
11.   var encoding = req.body.encoding || "plain"
12.   var data = req.body.data
13.   var requestId = new ObjectId().toHexString()
14.   var topic = 'tags/${productName}/${req.params.tag}/cmd/${commandName}/${encoding}/${requestId}'
15.   if (ttl != null) {
16.     topic = '${topic}/${Math.floor(Date.now() / 1000) + ttl}'
17.   }
18.   emqxService.publishTo({topic: topic, payload: data})
19.   res.status(200).json({request_id: requestId})
20. })
21. module.exports = router
```

设备在回复批量下发的指令时，其流程和回复普通指令的流程一样，IotHub 也会用同样的方式将设备对指令的回复传递给业务系统。不同的是，在批量下发指令时，针对同一个 RequestID，业务系统会收到多个回复。

由于涉及多个设备的指令回复处理，批量指令下发无法提供 RPC 式调用。

11.4.3 DeviceSDK 端实现

设备在连接到 IotHub 时，需要主动请求标签数据，在收到来自服务端的标签数据时，需要对比本地存储的标签数据，然后订阅或者取消订阅对应的主题。

1. 设备端的持久化存储

由于需要和服务端的标签进行对比，设备需要在本地使用持久化存储来保存已订阅的标签。一般来说，DeviceSDK 需要根据自身平台的特点来提供存储的接口。这里为了演示，我们使用存储 in-flight 消息的 Message Store 所使用的 levelDB 作为 DeviceSDK 的本地存储。首先对标签数据的存取进行封装。

```javascript
1.  //IotHub_Device/sdk/persistent_store.js
2.  var level = require('level')
3.  class PersistentStore {
4.    constructor(dbPath) {
```

```
5.      this.db = level('${dbPath}/device_db/')
6.    }
7.    getTags(callback) {
8.      this.db.get("tags", function (error, value) {
9.        if (error != null) {
10.         callback({tags: [], tags_version: 0})
11.       } else {
12.         callback(JSON.parse(value))
13.       }
14.     })
15.   }
16.
17.   saveTags(tags) {
18.     this.db.put("tags", Buffer.from(JSON.stringify(tags)))
19.   }
20.   close() {
21.     this.db.close()
22.   }
23. }
24.
25. module.exports = PersistentStore;
```

然后在初始化时加载 PersistentStore。

```
1. //IotHub_Device/sdk/iot_device.js
2. const PersistentStore = require("./persistent_storage")
3. constructor({serverAddress = "127.0.0.1:8883", productName, deviceName,
      secret, clientID, storePath} = {}) {
4.     ...
5.     this.persistent_store = new PersistentStore(storePath)
6. }
```

2. 处理 $set_tags 指令

当收到 IotHub 下发的 $set_tags 指令时，DeviceSDK 需要进行以下操作：

1）将指令数据里的 tags_version 和本地存储的 tags_version 进行比较，如果指令的 tags_version 不大于本地的 tags_version，忽略该指令，否则进入下一步。

2）比较本地保存的 tags 和指令数据里的 tags，对本地有而指令里没有的 tag，取消订阅相应的主题。

3）比较本地保存的 tags 和指令数据里的 tags，对本地没有而指令里有的 tag，订阅相应的主题。

4）将指令里的 tags 和 tags_version 存入本地存储。

```
1. //IotHub_Device/sdk/iot_device.js
2. setTags(serverTags) {
3.     var self = this
4.     var subscribe = []
5.     var unsubscribe = []
```

```
6.      this.persistent_store.getTags(function (localTags) {
7.        if (localTags.tags_version < serverTags.tags_version) {
8.          serverTags.tags.forEach(function (tag) {
9.            if (localTags.tags.indexOf(tag) == -1) {
10.             subscribe.push('tags/${self.productName}/${tag}/cmd/+/+/+/#')
11.           }
12.         })
13.         localTags.tags.forEach(function (tag) {
14.           if (serverTags.tags.indexOf(tag) == -1) {
15.             unsubscribe.push('tags/${self.productName}/${tag}/cmd/+/+/+/#')
16.           }
17.         })
18.         if(subscribe.length > 0) {
19.           self.client.subscribe(subscribe, {qos: 1}, function (err, granted) {
20.             console.log(granted)
21.           })
22.         }
23.         if(unsubscribe.length > 0) {
24.           self.client.unsubscribe(unsubscribe)
25.         }
26.         self.persistent_store.saveTags(serverTags)
27.       }
28.     })
29.
30.   }
```

代码的第 7 ～ 11 行将 IotHub 下发的标签和本地存储的标签相比较，如果某个标签不存在于本地存储的标签中，则订阅相应的主题。

代码的第 13 ～ 16 行将本地存储的标签和 IotHub 下发的标签相比较，如果本地的某个标签不存在于 IotHub 下发的标签中，则取消订阅相应的主题。

然后在接收到 $set_tags 指令时，调用 setTags。

```
1.  //IotHub_Device/sdk/iot_device.js
2.  handleCommand({commandName, requestID, encoding, payload, expiresAt,
    commandType = "cmd"}) {
3.      ...
4.      if (commandName.startsWith("$")) {
5.        payload = JSON.parse(data.toString())
6.        if (commandName == "$set_ntp") {
7.          this.handleNTP(payload)
8.        } else if (commandName == "$set_tags") {
9.          this.setTags(payload)
10.       }
11.     } else {
12.       ...
13.     }
14.   }
15. }
```

3. $tags 数据请求

在设备连接到 IotHub 时，发起 $tags 数据请求。

```
1.  //IotHub_Device/sdk/iot_device.js
2.  sendTagsRequest(){
3.      this.sendDataRequest("$tags")
4.  }
5.
6.  connect() {
7.      ...
8.      this.client.on("connect", function () {
9.        self.sendTagsRequest()
10.       self.emit("online")
11.     })
12.     ...
13. }
```

4. 处理批量下发指令

DeviceSDK 在处理批量下发指令时，其流程和处理普通指令的流程没有区别，只需要匹配批量指令下发的主题名即可。

```
1.  //IotHub_Device/sdk/iot_device.js
2.  dispatchMessage(topic, payload) {
3.      var cmdTopicRule = "(cmd|rpc)/:productName/:deviceName/:commandName/:encoding/:requestID/:expiresAt?"
4.      var tagTopicRule = "tags/:productName/:tag/cmd/:commandName/:encoding/:requestID/:expiresAt?"
5.      var result
6.      if ((result = pathToRegexp(cmdTopicRule).exec(topic)) != null) {
7.      ...
8.      }else if ((result = pathToRegexp(tagTopicRule).exec(topic)) != null) {
9.        if (this.checkRequestDuplication(result[5])) {
10.         this.handleCommand({
11.           commandName: result[3],
12.           encoding: result[4],
13.           requestID: result[5],
14.           expiresAt: result[6] != null ? parseInt(result[6]) : null,
15.           payload: payload,
16.         })
17.       }
18.     }
19. }
```

11.4.4 代码联调

1. 设备获取标签信息

我们写一段简单的设备应用代码。收到指令时，将指令的名称打印出来。

```
1.  /IotHub_Device/samples/print_cmd.js
```

```
2. ...
3. device.on("online", function () {
4.   console.log("device is online")
5. })
6. device.on("command", function (command) {
7.   console.log('received cmd: ${command}')
8. })
9. device.connect()
```

修改设备的标签为 test1、test2。

```
curl -d "tags=test1,test2" http://localhost:3000/devices/IotApp/K-zHGEEmT/tags -X PUT
```

然后运行 print_command.js，通过 EMQX Web Management Console 检查 Client 的订阅情况，可以看到设备订阅了标签 test1、test2 对应的主题，如图 11-5 所示。

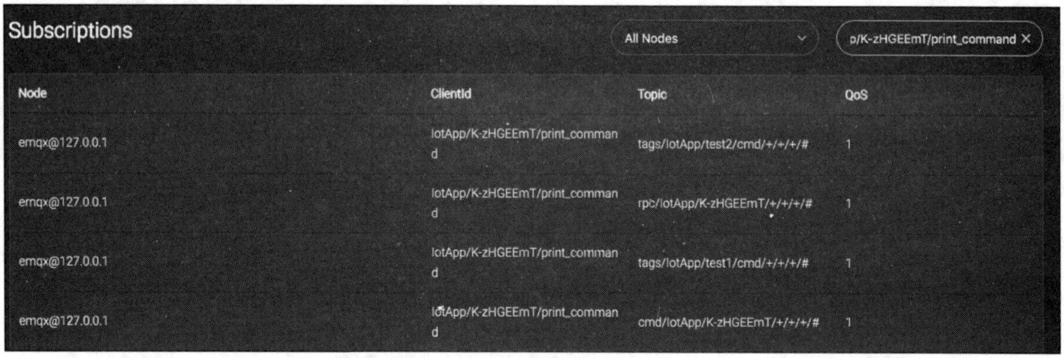

图 11-5　Client 的订阅列表

然后将设备的标签修改为"test1"。

```
curl -d "tags=test1" http://localhost:3000/devices/IotApp/K-zHGEEmT/tags -X PUT
```

通过 EMQX Web Management Console 检查 Client 的订阅情况，可以看到设备目前只订阅了标签 test1 对应的主题，如图 11-6 所示。

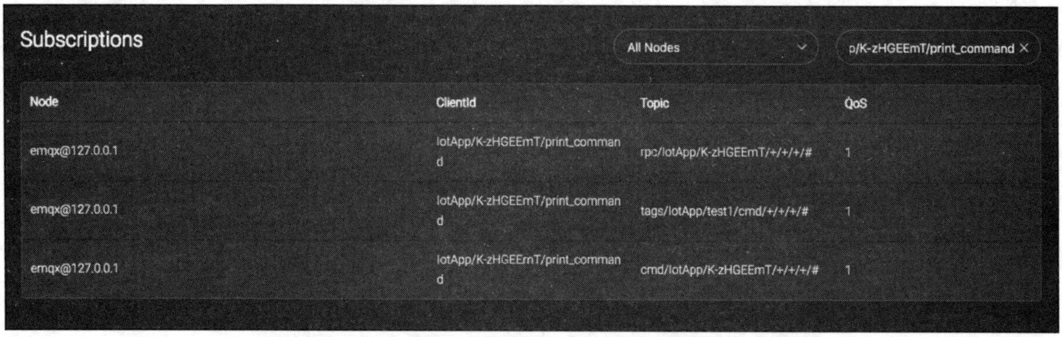

图 11-6　修改标签后的 Client 订阅列表

2. 批量下发指令

调用 Server API 向标签为 test1 的设备发送指令。

```
curl -d "command=echo" http://localhost:3000/tags/IotApp/test1/command -X POST
```

我们可以看到 print_command.js 的输出如下所示。

```
device is online
received cmd: echo
```

本节完成了设备分组的功能，这是实际应用中非常常见和有用的功能。

11.5 M2M 设备间通信

到目前为止，我们在 MQTT 协议上抽象出了服务端和设备端，数据的流向是从服务端（业务系统、IotHub）到设备端，或者从设备端到服务端。

在某些场景下，接入 IotHub 的设备可能还需要和接入的其他设备进行通信，例如管理终端通过 P2P 的方式查看监控终端的实时视频，在建立 P2P 连接之前，需要管理终端和监控终端进行通信，交换一些建立会话的数据。

两个不同的设备 DeviceA、DeviceB 作为 MQTT Client 接入 EMQX Broker，它们之间进行通信的流程很简单：DeviceA 订阅主题 TopicA，DeviceB 订阅主题 TopicB，如果 DeviceA 想向 DeviceB 发送信息，只需要向 TopicB 发布消息就可以了，反之亦然。

不过，IotHub 和 DeviceSDK 需要对这个过程进行抽象和封装，DeviceSDK 想对设备应用代码屏蔽掉 MQTT 协议层的细节，就需要实现如下功能：

- 设备间以 DeviceName 作为标识发送消息。
- 当 DeviceA 收到 DeviceB 的消息时，它知道这个消息是来自 DeviceB 的，可以通过 DeviceB 的 DeviceName 对 DeviceB 进行回复。

在 IotHub Server 端，需要控制设备间通信的范围，这里我们约定只有同一个 ProductName 下的设备可以相互通信。

11.5.1 主题名规划

为了接收其他设备发来的消息，设备会订阅主题"m2m/:ProductName/:DeviceName/:SenderDeviceName/:MessageID"。

其中，元数据的含义如下：

- ProductName、DeviceName：和之前的使用方式一样，唯一标识一个设备（消息的接收方）。
- SenderDeviceName：消息发送方的设备名，表明消息的来源方，接收方在需要回复消息时使用。
- MessageID：消息的唯一 ID，以便对消息进行去重。

也就是说，在设备间通信的场景下，设备需要同时发布和订阅主题"m2m/:ProductName/:

DeviceName/:SenderDeviceName/:MessageID"。

在两个设备开始通信前，发送方设备获取接收方设备的 DeviceName 的方式就取决于设备和业务系统的业务逻辑了，业务系统可以通过指令下发、设备主动请求数据等方式将这些消息告知发送方设备。

11.5.2 服务端实现

1. 更新设备 ACL 列表

我们需要将用于设备间通信的主题加入设备的 ACL 列表：

```javascript
1.  //IotHub_Server/models/devices
2.  const publish = {
3.    broker_username: this.broker_username,
4.    permission: "allow",
5.    action: "publish",
6.    topics: [
7.      `upload_data/${this.product_name}/${this.device_name}/+/+`,
8.      `update_status/${this.product_name}/${this.device_name}/+`,
9.      `cmd_resp/${this.product_name}/${this.device_name}/+/+/+`,
10.     `rpc_resp/${this.product_name}/${this.device_name}/+/+/+`,
11.     `get/${this.product_name}/${this.device_name}/+/+`,
12.     `m2m/${this.product_name}/+/${this.device_name}/+`,
13.    ]
14.  }
15.  const subscribe = {
16.    broker_username: this.broker_username,
17.    permission: "allow",
18.    action: "subscribe",
19.    topics: [`tags/${this.product_name}/+/cmd/+/+/+/#`]
20.  }
```

2. 新增自动订阅

我们需要在 EMQX Dashboard 将主题 m2m/${username}/+/+ 添加到自动订阅的主题列表中，如图 11-7 所示。

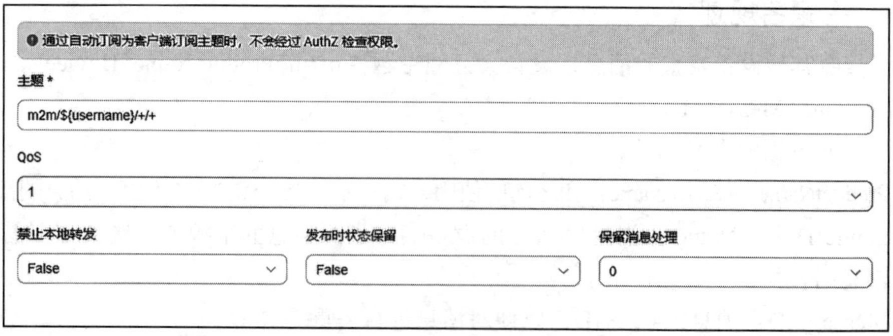

图 11-7　新增自动订阅的主题

11.5.3 DeviceSDK 端实现

1. 发送消息

DeviceSDK 实现一个方法，可以向指定的 DeviceName 发送消息。

```
1. //IotHub_Device/sdk/iot_device.js
2. sendToDevice(deviceName, payload){
3.     if (this.client != null) {
4.         var topic = 'm2m/${this.productName}/${deviceName}/${this.deviceName}/${new ObjectId().toHexString()}'
5.         this.client.publish(topic, payload, {
6.             qos: 1
7.         })
8.     }
9. }
```

主题名里的 DeviceName 层级使用消息接收方的 DeviceName；SenderDeviceName 层级使用发送方，即设备自己的 DeviceName；ProductName 层级使用发送方的 ProductName，保证设备只能给属于同一个 ProductName 的设备发送消息。

2. 接收消息

DeviceSDK 需要处理来自设备间通信主题的消息，并用 event 的方式将消息和发送方传递给设备应用代码。

```
1. //IotHub_Device/sdk/iot_device.js
2. dispatchMessage(topic, payload) {
3.     ...
4.     var m2mTopicRule = "m2m/:productName/:deviceName/:senderDeviceName/:MessageID"
5.     var result
6.     var self = this
7.     ...
8.     else if ((result = pathToRegexp(m2mTopicRule).exec(topic)) != null) {
9.         this.checkRequestDuplication(result[4], function (isDup) {
10.            if (!isDup) {
11.                self.emit("device_message", result[3], payload)
12.            }
13.        })
14.    }
15.    ...
```

在代码的第 11 行，DeviceSDK 将发送方的 DeviceName 和消息内容通过 device_message 事件传递给设备应用代码。

11.5.4 代码联调

接下来我们写一段代码来验证这个功能，实现两个设备端互相发送 ping/pong。

```
1. //IotHub_Device/samples/m2m_pinger.js
2. ...
3. device.on("online", function () {
4.   console.log("device is online")
5. })
6. device.on("device_message", function (sender, payload) {
7.   console.log('received ${payload.toString()} from: ${sender}')
8.   setTimeout(function () {
9.     device.sendToDevice(sender, "ping")
10.  }, 1000)
11. })
12. device.connect()
13. device.sendToDevice(process.env.DEVICE_NAME2, "ping")
```

这段代码会在收到来自其他设备的消息时把消息内容和发送方打印出来,并在 1 秒后向对方发送消息"ping";在代码开始运行时,代码将向一个指定的设备发送消息"ping"。

```
1. //IotHub_Device/samples/m2m_ponger.js
2. ...
3. var device = new IotDevice({
4.   productName: process.env.PRODUCT_NAME,
5.   deviceName: process.env.DEVICE_NAME2,
6.   secret: process.env.SECRET2,
7.   ...
8. })
9. device.on("online", function () {
10.   console.log("device is online")
11. })
12. device.on("device_message", function (sender, payload) {
13.   console.log('received ${payload.toString()} from: ${sender}')
14.   setTimeout(function () {
15.     device.sendToDevice(sender, "pong")
16.   }, 1000)
17. })
18. device.connect()
```

这段代码会在收到来自其他设备的消息的时候把消息内容和发送方打印出来,并在 1 秒后向对方发送消息"pong"。

这里需要同时运行两个不同的设备端,所以新增了环境变量 DEVICE_NAME2 和 SECRET2 来保存第二个设备的 DeviceName 和 Secret。运行 m2m_pinger.js 和 m2m_ponger.js,我们可以看到以下输出。

```
## m2m_pinger.js

received pong from: D_nSy7k7W
received pong from: D_nSy7k7W
received pong from: D_nSy7k7W
received pong from: D_nSy7k7W
...
```

```
## m2m_ponger.js

received ping from: M-1KbbY80
received ping from: M-1KbbY80
received ping from: M-1KbbY80
received ping from: M-1KbbY80
...
```

本节实现了 IotHub 的设备间通信功能，这个功能很好地封装了底层细节，并对设备间的通信范围和权限进行了控制。11.6 节将实现一个对于物联网应用来说不可或缺的功能：设备 OTA 升级。

11.6 OTA 升级

OTA（Over-the-Air Technology）一般叫作空中下载技术，在物联网应用里，设备一般都是通过 OTA 技术进行软件升级的，毕竟人工升级设备的成本太高了。

设备应用升级的类型可能会包括设备应用程序、固件、操作系统等，具体如何在设备上执行这些升级程序，各个设备的方法都不同，本书不在这方面进行论述。

不过 IotHub 会对设备 OTA 升级的流程做一些约定，并做一定程度的抽象和封装，实现如下部分功能：

- 业务系统可以将升级的内容发送给设备，包括升级包和升级包的类型（应用程序、固件等）。
- IotHub 可以监控设备升级的进度，包括升级包下载的进度、安装是否成功等。
- 业务系统可以通过 IotHub 提供的接口查询设备的升级情况。

11.6.1 功能设计

1. 获取设备的软件版本号

设备的软件版本号可能包括设备应用程序、固件、操作系统等。在上行数据处理功能中，IotHub 提供了一个设备状态上报功能，在每次设备系统启动时，设备应该通过状态上报功能上报当前的软件版本号，类似如下代码。

```
1. var device = new IotDevice(...)
2. device.connect()
3. device.updateStatus({app_ver: "1.1", os_ver: "9.0" })
```

具体版本的种类和格式由业务系统和设备约定，IotHub 不做强制约定。

2. 下发升级指令

业务系统可以通过 IotHub 的 Server API 获取当前的设备软件版本信息，按照业务需求决定哪些设备需要升级。业务系统还可以通过 IotHub 提供的接口向设备下发升级指令，

OTA 升级指令是一个 IotHub 内部使用的指令，指令数据包括：
- 将要升级的软件版本号。
- 此次升级的类型（应用程序、固件、操作系统等，由业务系统和设备约定）。
- 升级包的下载地址。
- 升级包的 md5 签名。
- 升级包的大小，单位为字节。

之前讲过，如果要传输较大的二进制文件，比如照片、软件升级包等，最好不要放到 MQTT 协议消息的 Payload 里面，而是将文件的 URL 放入 Payload 中，Client 在收到消息以后，再通过 URL 去下载文件。

在进行 OTA 升级前，业务系统需要将升级包上传到一个设备可以访问的网络文件存储服务器中，并提供升级包的下载 URL；同时需要提供升级包的 md5 签名，以免因为网络原因导致设备下载到不完整的升级包，进而导致升级错误。

3. 上报升级进度

当设备接收到升级指令后，应该按照次序执行以下操作：

1）下载升级包。
2）校验安装包的 md5 签名。
3）执行安装 / 烧写。
4）向 IotHub 上报新的软件版本号。如果升级以后要重启设备应用，设备会在应用启动时，自动通过状态上报功能上报自己的软件版本号；如果升级以后不需要重启设备应用，那么设备应用代码应该使用状态上报功能上报自己的软件版本号。

在上述流程中，设备需要上报升级进度，包括升级包下载的进度、升级中发生的错误等，设备上报的进度数据是 JSON 格式，内容如下。

```
1. {
2.    type: "firmware",
3.    version: "1.1",
4.    progress: 70
5.    desc: "downloading"
6. }
```

- type：代表此次升级的类型，比如固件、应用程序等。
- version：代表此次升级的版本。
- progress：当前的升级进度，由于只有在下载升级包时才能够保证设备应用是在运行的，所以 progress 只记录下载升级包的进度，取值为 1 ~ 100。在安装升级包时，很多时候设备应用都是处于被关闭的状态，无法上报进度。同时 progress 也被当作错误码使用：-1 代表下载失败，-2 代表签名校验识别失败，-3 代表安装 / 烧写失败，-4 代表其他错误导致的安装失败。

- desc：当前安装步骤的描述，也可以记录错误信息。

由于在软件包安装过程中，设备应用可能处于不可控状态，因此确定安装升级包是否成功的依据只有一个：检查设备状态中的软件版本号是否更新为期望的版本号，而不能只依赖设备上报的进度数据。

4. OTA 升级流程

OTA 升级流程如图 11-8 所示（图中点虚线代表该步骤可能会被重复执行多次）。

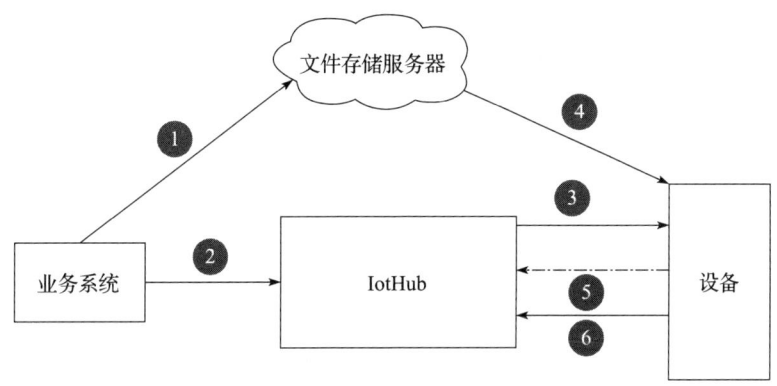

图 11-8　OTA 升级流程

1）业务系统将升级文件上传到文件存储服务器，获得升级文件可下载的 URL。

2）业务系统调用 IotHub 的接口请求对设备下发 OTA 升级指令。OTA 升级指令包含升级包 URL 等信息。

3）IotHub 下发 OTA 指令到设备。

4）设备通过指令数据中的升级文件 URL 从文件存储服务器下载升级文件。

5）在下载和升级过程中，设备上报进度或错误信息。

6）设备完成升级后，通过状态上报功能上报新的软件版本号。

11.6.2　服务端实现

1. 主题名规划

下发 OTA 升级指令时使用已有的指令下发通道就可以了，但是我们需要增加一个主题名供设备上报升级进度。这里约定设备使用主题 "update_ota_status/:ProductName/:DeviceName/:messageID" 上报升级进度。

这样的话，这个新的主题就可以和我们之前使用的状态上报主题 "update_status/:ProductName/:DeviceName/:MessageID" 统一为 "(update_ota_status|update_status)/:ProductName/:DeviceName/:MessageID"。

2. 更新设备 ACL 列表

我们需要将新的主题名加入设备的 ACL 列表。

```
1.  //IotHub_Server/models/devices
2.  const publish = {
3.    broker_username: this.broker_username,
4.    permission: "allow",
5.    action: "publish",
6.    topics: [
7.      `upload_data/${this.product_name}/${this.device_name}/+/+`,
8.      `update_status/${this.product_name}/${this.device_name}/+`,
9.      `cmd_resp/${this.product_name}/${this.device_name}/+/+/+`,
10.     `rpc_resp/${this.product_name}/${this.device_name}/+/+/+`,
11.     `get/${this.product_name}/${this.device_name}/+/+`,
12.     `m2m/${this.product_name}/+/${this.device_name}/+`,
13.     `update_ota_status/${this.product_name}/${this.device_name}/+`,
14.    ]
15.  }
16.  const subscribe = {
17.    broker_username: this.broker_username,
18.    permission: "allow",
19.    action: "subscribe",
20.    topics: [`tags/${this.product_name}/+/cmd/+/+/+/#`]
21.  }
22.  return [publish, subscribe]
```

你需要重新注册一个设备或者手动更新已注册设备存储在 MongoDB 中的 ACL 列表。

3. 下发 OTA 指令

这里我们使用 $ota_upgrade 作为 OTA 升级的指令名，同时支持单一设备下发和批量下发。

```
1.  //IotHub_Server/services/ota_service.js
2.  const Device = require("../models/device")
3.  static sendOTA({productName, deviceName = null, tag = null, fileUrl,
    version, size, md5, type}) {
4.    var data = JSON.stringify({
5.      url: fileUrl,
6.      version: version,
7.      size: size,
8.      md5: md5,
9.      type: type
10.   })
11.   if (deviceName != null) {
12.     Device.sendCommand({
13.       productName: productName,
14.       deviceName: deviceName,
15.       commandName: "ota_upgrade",
16.       data: data
```

```
17.     })
18.   }else if(tag != null){
19.     Device.sendCommandByTag({
20.       productName: productName,
21.       tag: tag,
22.       commandName: "ota_upgrade",
23.       data: data
24.     })
25.   }
26. }
```

在代码的第 11 ~ 17 行，如果 deviceName 参数不为空，则向 deviceName 指定的设备下发 OTA 指令；代码的第 18 ~ 24 行，如果 tag 参数不为空，则向标签为 tag 的设备批量下发 OTA 指令。

为此，我们在 Device 类新增了一个静态方法 sendCommandByTag。

```
1. //IotHub_Server/models/device.js
2. deviceSchema.statics.sendCommandByTag = function({productName, tag,
   commandName, data, encoding = "plain", ttl = undefined,qos = 1}){
3.   var requestId = new ObjectId().toHexString()
4.   var topic = 'tags/${productName}/${tag}/cmd/${commandName}/${encoding}/
     ${requestId}'
5.   if (ttl != null) {
6.     topic = '${topic}/${Math.floor(Date.now() / 1000) + ttl}'
7.   }
8.   emqxService.publishTo({topic: topic, payload: data, qos: qos})
9. }
```

4. 处理设备上报的升级进度

在 IotHub 中，我们把设备升级的进度存储到 Redis 中，同时把这块业务逻辑放到一个 Service 类中。

```
1. //IotHub_Server/services/ota_service.js
2. const redisClient = require("../models/redis")
3. class OTAService{
4.   static updateProgress(productName, deviceName, progress){
5.     redisClient.set('ota_progress/${productName}/${deviceName}', JSON.
       stringify(progress))
6.   }
7. }
8. module.exports = OTAService
```

然后在收到升级进度时调用这个方法。

```
1. //IotHub_Server/services/message_service.js
2. static dispatchMessage({topic, payload, ts} = {}) {
3.   ...
4.   var statusTopicRule"= "(update_status|update_ota_status)/:productName/
     :deviceName/:messag"Id"
```

```
5.    ...
6.    const statusRegx = pathToRegexp(statusTopicRule)
7.    ...
8.    var result = null;
9.    ...
10.   else if ((result = statusRegx.exec(topic)) != null) {
11.     this.checkMessageDuplication(result[4], function (isDup) {
12.       if (!isDup) {
13.         if (result[1] "= "update_sta"us") {
14.           MessageService.handleUpdateStatus({
15.             productName: result[2],
16.             deviceName: result[3],
17.             deviceStatus: payload.toString(),
18.             ts: ts
19.           })
20.         } else if (result[1] "= "update_ota_sta"us") {
21.           var progress = JSON.parse(payload.toString())
22.           progress.ts = ts
23.           OTAService.updateProgress(result[2], result[3], progress)
24.         }
25.       }
26.     })
27.   }
```

5. Server API：执行 OTA 升级

业务系统可以调用 IotHub 接口向指定的设备下发 OTA 升级指令。

```
1.  //IotHub_Server/routes/ota.js
2.  var express = require('express');
3.  var router = express.Router();
4.  var Device = require("../models/device")
5.  var OTAService = require("../services/ota_service")
6.  router.post("/:productName/:deviceName", function (req, res) {
7.    var productName = req.params.productName
8.    var deviceName = req.params.deviceName
9.    Device.findOne({product_name: productName, device_name: deviceName},
    function (err, device) {
10.     if(err){
11.       res.send(err)
12.     }else if(device != null){
13.       OTAService.sendOTA({
14.         productName: device.product_name,
15.         deviceName: device.device_name,
16.         fileUrl: req.body.url,
17.         size: parseInt(req.body.size),
18.         md5: req.body.md5,
19.         version: req.body.version,
20.         type: req.body.type
21.       })
22.       res.status(200).send("ok")
```

```
23.     }else{
24.         res.status(400).send("device not found")
25.     }
26.  })
27. })
28. module.exports = router
```

读者应该注意到了，这个接口是向单一设备发送 OTA 升级指令的接口，通过标签批量下发的接口实现也很简单，这里就不展开介绍了。

6. Server API：查询设备升级进度

业务系统可以查询某个设备的升级进度，首先把从 Redis 中读取升级进度的操作封装起来。

```
1. //IotHub_Server/services/ota_service.js
2. static getProgress(productName, deviceName, callback) {
3.     redisClient.get('ota_progress/${productName}/${deviceName}', function (err, value) {
4.         if (value != null) {
5.             callback(JSON.parse(value))
6.         } else {
7.             callback({})
8.         }
9.     })
10. }
```

然后在 Server API 处调用这个方法。

```
1. //IotHub_Server/routes/ota.js
2. router.get("/:productName/:deviceName", function (req, res) {
3.     var productName = req.params.productName
4.     var deviceName = req.params.deviceName
5.     OTAService.getProgress(productName, deviceName, function (progress) {
6.         res.status(200).json(progress)
7.     })
8. })
```

11.6.3　DeviceSDK 端实现

1. 上报升级进度

首先新增一个类来封装上报升级进度的操作。

```
1. //IotHub_Device/sdk/ota_progress.js
2. const ObjectId = require('bson').ObjectID;
3. class OTAProgress {
4.     constructor({productName, deviceName, mqttClient, version, type}) {
5.         this.productName = productName
6.         this.deviceName = deviceName
7.         this.mqttClient = mqttClient
```

```
8.      this.version = version
9.      this.type = type
10.    }
11.
12.    sendProgress(progress) {
13.      var meta = {
14.        version: this.version,
15.        type: this.type
16.      }
17.      var topic = 'update_ota_status/${this.productName}/${this.deviceName}/
    ${new ObjectId().toHexString()}'
18.      this.mqttClient.publish(topic, JSON.stringify({...meta, ...progress}),
    {qos: 1})
19.    }
20.
21.    download(percent, desc = "download") {
22.      this.sendProgress({progress: percent, desc: desc})
23.    }
24.
25.    downloadError(desc = "download error"){
26.      this.download(-1, desc)
27.    }
28.
29.    checkMD5Error(desc = "check md5 error"){
30.      this.sendProgress({progress: -2, desc: desc})
31.    }
32.
33.    installError(desc = "install error"){
34.      this.sendProgress({progress: -3, desc: desc})
35.    }
36.
37.    error(desc = "error"){
38.      this.sendProgress({progress: -4, desc: desc})
39.    }
40. }
```

这个类提供了几个方法来封装 OTA 升级的各个节点上报进度的操作，设备应用代码只需要在相应的节点调用对应的方法就可以了。比如下载升级包时调用 progress.download()，安装失败时调用 progress.installError()。

2. 响应 OTA 指令

在收到 $ota_upgrade 指令以后，DeviceSDK 代码需要把指令数据传递给设备应用代码。

```
1. //IotHub_Device/sdk/iot_device.js
2. handleCommand({commandName, requestID, encoding, payload, expiresAt,
       commandType = "cmd"}) {
3.         ...
```

```
4.        if (commandName.startsWith("$")) {
5.          payload = JSON.parse(data.toString())
6.          if (commandName == "$set_ntp") {
7.            this.handleNTP(payload)
8.          } else if (commandName == "$set_tags") {
9.            this.setTags(payload)
10.         }else if(commandName == "$ota_upgrade"){
11.           var progress = new OTAProgress({
12.             productName: this.productName,
13.             deviceName: this.deviceName,
14.             mqttClient: this.client,
15.             version: payload.version,
16.             type: payload.type
17.           })
18.           this.emit("ota_upgrade", payload, progress)
19.         }
20.       }
21.       ...
22.     }
23.   }
```

DeviceSDK 除了把 OTA 升级相关的数据通过 ota_upgrade 事件传递给设备应用代码之外，还传递了一个 OTAProgress 对象，设备应用代码可以调用这个对象正确上报升级进度。

11.6.4 代码联调

接下来我们写一段代码来测试 OTA 升级功能。

首先实现一个设备端来模拟 OTA 升级。设备端收到 OTA 升级指令后会每隔 2 秒更新一次下载进度，当下载进度达到 100% 时，会再等待 3 秒，之后上报更新后的软件版本。

```
1. //IotHub_Device/samples/ota_upgrade.js
2. ...
3. const currentVersion = "1.0"
4. device.on("online", function () {
5.   console.log("device is online")
6. })
7. device.on("ota_upgrade", function (ota, progress) {
8.   console.log(going to upgrade ${ota.type}: ${ota.url}, version=${ota.version})
9.   var percent = 0
10.  var performUpgrade = function () {
11.    console.log('download:${percent}')
12.    progress.download(percent)
13.    if(percent < 100){
14.      percent += 20
15.      setTimeout(performUpgrade, 2000)
16.    }else{
17.      setTimeout(function () {
18.        device.updateStatus({firmware_ver: ota.version})
19.      }, 3000)
```

```
20.     }
21.   }
22.   performUpgrade()
23. })
24. device.connect()
25. device.updateStatus({firmware_ver: currentVersion})
```

然后写一段代码模拟业务系统：通过 Server API 向设备发送 OTA 指令以后，每隔 1 秒查询一次设备的升级进度，当进度达到 100% 后，检查设备的软件版本，如果设备的软件版本和预期一致，就说明设备已经升级成功。

```
1. //IotHub_Server/samples/perform_ota.js
2. ...
3. var otaData = {
4.   type: "firmware",
5.   url: "http://test.com/firmware/1.1.pkg",
6.   version: "1.1",
7.   size: 1000,
8.   md5: "abcd"
9. }
10. var progress = 0
11. var checkUpgradeProgress = function () {
12.   if (progress < 100) {
13.     request.get('http://127.0.0.1:3000/ota/${process.env.TARGET_PRODUCT_NAME}/${process.env.TARGET_DEVICE_NAME}', function (err, res, body) {
14.       if (!err && res.statusCode == 200) {
15.         var info = JSON.parse(body);
16.         if(info.version == otaData.version) {
17.           progress = info.progress
18.           console.log('current progress:${progress}%');
19.         }
20.         setTimeout(checkUpgradeProgress, 1000)
21.       }
22.     })
23.   } else {
24.     request.get('http://127.0.0.1:3000/devices/${process.env.TARGET_PRODUCT_NAME}/${process.env.TARGET_DEVICE_NAME}', function (err, res, body) {
25.       if (!err && res.statusCode == 200) {
26.         var info = JSON.parse(body);
27.         console.log('current version:${info.device_status.firmware_ver}');
28.         if (info.device_status.firmware_ver == otaData.version) {
29.           console.log('upgrade completed');
30.         } else {
31.           setTimeout(checkUpgradeProgress, 1000)
32.         }
33.       }
34.     })
35.   }
36. }
37.
```

```
38.    console.log("perform upgrade")
39.    request.post('http://127.0.0.1:3000/ota/${process.env.TARGET_PRODUCT_NAME}/
       ${process.env.TARGET_DEVICE_NAME}', {
40.      form: otaData
41.    }, function (error, response) {
42.      if (error) {
43.        console.log(error)
44.      } else {
45.        console.log('statusCode:', response && response.statusCode);
46.        checkUpgradeProgress()
47.      }
48.    })
```

先运行 IotHub_Device/samples/ota_upgrade.js，然后运行 IotHub_Server/samples/perform_ota.js，得到如下输出。

```
## IotHub_Device/samples/ota_upgrade.js
device is online
going to upgrade firmware: http://test.com/firmware/1.1.pkg, version=1.1
download:0
download:20
download:40
download:60
download:80
download:100
upgrade completed
## IotHub_Server/samples/perform_ota.js
perform upgrade
statusCode: 200
current progress:0%
current progress:0%
current progress:20%
current progress:20%
current progress:40%
current progress:60%
current progress:60%
current progress:80%
current progress:80%
current progress:100%
current version:1.0
current version:1.0
current version:1.1
upgrade completed
```

这说明 OTA 升级功能在正常工作。

本节实现了 IotHub OTA 升级功能，该功能在大多数的物联网应用中都会用得到，IotHub 的 OTA 升级功能为设备和业务系统封装了很多细节，并约定了流程。11.7 节将设计和实现一个新的功能：设备影子。

11.7 设备影子

11.7.1 什么是设备影子

笔者最早是在 AWS IoT 上面看到设备影子的，后来国内主流云服务上的 IoT 套件中都包含了设备影子。

我们首先来看一下阿里云和腾讯云对设备影子的描述。

1）阿里云：物联网平台提供设备影子功能，用于缓存设备状态。设备在线时，可以直接获取云端指令；设备离线时，上线后可以主动拉取云端指令。设备影子是一个 JSON 文档，用于存储设备上报状态和应用程序期望状态信息。每个设备有且只有一个设备影子，设备可以通过 MQTT 协议获取和设置设备影子，并同步状态。同步可以是影子同步给设备，也可以是设备同步给影子。

2）腾讯云：设备影子文档是服务端为设备缓存的一份状态和配置数据。它以 JSON 文本形式存储。

简单来说，设备影子包含两种主要功能：服务端和设备端数据同步，设备端数据 / 状态缓存。

（1）服务端和设备端数据同步

设备影子提供了一种在网络情况不稳定、设备上下线频繁的情况下，服务端和设备端稳定实现数据同步的功能。

这里要说明一下，IotHub 之前实现的数据 / 状态上传、指令下发功能都是可以在网络不稳定的情况下，稳定实现单向数据同步的。

设备影子主要解决的是：当一个状态或者数据可以被设备端和服务端同时修改时，在网络状态不稳定的情况下，如何保持其在服务端和设备端状态的一致性。当你需要双向同步时，就可以考虑使用设备影子了。例如，智能灯泡的开关状态既可以远程改变（比如通过手机 App 进行开关），也可以在本地通过物理开关改变，我们可以使用设备影子，使得这个状态在服务端和设备端保持一致。

（2）设备端数据 / 状态缓存

设备影子还可以作为设备状态 / 数据在服务端的缓存，由于它保证了设备端和服务端的一致性，因此在业务系统需要获取设备上的某个状态时，只需要读取服务端的数据就可以了，不需要和设备进行交互，实现了设备和业务系统的解耦。

11.7.2 设备影子的数据结构

像引用的阿里云和腾讯云的文档里说的那样，设备影子是一个 JSON 格式的文档，每个设备对应一个设备影子。下面是一个典型的设备影子。

```
1. {
```

```
 2.    "state": {
 3.        "reported": {
 4.            "lights": "on"
 5.        },
 6.        "desired": {
 7.            "lights": "off"
 8.        }
 9.    },
10.    "metadata": {
11.        "reported": {
12.            "lights": {
13.                "timestamp": 123456789
14.            }
15.        },
16.        "desired": {
17.            "lights": {
18.                "timestamp": 123456789
19.            }
20.        }
21.    },
22.    "version": 1,
23.    "timestamp": 123456789
24. }
```

state 包含以下一些字段：

- reported：当前设备上报的状态，业务系统如果需要读取当前设备的状态，以这个值为准。
- desired：服务端希望改变的设备状态，但还未同步到设备上。
- metadata：状态的元数据，内容是 state 中包含的状态字段的最后更新时间。
- version：设备影子的版本。
- timestamp：设备影子的最后一次修改时间。

11.7.3 设备影子的数据流向

阿里云和腾讯云的设备影子的数据流向大体一致，细节上略有不同，这里总结和简化了一下，在 IotHub 里，设备影子的数据流向可分为两个方向。

1. 服务端向设备端同步

当业务系统通过服务端的接口修改设备影子后，IotHub 会向设备端进行同步，这个流程分为如下 4 步。

第 1 步，IotHub 向设备下发指令 UPDATE_SHADOW，指令中包含了更新后的设备影子文档。以前面的设备影子文档为例，其中最重要的部分是 desired 和 version。

```
 1. {
 2.    "state": {
```

```
 3.    ...
 4.    "desired": {
 5.      "lights": "off"
 6.    }
 7.  },
 8.  ...
 9.  "version": 1,
10.  ...
11. }
```

第 2 步，设备根据 desired 里面的值更新设备的状态，这里应该是关闭智能灯。

第 3 步，设备向 IotHub 回复状态更新成功的消息。

```
1. {
2.   "state": {
3.     "desired": null
4.   },
5.   "version": 1,
6. }
```

这里设备必须使用第 2 步得到的 version 值，当 IotHub 收到这个回复时，要检查回复里的 version 是否和设备影子中的 version 一致。如果一致，那么将设备影子中 reported 里面的字段的值修改为与 desired 对应的值，同时删除 desired，并修改 metadata 里面相应的值，修改后的设备影子文档如下。

```
 1. {
 2.   "state": {
 3.     "reported": {
 4.       "lights": "off"
 5.     }
 6.   },
 7.   "metadata": {
 8.     "reported": {
 9.       "lights": {
10.         "timestamp": 123456789
11.       }
12.     }
13.   },
14.   "version": 1,
15.   "timestamp": 123456789
16. }
```

文档中的 desired 字段被删除了，同时 state 中的 reported 字段从 {"lights": "on"} 变成了 {"lights": off}。

如果不一致，则说明在此期间设备影子又被修改了，那么回到第 1 步，重新执行。

第 4 步，设备影子更新成功后，IotHub 向设备回复一条消息 SHADOW_REPLY。

```
1. {
```

```
2.    status: "succss",
3.    "timestamp": 123456789,
4.    "version": 1
5. }
```

2. 设备端向服务端同步

设备端向服务端同步的流程有如下 3 步。

第 1 步，当设备连接到 IotHub 时，向 IotHub 发起数据请求，IotHub 收到请求后会下发 UPDATE_SHADOW 指令，执行一次服务端向设备端同步，设备需要记录下当前设备影子的 version。

第 2 步，当设备的状态发生变化，比如通过物理开关关闭智能灯时，IotHub 发送 REPORT_SHADOW 数据，包含第 1 步获得的 version，代码如下。

```
1. {
2.    "state": {
3.      "reported": {
4.      "lights": "off"
5.      }
6.    },
7.    "version": 1
8. }
```

第 3 步，当 IotHub 收到这个数据后，检查 REPORT_SHADOW 里的 version 是否和设备影子里的数据一致。

- 如果一致，那么用 REPORT_SHADOW 里的 reported 值修改设备影子中 reported 的值。
- 如果不一致，那么 IotHub 会下发 UPDATE_SHADOW 指令，再执行一次服务端向设备端的同步。

11.7.4 服务端实现

服务端需要对设备影子进行存储。在业务系统修改设备影子时，需要将设备影子同步到设备端，同时还需要处理来自设备的设备影子同步消息，将设备端的数据同步到数据库中。

最后服务端还要提供接口供业务系统查询和修改设备影子。

1. 存储设备影子

我们在 Device 模型里新增一个字段 shadow 来保存设备影子，一个空的设备影子如下所示。

```
1. {
2.    "state":{},
3.    "metadata":{},
4.    "version":0
5. }
```

按照上述代码设置这个字段的默认值。

```
1. const deviceSchema = new Schema({
2.   ...
3.   shadow:{
4.     type: String,
5.     default: JSON.stringify({
6.       "state":{},
7.       "metadata":{},
8.       "version":0
9.     })
10.   }
11. })
```

2. 下发设备影子的相关指令

IotHub 需要向设备发送两种与设备影子相关的指令：一种是更新设备影子，这里使用指令名 $update_shadow；另一种是成功更新设备影子后，对设备进行回复，这里使用指令名 $shadow_reply。发送这两条指令时使用 IotHub 指令下发通道就可以了。

3. Server API: 更新设备影子

IotHub 提供一个接口供业务系统修改设备影子，它需要接收一个 JSON 对象 "{desired: {key1=value1, ...}, version=xx}" 作为参数，业务系统在调用接口时需要提供设备影子的版本，以避免业务系统用老版本数据覆盖当前的新版本数据。

```
1. //IotHub_Server/routes/devices.js
2. router.put("/:productName/:deviceName/shadow", function (req, res) {
3.   var productName = req.params.productName
4.   var deviceName = req.params.deviceName
5.   Device.findOne({"product_name": productName, "device_name": deviceName}, function (err, device) {
6.     if (err != null) {
7.       res.send(err)
8.     } else if (device != null) {
9.       if(device.updateShadowDesired(req.body.desired, req.body.version)){
10.         res.status(200).send("ok")
11.       }else{
12.         res.status(409).send("version out of date")
13.       }
14.     } else {
15.       res.status(404).send("device not found")
16.     }
17.   })
18. })
```

如果业务系统提交的 version 大于当前的设备影子的 version，则更新设备影子的 desired 字段，以及相关的 metadata 字段，更新成功后向设备下发指令 $update_shadow。

```
1. //IotHub_Server/models/device.js
```

```
2. deviceSchema.methods.updateShadowDesired = function (desired, version) {
3.     var ts = Math.floor(Date.now() / 1000);
4.     var shadow = JSON.parse(this.shadow)
5.     if (version > shadow.version) {
6.       shadow.state.desired = shadow.state.desired || {}
7.       shadow.metadata.desired = shadow.metadata.desired || {}
8.       for (var key in desired) {
9.         shadow.state.desired[key] = desired[key]
10.        shadow.metadata.desired[key] = {timestamp: ts}
11.      }
12.      shadow.version = version
13.      shadow.timestamp = ts
14.      this.shadow = JSON.stringify(shadow)
15.      this.save()
16.      this.sendUpdateShadow()
17.      return true
18.    } else {
19.      return false
20.    }
21. }
22. deviceSchema.methods.sendUpdateShadow= function(){
23.    this.sendCommand({
24.       commandName: "$update_shadow",
25.       data: this.shadow,
26.       qos: 0
27.    })
```

因为设备在连接时还会主动请求一次影子数据，所以这里使用 qos=0 就可以了。

4．响应设备端影子消息

设备端会向 IotHub 发送 3 种与设备影子相关的消息，IotHub Server 需要对这些消息进行响应：

- 设备主动请求设备影子数据，使用设备数据请求的通道，收到 resource 为 $shadow 的数据请求。
- 设备更新完状态后向 IotHub 回复的消息，这里我们使用上传数据的通道，将 DataType 设为 $shadow_updated。
- 设备主动更新影子数据，这里我们使用上传数据的通道，将 DataType 设为 $shadow_reporeted。

（1）影子数据请求

在收到 resource 名为 $shadow 的数据请求后，IotHub 应该下发 $update_shadow 指令。

```
1. //IotHub_Server/services/message_service.js
2. static handleDataRequest({productName, deviceName, resource, payload, ts}) {
3.    if (resource.startsWith("$")) {
4.       ...
```

```
5.     } else if (resource == "$shadow_updated") {
6.       Device.findOne({product_name: productName, device_name: deviceName},
   function (err, device) {
7.         if (device != null) {
8.           device.sendUpdateShadow()
9.         }
10.      })
11.    }
12.  }
13.  ...
14. }
```

（2）设备状态更新完成以后的回复

在收到 DataType="$shadow_updated" 的上传数据后，IotHub 应该按照数据的内容对设备影子进行更新。

```
1. //IotHub_Server/service/message_service.js
2. static handleUploadData({productName, deviceName, ts, payload, messageId, dataType} = {}) {
3.   if (dataType.startsWith("$")) {
4.     if (dataType == "$shadow_updated") {
5.       Device.findOne({product_name: productName, device_name: deviceName},
   function (err, device) {
6.         if (device != null) {
7.           device.updateShadow(JSON.parse(payload.toString()))
8.         }
9.       })
10.    }
11.  } else {
12.    ...
13.  }
14. }
```

更新时需要先检查回复的 version，如果此时 desired 中的字段值为 null，则需要在 reported 里面删除相应的字段，更新成功后需要回复设备。

```
1.  //IotHub_Server/models/device.js
2.  deviceSchema.methods.updateShadow = function (shadowUpdated) {
3.    var ts = Math.floor(Date.now() / 1000)
4.    var shadow = JSON.parse(this.shadow)
5.    if (shadow.version == shadowUpdated.version) {
6.      if (shadowUpdated.state.desired == null) {
7.        shadow.state.desired = shadow.state.desired || {}
8.        shadow.state.reported = shadow.state.reported || {}
9.        shadow.metadata.reported = shadow.metadata.reported || {}
10.       for (var key in shadow.state.desired) {
11.         if (shadow.state.desired[key] != null) {
12.           shadow.state.reported[key] = shadowUpdated.state.desired[key]
13.           shadow.metadata.reported[key] = {timestamp: ts}
```

```
14.        } else {
15.          delete(shadow.state.reported[key])
16.          delete(shadow.metadata.reported[key])
17.        }
18.      }
19.      shadow.timestamp = ts
20.      shadow.version = shadow.version + 1
21.      delete(shadow.state.desired)
22.      delete(shadow.metadata.desired)
23.      this.shadow = JSON.stringify(shadow)
24.      this.save()
25.      this.sendCommand({
26.        commandName: "$shadow_reply",
27.        data: JSON.stringify({status: "success", timestamp: ts, version: shadow.version}),
28.        qos: 0
29.      })
30.    }
31.  } else {
32.    this.sendUpdateShadow()
33.  }
34. }
```

如果设备影子的 version 和上报的 version 不一致，那么 IotHub Server 需要再发起一次服务端向设备端的同步（代码第 32 行）。

（3）设备主动更新影子

在收到 DataType="$shadow_reported" 的上传数据后，IotHub 应该按照数据的内容对设备影子进行更新。

```
1.  //IotHub_Server/services/message_service.js
2.  static handleUploadData({productName, deviceName, ts, payload, messageId, dataType} = {}) {
3.    if (dataType.startsWith("$")) {
4.      ...
5.      else if(datatype == "$shadow_reported"){
6.        Device.findOne({product_name: productName, device_name: deviceName}, function (err, device) {
7.          if (device != null) {
8.            device.reportShadow(JSON.parse(payload.toString()))
9.          }
10.       })
11.     }
12.   }
13.   ...
14. }
```

在更新设备影子时也需要检查 version 和值为 null 的字段。

```
1.  //IotHub_Server/models/device.js
```

```javascript
2.  deviceSchema.methods.reportShadow = function (shadowReported) {
3.    var ts = Math.floor(Date.now() / 1000);
4.    var shadow = JSON.parse(this.shadow)
5.    if (shadow.version == shadowReported.version) {
6.      shadow.state.reported = shadow.state.reported || {}
7.      shadow.metadata.reported = shadow.metadata.reported || {}
8.      for (var key in shadowReported.state.reported) {
9.        if (shadowReported.state.reported[key] != null) {
10.         shadow.state.reported[key] = shadowReported.state.reported[key]
11.         shadow.metadata.reported[key] = {timestamp: ts}
12.       } else {
13.         delete(shadow.state.reported[key])
14.         delete(shadow.metadata.reported[key])
15.       }
16.     }
17.     shadow.timestamp = ts
18.     shadow.version = shadow.version + 1
19.     this.shadow = JSON.stringify(shadow)
20.     this.save()
21.     this.sendCommand({
22.       commandName: "$shadow_reply",
23.       data: JSON.stringify({status: "success", timestamp: ts, version: shadow.version}),
24.       qos: 0
25.     })
26.   } else {
27.     this.sendUpdateShadow()
28.   }
29. }
```

5. Server API: 查询设备影子

这里只需要在设备详情接口返回设备影子的数据就可以了。

```javascript
1. //IotHub_Server/models/device.js
2. deviceSchema.methods.toJSONObject = function () {
3.   return {
4.     ...
5.     shadow: JSON.parse(this.shadow),
6.   }
7. }
```

11.7.5 DeviceSDK 端实现

设备端需要处理来自 IotHub Server 的设备影子同步指令，同时在本地状态发生变化时，向 IotHub Server 发送相应的数据。

1. 设备影子数据请求

在设备连接到 IotHub 时，设备需要主动发起一个数据请求，请求设备影子的数据。

```
1. //IotHub_Device/sdk/iot_device.js
2. this.client.on("connect", function () {
3.     self.sendTagsRequest()
4.     self.sendDataRequest("$shadow")
5.     self.emit("online")
6. })
```

2. 处理 $update_shadow 指令

DeviceSDK 在处理 $update_shadow 指令时有两件事情要做：

第一，如果 desired 不为空，要将 desired 数据传递给设备应用代码；

第二，需要提供接口供设备应用代码在更新完设备状态后向 IotHub Server 回复。

```
1.  //IotHub_Device/sdk/iot_device.js
2.  handleCommand({commandName, requestID, encoding, payload, expiresAt,
    commandType = "cmd"}) {
3.      ...
4.      else if (commandName == "$update_shadow") {
5.          this.handleUpdateShadow(payload);
6.      }
7.      ...
8.  }
9.
10. handleUpdateShadow(shadow) {
11.     if (this.shadowVersion <= shadow.version) {
12.         this.shadowVersion = shadow.version
13.         if (shadow.state.desired != null) {
14.             var self = this
15.             var respondToShadowUpdate = function () {
16.                 self.uploadData(JSON.stringify({
17.                     state: {
18.                         desired: null
19.                     },
20.                     version: self.shadowVersion
21.                 }), "$shadow_updated")
22.             }
23.             this.emit("shadow", shadow.state.desired, respondToShadowUpdate)
24.         }
25.     }
26. }
```

这里同样使用一个闭包封装对 IotHub Server 进行回复，并传递给设备应用代码（代码的第 15 ~ 22 行）。

this.shadowVersion 初始化为 0。

```
1. //IotHub_Device/sdk/iot_device.js
2. constructor(...) {
3.     ...
4.     this.shadowVersion = 0
5. }
```

3. 主动更新影子设备状态

设备可以上传 DataType="$shadow_reported" 的数据来主动修改设备影子状态，下面我们通过一个 reportShadow 方法来完成这个操作。

```
1.  //IotHub_Device/sdk/iot_device.js
2.  reportShadow(reported) {
3.      this.uploadData(JSON.stringify({
4.        state: {
5.          reported: reported
6.        },
7.        version: this.shadowVersion
8.      }), "$shadow_reported")
9.  }
```

4. 处理 $shadow_reply 指令

当 IotHub Server 根据设备上传的数据成功修改设备影子后，IotHub Server 会下发 $shadow_reply 指令。这个指令的处理逻辑很简单，如果指令携带的 version 大于本地的 version，那么就将本地的 version 更新为指令携带的 version。

```
1.  handleCommand({commandName, requestID, encoding, payload, expiresAt,
    commandType = "cmd"}) {
2.      ...
3.      else if (commandName == "$update_shadow") {
4.          this.handleUpdateShadow(payload);
5.      } else if (commandName == "$shadow_reply") {
6.          if (payload.version > this.shadowVersion && payload.status ==
    "success") {
7.              this.shadowVersion = payload.version
8.          }
9.      }
10.     }
11.     ...
12.
13. }
```

11.7.6　代码联调

接下来用代码测试 IotHub 的设备影子功能，模拟下面的场景：

1）设备离线时，业务系统将设备影子状态设置为 desired: {lights: "on"}。
2）设备上线后，业务系统更改设备影子状态为 lights=on。
3）业务系统再次查询设备影子，此时设备影子的状态为 reported: {lights: "on"}。
4）设备在 3 秒后主动将设备影子状态更改为 reporeted: {lights: "off"}。
5）业务系统再次查询设备影子，此时设备影子的状态为 reported: {lights: "off"}。

```
1.  //IotHub_Server/samples/update_shadow.js
```

```
2. require('dotenv').config({path: "../.env"})
3. const request = require("request")
4.
5. var deviceUrl = 'http://127.0.0.1:3000/devices/${process.env.TARGET_
   PRODUCT_NAME}/${process.env.TARGET_DEVICE_NAME}';
6.
7. var checkLights = function () {
8.   request.get(deviceUrl
9.     , function (err, response, body) {
10.     var shadow = JSON.parse(body).shadow
11.     var lightsStatus = "unknown"
12.     if(shadow.state.reported && shadow.state.reported.lights){
13.       lightsStatus = shadow.state.reported.lights
14.     }
15.     console.log('current lights status is ${lightsStatus}')
16.     setTimeout(checkLights, 2000)
17.   })
18. }
19. request.get(deviceUrl
20.   , function (err, response, body) {
21.     var deviceInfo = JSON.parse(body)
22.     request.put('${deviceUrl}/shadow', {
23.       json: {
24.         version: deviceInfo.shadow.version + 1,
25.         desired: {lights: "on"}
26.       }
27.     }, function (err, response, body) {
28.       checkLights()
29.     })
30. })
```

代码在更新设备影子接口后，每隔 2 秒检查一次当前设备的设备影子。

注意在调用接口修改设备影子前，先调用接口查询当前设备影子的 version，以当前的 version+1 作为设备新的影子 version（代码第 24 行）。

设备端的应用代码很简单，先运行 IotHub_Server/samples/update_shadow.js，然后运行 IotHub_Device/sampls/resp_to_shadow.js，我们可以得到以下输出。

```
### IotHub_Server/samples/update_shadow.js
current lights status is unknown
current lights status is unknown
current lights status is unknown
current lights status is on
current lights status is off
current lights status is off

### IotHub_Device/sampls/resp_to_shadow.js
device is online
turned the lights on
turned the lights off
```

这说明 IotHub 的设备影子功能是按照预期在工作的。

本节完成了目前各大主流云 IoT 平台都具备的设备影子功能，在同步某些在服务端和设备端都会修改的状态时，使用设备影子是非常方便的。

11.8 本章小结

本章利用上行数据处理和下行数据处理功能实现了一些更高维度、更抽象的功能，至此，我们完成了 Maque IotHub MQTT 相关的全部功能。在第 12 章中，我们将学习如何编写插件来实现扩展 EMQX 的功能。

第 12 章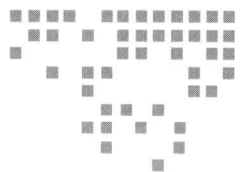

扩展 EMQX Broker

在 IotHub 中，我们使用了 EMQX 的 WebHook 功能，IotHub Server 通过使用 WebHook 插件获取设备的上下线事件和发布的数据。除了使用 EMQX 自带的 Hook 功能以外，我们还可以通过开发 EMQX 插件的方式来扩展 EMQX 的功能，进而满足我们的需求。在 EMQX 企业版里，可以将数据转发到多种后台存储/队列系统当中，比如 Kafka、RabbitMQ 和 PostgreSQL 等。本书使用的 EMQX 开源版是没有这些功能的，不过接下来我们将利用 EMQX Broker 的插件体系，开发一个插件来实现类似的功能，这个插件会将设备上下线事件以及发布的数据转发到 RabbitMQ 中，这样 IotHub 就可以从 RabbitMQ 中获取对应的事件数据，替换掉 WebHook 了。这样做有如下好处：

- 性能提升，WebHook 在每次设备上下线和发布数据时，都会发起一个 HTTP 请求：建立连接、发送数据、关闭连接。使用 AMQP 向 RabbitMQ 投递数据的开销是远小于 HTTP 的。
- 使用持久化队列系统解耦了消息和事件的提供方（EMQX）、消费方（IotHub Server），保证了在 IotHub Server 不可用期间，消息和事件不会丢失。

12.1 EMQX 的插件系统

EMQX 插件机制的实现逻辑其实非常简单，EMQX 定义了多个事件 Hook（钩子），如表 12-1 所示，开发者可以通过编写插件的方式在这些钩子上注册处理函数，在插件内部可以调用 EMQX 中的数据和方法，在这些处理函数里面执行自定义的业务逻辑就可以对 EMQX 的功能进行扩展。

表 12-1　EMQX 的 Hook 定义

Hook	事件说明
client.connect	收到客户端 CONNECT 数据包
client.connack	向客户端发送 CONNACK 数据包
client.connected	客户端已连接
client.disconnected	客户端已断开连接
client.authenticate	连接认证
client.authorize	ACL 认证
client.subscribe	客户端订阅
client.unsubscribe	客户端取消订阅
session.created	会话创建
session.subscribed	订阅成功
session.unsubscribed	取消订阅成功
session.resumed	会话恢复
session.discarded	会话被丢弃
session.takenover	会话被接管
session.terminated	会话结束
message.publish	收到客户端 PUBLISH 数据包
message.puback	向客户端发送 PUBACK 数据包
message.delivered	消息已投递
message.acked	消息已被确认
message.dropped	消息已被丢弃

12.1.1　Erlang 语言

EMQX 是用 Erlang 编写的，所以我们开发插件也必须使用 Erlang。Erlang 对很多人来说还比较陌生，对电信行业的从业者来说可能要相对熟悉一些。多年前，笔者在诺基亚工作的时候曾使用过 Erlang，后来在编写 EMQTT（EMQX 3.0 之前被称为 EMQTT）插件的时候又用了一段时间。Erlang 是笔者使用过的表达力最强的一种语言，强过现在的高级脚本式语言，比如 Ruby、Python、Node.js 等。但 Erlang 的学习曲线比较陡，本节会简单介绍 Erlang 语言的一些特性，但是仅限于在插件编写中用到的部分。

不期望读者在短短几节就能学会 Erlang 语言，但是仍然强烈推荐大家有空去学习一下，这个语言让笔者第一次有写程序犹如在写诗的感觉。

如果要学习 Erlang，建议大家看由 Erlang 之父编写的《Erlang 程序设计（第 2 版）》。

12.1.2　安装编译工具

EMQX 5.7.2 插件需要使用 Erlang/OTP 25 或者 26 进行编译，实际上 EMQX 是用一个自定义版本的 OTP 来编译的，我们可以通过源码的方式来进行安装。

你需要保证你的系统上有 CMAKE 3.13+。

```
git clone https://github.com/emqx/otp.git
git checkout emqx-OTP-26.2.5
./configure
make
make install
```

安装完成以后，可以在终端运行"erl"，如果得到下面的输出，那么说明 Erlang Runtime 是被正确安装的：

```
Erlang/OTP 26 [erts-14.1.1] [source-c41d424db4] [64-bit] [smp:6:6] [ds:6:6:10] [async-threads:1] [jit:ns]

Eshell V14.1.1 (press Ctrl+G to abort, type help(). for help)
1>
```

我们将要编写的插件会依赖 Erlang 的 RabbitMQ Client 库，这个库有一部分是用 Elixir 编写的，所以还需要安装 Elixir。Elixir 是运行在 Erlang 虚拟机上的一种语言，类似 Scala 之于 Java。可以在 Elixir 官网找到它的安装文档。

编译插件还需要用到 Erlang 的编译工具 Rebar3，可以通过以下方式安装：

```
wget https://s3.amazonaws.com/rebar3/rebar3
chmod +x ./rebar3
$ ./rebar3 local install
```

然后按照提示把 Rebar3 加入 PATH 就可以了。

本节介绍了 EMQX 的插件系统，并准备了 Erlang 开发环境，接下来将介绍 Erlang 语言的一些特性。

12.2 我们会用到的 Erlang 特性

本节将学习一部分 Erlang 的语言特性，目的是让读者更好地理解后文编写的插件代码。

12.2.1 Erlang 简介

Erlang 诞生于 1987 年，由爱立信的 CS-Lab 开发。Erlang 是一种动态类型的函数式编程语言，主要是为了处理并行、分布式应用而设计，所以 Erlang 内建了轻量级的进程模型，让编写并发应用变得非常容易。

运行 Erlang 程序需要有一个类似 JVM 的虚拟机，12.1 节已经安装了这个虚拟机。Erlang 提供了一个交互式脚本解析器，我们可以运行 erl 打开这个解析器，并在里面运行 Erlang 语句。

```
Erlang/OTP22 [erts-10.4.1] [source] [64-bit] [smp:8:8] [ds:8:8:10] [async-
threads:1] [hipe] [dtrace]

EshellV10.4.1 (abortwith ^G)
1>1+1.
2
```

这里 Erlang 计算了 1+1 的值，输出结果为 2。注意，一条 Erlang 语句的结束符是英文句号 "."，和我们写英文文章时的句子结束符是一样的。

12.2.2 变量和赋值

Erlang 中的"变量"一定是用大写字符开始的，比如大写 X 就是一个合法的"变量"，而小写 x 就不是一个合法的"变量"，我们可以用"变量赋值"。

```
2>X=10.
10
```

这里"变量赋值"是加了引号的，原因是在 Erlang 的世界里，其实没有变量和赋值这两个概念。

我们可以尝试改变 X 的值。

```
3>X=1.
**exception error: no match of right hand side value 1
```

在 X 被第一次"赋值"后，我们就无法再改变它的值了，所以说 Erlang 里面的变量实际上是一次性赋值变量。本书仍然会用变量来指代 X，不过你要记住它是不可变的。

在尝试修改 X 值时，我们得到一个错误提示："no match of right hand side value 1"。提示的意思是等式两边的值不匹配，而不是你不能改变 X 的值，这是为什么呢？

因为 "=" 在 Erlang 中并不是赋值符，而是非常类似于我们在数学课程中使用的 "="，只用于表达一个等式，这是 Erlang 和其他语言非常不同的一个地方。如果你在 Erlang 里面使用 "=" 号，那代表你想让 Erlang 计算一个等式或者方程式，Erlang 会尽力给出方程的解，如果方程是无解的，就会抛出 no match 的异常。

1）"X=10."：Erlang 计算这个等式的时候，为了让这个等式成立，所以给 X 绑定了一个值 10，作为方程的解。所以，X 的值就变成了 10。

2）"X=1."：Erlang 计算这个等式的时候，发现 X 为 10，等式无法成立，所以抛出异常。

这是一个非常重要的概念，理解了 Erlang 中 "=" 的含义后，就能理解 Erlang 语言中一半的内容了。

由于 Erlang 的变量实际是不可变的，所以在进行并行编程时，不会出现多个 Erlang 进程修改同一变量的情况，这就意味着没有竞争，也就没有锁了，这也是用 Erlang 编写并行程序很简单的原因之一。

12.2.3 特殊的 Erlang 数据类型

1. 原子

前面说了小写的 x 在 Erlang 中不是一个合法的"变量"，那么 x 是什么呢？在 Erlang 中，以小写字母开头的元素被称为原子，比如 x、monday、failed 都是原子，你可以将原子理解为 Ruby 里的符号，C 和 Java 里面的枚举类型。只不过在 Erlang 中不需要预先定义原子就可以使用。

2. 元组

元组类似于 C 语言里的结构体，例如"{20, 50}"就是一个合法的 Erlang 元组，可以用于表达一个点的坐标。与 C 语言的结构体不同，Erlang 元组里面的成员字段是可以没有名字的。在 Erlang 里，通常会用原子标识元素的含义，增加程序的可读性，比如标识一个三维坐标的元组可以表示为："P={{x, 100}, {y, 80}, {z, 170}}"。

3. 记录

记录是元组的另外一种形式，它可以用一个名字标注元组的各个元素，不过在使用记录前，需要先声明记录。

```
-record(record_name, {
   field1="default",
   field2=1,
   field3
})
```

上面的代码声明了一个名为 record_name 的记录，它包含 3 个字段，其中 field1 和 field2 具有一个默认值。声明一个记录后，就可以创建对应的记录了。

```
#record_name{field1="new", field3=100}
```

4. 列表

Erlang 中的列表类似于 JavaScript、Ruby 等动态语言中的数组，可以存放任何类型的值，用"[]"表示。

```
L=[x,20,{a,3.0}].
```

也可以用"|"来拼接列表。

```
L1=[100, 200|L].
```

12.2.4 模式匹配

模式匹配是 Erlang 中的一个关键概念，就像前面说的一样，"="在 Erlang 中表达一个等式，其实就是让 Erlang 去执行一个模式匹配，Erlang 会尽力让等式两边的值匹配。以元组"{{x, 100}, {y, 80}, {z, 170}}"为例，我们可以写出如下等式。

```
1> {X, {y, Y}, {z, Z}}={{x, 100}, {y, 80}, {z, 170}}.
{{x,100},{y,80},{z,170}}
2>X.
{x,100}
3>Y.
80
4>Z.
170
5>
```

可以看到，为了让等式"{X, {y, Y}, {z, Z}}={{x, 100}, {y, 80}, {z, 170}}"成立，Erlang 将 X 的值绑定为 100，将 Y 的值绑定为 80，将 Z 的值绑定为 170，这里相当于用模式匹配获取了元组各个字段的值。

编写 Erlang 语言程序，大部分工作是在写模式匹配，能看懂模式匹配，就基本能看懂 Erlang 代码了。

12.2.5 模块与函数

Erlang 的源文件是以 .erl 结尾的，一个 .erl 文件就是一个模块，在一个模块里可以定义多个函数，还可以用显式的 export 方式使方法可以被其他模块使用。

```
-module(module1).
-export([func/0]).

func()->
    ...
```

上面的代码声明了一个名为 module1 的模块，模块里定义了一个名为 func() 的方法，并将这个方法导出，那么在其他地方调用 func() 方法的方式如下所示。

```
module1:func().
```

export 语句中函数名后面的数字代表的是函数的参数数量，在 Erlang 里面可以有同名函数，而且同名函数可以拥有一样的参数数量。

```
func()->
    ...
func(X,80)->
    ...
func(X,Y)->
    ...
```

有意思的是，Erlang 在决定调用哪个同名函数的时候，是通过对参数列表进行模式匹配来确定的，以上面的例子为例：func(100, 200) 将调用第三个 func() 函数，而 func(100, 80) 会调用第二个 func() 函数。这样就不用像其他语言一样，在 func(X,Y) 的函数体里写"if Y==80"这样的分支了。

12.2.6 宏定义

在 Erlang 中可以使用以下方式定义宏。

```
-define(MACRO_NAME, XXX)
```

宏定义好之后，可以通过以下方式使用宏。

```
?MACRO_NAME
```

12.2.7 OTP

OTP（Open Telecom Platform，开发电信平台）是 Erlang 的一个框架和库的集合，类似于 Java 的 J2EE 容器。利用 OTP 可以比较快速地开发大规模的分布式系统，EMQX 就是运行在 OTP 上的 Erlang 程序。我们在编写插件时，也会使用到 OTP 的一些功能。

本节简单介绍了 Erlang 语言的一些特性，这仅仅是 Erlang 的冰山一角，并不能让你马上学会编写 Erlang 程序，目的是便于阅读和理解接下来我们要写的插件代码。

12.3 搭建开发和编译环境

在本节中我们将搭建插件的开发和编译环境。我们将这个插件命名为 emqx_rabbitmq_plugin。

12.3.1 使用插件模板

为了方便插件开发，EMQX 为开发者准备了一个插件代码模板，我们可以通过下面的方式下载模板：

```
mkdir -p ~/.config/rebar3/templates
pushd ~/.config/rebar3/templates
git clone https://github.com/emqx/emqx-plugin-template
popd
```

接下来我们就可以使用这个模板创建 emqx_rabbitmq_plugin 了：

```
rebar3 new emqx-plugin emqx_rabbitmq_plugin
```

12.3.2 代码结构

EMQX 的插件实际上是一个运行在 Erlang OTP 上的标准应用，依赖于 EMQX，它的代码结构如下：

```
tree emqx_rabbitmq_plugin/
emqx_rabbitmq_plugin/
├── LICENSE
├── Makefile
├── README.md
├── erlang_ls.config
├── priv
│   ├── config.hocon.example
│   ├── config_i18n.json.example
│   ├── config_schema.avsc.enterprise.example
│   └── config_schema.avsc.example
├── rebar.config
├── scripts
│   ├── ensure-rebar3.sh
│   └── get-otp-vsn.sh
└── src
    ├── emqx_rabbitmq_plugin.app.src
    ├── emqx_rabbitmq_plugin.erl
    ├── emqx_rabbitmq_plugin_app.erl
    ├── emqx_rabbitmq_plugin_cli.erl
    └── emqx_rabbitmq_plugin_sup.erl

3 directories, 16 files
```

应用的入口是 src/emqx_rabbitmq_plugin_app.erl：

```erlang
1.  -module(emqx_rabbitmq_plugin_app).
2.
3.  -behaviour(application).
4.
5.  -emqx_plugin(?MODULE).
6.
7.  -export([ start/2
8.          , stop/1
9.          ]).
10.
11. start(_StartType, _StartArgs) ->
12.     {ok, Sup} = emqx_rabbitmq_plugin_sup:start_link(),
13.     emqx_rabbitmq_plugin:load(application:get_all_env()),
14.
15.     emqx_ctl:register_command(emqx_rabbitmq_plugin, {emqx_rabbitmq_plugin_cli, cmd}),
16.     {ok, Sup}.
17.
18. stop(_State) ->
19.     emqx_ctl:unregister_command(emqx_rabbitmq_plugin),
20.     emqx_rabbitmq_plugin:unload().
```

它的主要作用是：
- 启动应用的监控器（代码的第 12 行）。
- 加载插件的主要功能代码（代码的第 13 行）。

插件的主要功能代码在 emqx_rabbitmq_plugin.erl：

```
1.  ...
2.  %% Called when the plugin application start
3.  load(Env) ->
4.      hook('client.connect',      {?MODULE, on_client_connect, [Env]}),
5.      hook('client.connack',      {?MODULE, on_client_connack, [Env]}),
6.      hook('client.connected',    {?MODULE, on_client_connected, [Env]}),
7.      hook('client.disconnected', {?MODULE, on_client_disconnected, [Env]}),
8.
9.  .......
10.
11. %%--------------------------------------------------------------------
12. %% Client Lifecycle Hooks
13. %%--------------------------------------------------------------------
14.
15. on_client_connect(ConnInfo, Props, _Env) ->
16.     %% this is to demo the usage of EMQX's structured-logging macro
17.     %% * Recommended to always have a `msg` field,
18.     %% * Use underscore instead of space to help log indexers,
19.     %% * Try to use static fields
20.     ?SLOG(debug, #{msg => "demo_log_msg_on_client_connect",
21.            conninfo => ConnInfo,
22.            props => Props}),
23.     %% If you want to refuse this connection, you should return with:
24.     %% {stop, {error, ReasonCode}}
25.     %% the ReasonCode can be found in the emqx_reason_codes.erl
26.     {ok, Props}.
27.
28. on_client_connack(ConnInfo = #{clientid := ClientId}, Rc, Props, _Env) ->
29.     io:format("Client (~s) connack, ConnInfo: ~p, Rc: ~p, Props: ~p~n",
30. ....
```

插件的默认功能很简单：
- 在插件启动的时候，注册钩子函数，在相应的事件发生时，触发钩子函数（代码的第 4 ~ 7 行）。
- 钩子函数的实现，在事件发生时打印事件的内容（代码第 20 行和第 29 行）。

插件的配置由两个文件组成：
- priv/config.hocon，HOCON 格式的配置文件，可参考 config.hocon.example 生成。
- priv/config_schema.avsc，用于序列化 HOCON 文件的 schema 文件，可参考 config_schema.avsc.example 生成。

配置文件的详细内容将在后面的小节进行讲解。

12.3.3 编译和打包

在 mqx_rabbitmq_plugin 目录下运行 make rel，就会编译并将插件打包，正确运行以后会得到以下输出：

```
===> Compiling emqx_rabbitmq_plugin
===> Assembling release emqx_rabbitmq_plugin-1.0.0...

===> [emqx_plugrel] Trying create _build/default/emqx_plugrel/emqx_rabbitmq_plugin-1.0.0.tar.gz
```

最后插件的二进制文件会被打包到 _build/default/emqx_plugrel/emqx_rabbitmq_plugin-1.0.0.tar.gz。

12.4 实现基于 RabbitMQ 的 Hook 插件：emqx_rabbitmq_plugin

和前面说的一样，emqx_rabbitmq_plugin 插件会在特定的事件发生时，比如设备连接、发布消息时，将事件的数据发送到 RabbitMQ 指定的 exchange 中。

12.4.1 插件配置文件

首先我们要明确一下我们的插件需要几个配置项：
- 对应的 RabbitMQ 的 exchange 名称。
- RabbitMQ Server 的连接信息。
- 连接池的配置（我们需要一个连接池来池化到 RabbitMQ 的连接）。

基于上面配置项，插件的配置文件 priv/config.hocon 的内容如下：

```
1.  exchange = "mqtt.events"
2.  rabbitmq {
3.    uri = "amqp://guest:guest@127.0.0.1:5672"
4.    poolSize = 10
5.    reconnect = 3
6.  }
```

poolSize 代表连接池的大小，reconnect 代表连接中断后重连的间隔，单位为秒。对应的 priv/config_schema.avsc 的内容如下：

```
1.  {
2.    "type": "record",
3.    "name": "ExtendedConfig",
4.    "fields": [
5.      {
6.        "name": "exchange",
7.        "type": "string",
```

```
8.          "default": "mqtt.events"
9.        },
10.       {
11.         "name": "rabbitmq",
12.         "type": {
13.           "type": "record",
14.           "name": "rabbitmqPoolConfig",
15.           "fields": [
16.             {
17.               "name": "uri",
18.               "type": "string",
19.               "default": "amqp://guest:guest@127.0.0.1:5672"
20.             },
21.             {
22.               "name": "poolSize",
23.               "type": "int",
24.               "default": 10
25.             },
26.             {
27.               "name": "reconnect",
28.               "type": "int",
29.               "default": 3
30.             }
31.           ]
32.         }
33.       }
34.     ]
35. }
```

EMQX 将会用这个文件来校验和序列化 emqx_rabbitmq_plugin 插件的配置。

12.4.2 建立 RabbitMQ 的连接池

我们需要在插件启动的时候建立和 RabbitMQ 的连接，同时我们希望用一个连接池对插件的 RabbitMQ 连接进行管理，首先在插件的 rebar.config 文件中添加相应的依赖：

```
1. {deps,
2.    .........
3.    , {amqp_client, "3.12.12"}, {bson_erlang, "0.3.0"}
4. ]}.
```

amqp_client 是 Erlang 的 RabbitMQ Client 包，bson_erlang 是一个 BSON 的实现，我们后面会用到。

接着在插件启动的时候，初始化连接池：

```
1. ### src/emqx_rabbitmq_plugin_sup.erl
2. init([]) ->
3.     application:set_env(amqp_client, prefer_ipv6, false),
```

```
 4.   {ok, ConfigMap} = emqx_plugins:get_config(emqx_plugins:make_name_vsn_
      string("emqx_rabbitmq_plugin", "1.0.0")),
 5.   PoolOpts = [
 6.       {uri, emqx_utils_maps:deep_get([<<"rabbitmq">>, <<"uri">>],
      ConfigMap)},
 7.       {pool_size, emqx_utils_maps:deep_get([<<"rabbitmq">>, <<"poolSize">>],
      ConfigMap)},
 8.       {auto_reconnect, emqx_utils_maps:deep_get([<<"rabbitmq">>,
      <<"reconnect">>], ConfigMap)}
 9.   ],
10.   application:set_env(emqx_rabbitmq_plugin, exchange, emqx_utils_
      maps:deep_get([<<"exchange">>], ConfigMap)),
11.   PoolSpec = ecpool:pool_spec(emqx_rabbitmq_plugin, emqx_rabbitmq_plugin,
      emqx_rabbitmq_plugin_conn, PoolOpts),
12.   {ok, { {one_for_all, 0, 1}, [PoolSpec]} }.
```

在代码的第 4 行，我们读取了插件的配置，之后通过配置来初始化连接池（ecpool 是 Erlang 的一个通用连接池的实现）和设置一些环境变量，读取插件配置需要指明插件的发行版本，这个版本是在 rebar.config 里面指定的：

```
1.  {relx, [ {release, {emqx_rabbitmq_plugin, "1.0.0"}, %% this is the release
       version, different from app vsn in .app file
2.       ....
3.       ]}.
```

在 emqx_rabbitmq_plugin_conn.erl 文件中，封装了 RabbitMQ Client 的操作：

```
 1.  connect(Opts) ->
 2.      URI = proplists:get_value(uri, Opts),
 3.      {ok, ConnOpts} = amqp_uri:parse(URI),
 4.      amqp_connection:start(ConnOpts).
 5.
 6.  ensure_exchange(ExchangeName) ->
 7.      ecpool:with_client(emqx_rabbitmq_plugin, fun(C) -> ensure_exchange
      (ExchangeName, C) end).
 8.
 9.  ensure_exchange(ExchangeName, Conn) ->
10.      {ok, Channel} = amqp_connection:open_channel(Conn),
11.      Declare = #'exchange.declare'{exchange = ExchangeName, durable = true},
12.      #'exchange.declare_ok'{} = amqp_channel:call(Channel, Declare),
13.      amqp_channel:close(Channel).
14.
15.  publish(ExchangeName, Payload, RoutingKey) ->
16.      ecpool:with_client(emqx_rabbitmq_plugin, fun(C) -> publish(ExchangeName,
      Payload, RoutingKey, C) end).
17.
18.  publish(ExchangeName, Payload, RoutingKey, Conn) ->
19.      {ok, Channel} = amqp_connection:open_channel(Conn),
20.      Publish = #'basic.publish'{exchange = ExchangeName, routing_key =
      RoutingKey},
```

```
21.     Props = #'P_basic'{delivery_mode = 2},
22.     Msg = #amqp_msg{props = Props, payload = Payload},
23.     amqp_channel:cast(Channel, Publish, Msg),
24.     amqp_channel:close(Channel).
```

每次向 RabbitMQ Server 发送数据时，都是从连接池中获取一个连接进行操作。

12.4.3　处理 client.connected 事件

这里我们做一个约定，默认情况下 emqx_rabbitmq_plugin 插件会把事件数据发送到配置中设定的 exchange 中，exchange 的类型为 direct，事件的数据将用 BSON 进行编码。

在对应的钩子函数中执行上述逻辑：

```
1.  ## emqx_rabbitmq_plugin.erl
2.
3.  on_client_connected(_ClientInfo = #{clientid := ClientId, username := 
    Username}, ConnInfo, _Env) ->
4.     {ok, ExchangeName} = application:get_env(emqx_rabbitmq_plugin, exchange),
5.     {IpAddr, _Port} = maps:get(peername, ConnInfo),
6.     Doc = {
7.       client_id, ClientId,
8.       username, Username,
9.       keepalive, maps:get(keepalive, ConnInfo),
10.      ipaddress, iolist_to_binary(emqx_utils:ntoa(IpAddr)),
11.      proto_ver, maps:get(proto_ver, ConnInfo),
12.      connected_at, maps:get(connected_at, ConnInfo)
13.    },
14.    emqx_rabbitmq_plugin_conn:publish(ExchangeName, bson_binary:put_
       document(Doc), <<"client.connected">>),
15.    ok.
```

在事件发生时，向 exchange 中发布一条 routing_key 为 client.connected 的消息。

12.4.4　处理 client.disconnected 事件

这个事件的处理方法和 client.connected 事件的处理方法类似：

```
1.  ## emqx_rabbitmq_plugin.erl
2.
3.  on_client_disconnected(_ClientInfo = #{clientid := ClientId, username := 
    Username}, ReasonCode, ConnInfo, _Env) ->
4.     {ok, ExchangeName} = application:get_env(emqx_rabbitmq_plugin, 
       exchange),
5.     Reason = if
6.         is_atom(ReasonCode) ->
7.           ReasonCode;
8.         true ->
9.           unknown
10.    end,
```

```erlang
11.   Doc = {
12.     client_id, ClientId,
13.     username, Username,
14.     disconnected_at, maps:get(disconnected_at, ConnInfo),
15.     reason, Reason
16.   },
17.   emqx_rabbitmq_plugin_conn:publish(ExchangeName, bson_binary:put_document(Doc), <<"client.disconnected">>),
18. ok.
```

在事件发生时，向 exchange 中发布一条 routing_key 为 client.disconnected 的消息。

12.4.5 处理 message.publish 事件

在处理这个事件时，需要过滤掉来自系统主题的 Publish 事件：

```erlang
1. ## emqx_rabbitmq_plugin.erl
2.
3. on_message_publish(Message = #message{topic = <<"$SYS/", _/binary>>}, _Env) ->
4.   {ok, Message};
5.
6. on_message_publish(Message = #message{topic = Topic, flags = #{retain := Retain}}, _Env) ->
7.   io:format("Publish ~p~n", [emqx_message:to_map(Message)]),
8.   {ok, ExchangeName} = application:get_env(emqx_rabbitmq_plugin, exchange),
9.   Username = case maps:find(username, Message#message.headers) of
10.            {ok, Value} -> Value;
11.            _ -> undefined
12.          end,
13.   Doc = {
14.     client_id, Message#message.from,
15.     username, Username,
16.     topic, Topic,
17.     qos, Message#message.qos,
18.     retained, Retain,
19.     payload, {bin, bin, Message#message.payload},
20.     published_at, Message#message.timestamp
21.   },
22.   emqx_rabbitmq_plugin_conn:publish(ExchangeName, bson_binary:put_document(Doc), <<"message.publish">>),
23.   {ok, Message}.
```

这里使用参数的模式匹配，来自系统主题的 message.publish 事件会落入第一个 on_message_publish 函数中，不做任何处理。

在事件发生时，向 exchange 中发布一条 routing_key 为 message.publish 的消息。

12.5 使用 emqx_rabbitmq_plugin 插件

我们可以在 EMQX Dashboard 上面管理插件，包括插件的安装卸载、启动停止、配置管理等。

12.5.1 安装和启用插件

在 12.3.3 节里面我们讲过，运行 make rel 可以将编译并打包插件，打包后得到的 .tar.gz 包就是插件的安装包，下面我们通过 EMQX Dashboard 来安装插件。

通过 http://127.0.0.1:18083 登录 EMQX Dashboard，进入"管理"→"插件扩展"→"插件"，单击"安装插件"按钮，如图 12-1 所示。

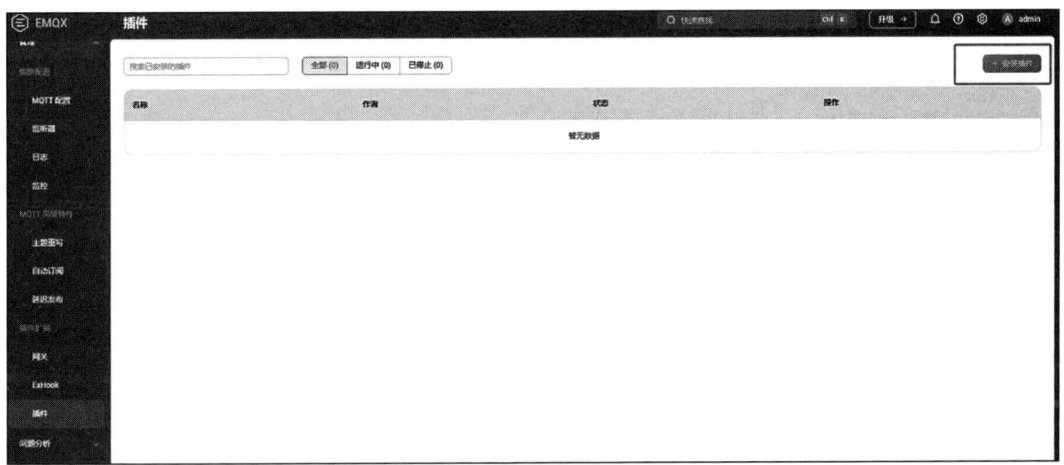

图 12-1　管理插件

上传 emqx_rabbitmq_plugin-1.0.0.tar.gz，然后单击"安装"按钮，如图 12-2 所示。

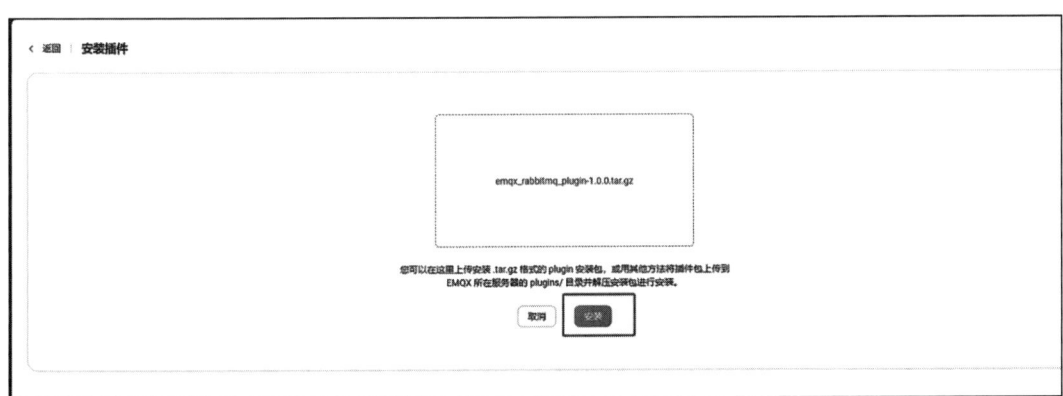

图 12-2　安装插件

插件安装成功以后，单击"启动"按钮，如图 12-3 所示，插件就开始运行了。如果插件运行失败，可以查看 /var/log/emqx 下的日志来确定失败原因。

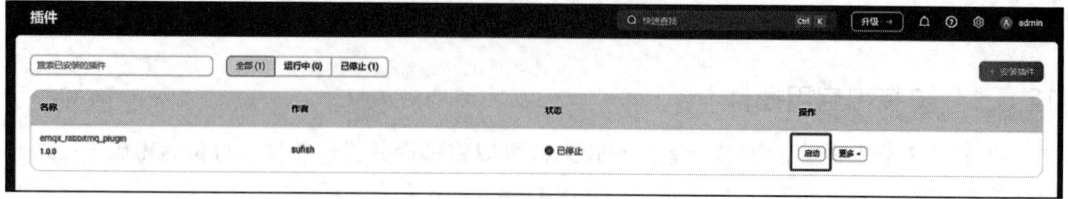

图 12-3　启用插件

 请先保证 RabbitMQ Server 运行在设定的 IP 地址和端口上。

12.5.2　测试插件

我们可以写一段 RabbitMQ Client 代码测试一下 emqx_rabbitmq_hook 插件。

```
1.  require('dotenv').config()
2.  const bson = require('bson')
3.  let amqp = require('amqplib/callback_api');
4.  const exchange = "mqtt.events";
5.  amqp.connect(process.env.RABBITMQ_URL, function (error0, connection) {
6.      if (error0) {
7.          console.log(error0);
8.      } else {
9.          connection.createChannel(function (error1, channel) {
10.             if (error1) {
11.                 console.log(error1)
12.             } else {
13.                 let queue = "iothub_client_connected";
14.                 channel.assertQueue(queue, {durable: true})
15.                 channel.bindQueue(queue, exchange, "client.connected")
16.                 channel.consume(queue, function (msg) {
17.                     let data = bson.deserialize(msg.content);
18.                     console.log(`received: ${JSON.stringify(data)}`)
19.                     channel.ack(msg)
20.                 });
21.             }
22.         })
23.     }
24. })
```

运行这段代码，接着使用任意的 MQTT Client 连接到 Broker，比如" mosquitto_sub -t "test/pc""，我们会得到以下输出：

received:
    {"clientid": "mosq/Rmkn7f4VZyUbeduNlt","username": null, "Keepalive": 60, "ipaddress": "127. 0. 0. 1", "proto_ver": 4, "connected_at":1560250142384}

12.5.3 管理插件配置

在 EMQX 5.7+ 的版本中，推荐使用 RESTful API 的方式来对插件进行配置，而不是直接修改配置文件，因为通过 RESTful API 的方式修改配置时，EMQX 会做以下操作：

1）备份旧的配置。
2）修改配置，并将配置同步到集群中的其他节点。
3）重启插件。

在调用 EMQX 的插件配置管理 RESTful API 时，我们依然需要用到之前创建的 API 密钥，并基于这个密钥生成对应的 HTTP Basic Auth Header。

通常我们会用到两个接口，第一个接口用于获取当前插件的配置：

```
curl -X 'GET' \
  'http://localhost:18083/api/v5/plugins/emqx_rabbitmq_plugin-1.0.0/config' \
  -H 'accept: application/json' \
  -H 'Authorization: Basic N2I5MGFlZTNjMTU2YTk4ZDo4aHVxdFZUbmd4Q0E1ZjRLaktOa21WdWM5Q2Z3N2JQT0xDcVdTZ0hyQTVOQg=='
```

运行代码，可以得到以下输出：

```
{
  "exchange": "mqtt.events",
  "rabbitmq": {
    "poolSize": 10,
    "reconnect": 3,
    "uri": "amqp://guest:guest@127.0.0.1:5672"
  }
}
```

可以看到，可以获得 JSON 格式的配置。

第二个接口用于修改插件的配置，我们需要设置 JSON 格式的插件配置：

```
curl -X 'PUT' \
  'http://localhost:18083/api/v5/plugins/emqx_rabbitmq_plugin-1.0.0/config' \
  -H 'accept: */*' \
  -H 'Authorization: Basic N2I5MGFlZTNjMTU2YTk4ZDo4aHVxdFZUbmd4Q0E1ZjRLaktOa21WdWM5Q2Z3N2JQT0xDcVdTZ0hyQTVOQg==' \
  -H 'Content-Type: application/json' \
  -d '{
  "exchange": "mqtt.events",
  "rabbitmq": {
    "poolSize": 10,
    "reconnect": 1,
```

```
    "uri": "amqp://guest:guest@127.0.0.1:5672"
  }
}'
```

如果 HTTP 返回码为 204，则代表配置更新成功了。

12.5.4 集成 emqx_rabbitmq_plugin 插件

IotHub Server 现在需要从 RabbitMQ 对应的 exchange 中获取事件并进行处理，我们启动一个 RabbitMQ Client 读取消息并进行相应的处理：

```
1.  //IotHub_Server / event_handler.js
2.  require('dotenv').config()
3.  const bson = require('bson')
4.  var mongoose = require('mongoose');
5.  var amqp = require('amqplib/callback_api');
6.  var messageService = require("./services/message_service")
7.  var Device = require("./models/device")
8.  mongoose.connect(process.env.MONGODB_URL, { useNewUrlParser: true })
9.
10. var addHandler = function (channel, queue, event, handlerFunc) {
11.     var exchange = "mqtt.events"
12.     channel.assertQueue(queue, {
13.       durable: true
14.     })
15.     channel.bindQueue(queue, exchange, event)
16.     channel.consume(queue, function (msg) {
17.       handlerFunc(bson.deserialize(msg.content))
18.       channel.ack(msg)
19.     })
20. }
21. amqp.connect(process.env.RABBITMQ_URL, function (error0, connection) {
22.     if (error0) {
23.       console.log(error0);
24.     } else {
25.       connection.createChannel(function (error1, channel) {
26.         if (error1) {
27.           console.log(error1)
28.         } else {
29.           addHandler(channel, "iothub_client_connected", "client.connected", function (event) {
30.             Device.addConnection(event)
31.           })
32.           addHandler(channel, "iothub_client_disconnected", "client.disconnected", function (event) {
33.             Device.removeConnection(event)
34.           })
35.           addHandler(channel, "iothub_message_publish", "message.publish", function (event) {
36.             messageService.dispatchMessage({
```

```
37.                    topic: event.topic,
38.                    payload: event.payload.buffer,
39.                    ts: event.published_at
40.                })
41.            })
42.        }
43.    });
44.  }
45. });
```

在 EMQX 后台移除之前创建的 WebHook，然后运行 "node event_handler.js"，再运行第 7～11 章中的测试代码，你会发现 IotHub 在更换 Hook 插件后仍然可以正常工作。

> 现在必须保持 event_handler.js 运行，这样 IotHub 才能正常工作。

12.5.5　IotHub 的全新架构

在使用 RabbitMQ Hook 后，处理 MQTT Broker 事件的功能就从运行 Server API 的 Web 服务中剥离出去了，现在 IotHub 由各个相对独立的模块组成，如图 12-4 所示。

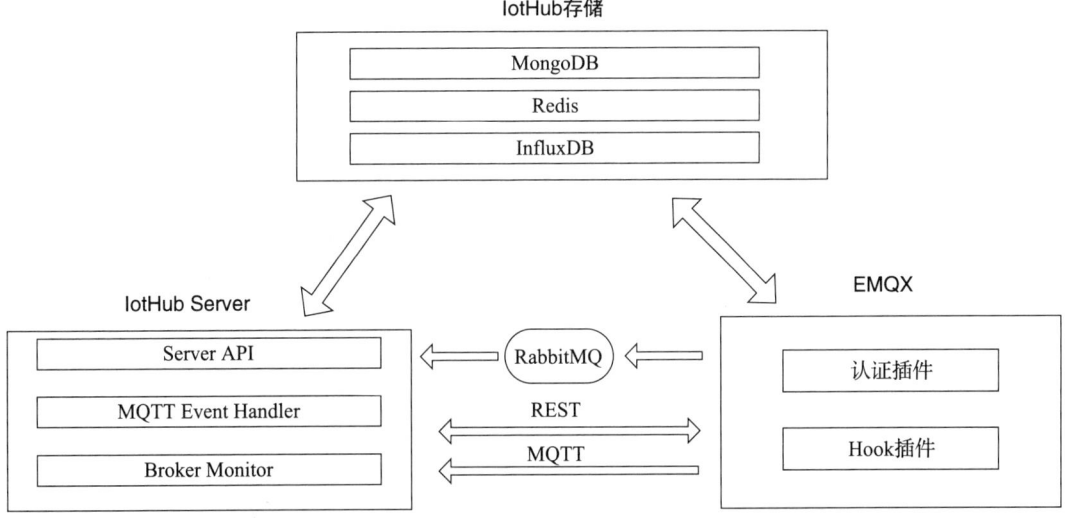

图 12-4　IotHub 的全新架构

- Server API：对外提供 IotHub 服务的 RESTful API 服务，通过运行 bin/www 启动。
- MQTT Event Handler：IotHub 的核心模块，处理上行和下行数据的逻辑，通过运行 node event_handler.js 启动。
- Broker Monitor：监控 MQTT Broker 运行状态的模块，通过运行 node monitor.js 启动。

为了方便启动这些服务，我们可以使用 Foreman 管理这些服务，首先安装 Foreman。

```
npm install -g foreman
```

然后添加 Procfile。

```
1. api: ./bin/www
2. event_handler: node event_handler.js
3. monitor: node monitor.js
```

最后就可以通过 Foreman 启动所有的服务了。

```
cd IotHub_Server
nf start
```

细心的读者可能发现了，在目前的代码实现里，当 IotHub 向设备发布消息时，也会触发 message.publish 事件，并被 Hook 插件发布到 RabbitMQ 里。如果你不希望这样，可以自行扩展 RabbitMQ Hook 插件，设置一些主题规则（可以是主题名、正则表达式或者通配符主题名），在 message.publish 事件匹配到设置的主题规则时，跳过后续的处理。

当然，不做这个优化也不会影响现有功能。

12.6 本章小结

本章我们实现了一个基于 RabbitMQ 的 EMQX 插件：emqx_rabbitmq_plugin，并把这个插件集成到了 IotHub 中，提升了性能，优化了架构。至此，IotHub 的大部分功能和架构就都完成了。插件的代码可以在 https://github.com/sufish/emqx_rabbitmq_plugin 中找到。

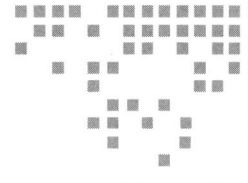

第 13 章 Chapter 13

集成 CoAP

本章会介绍另外一种物联网协议——CoAP，并将这个协议集成到 IotHub 中。

在物联网开发者社区里，可能遇到过这样的问题：设备运行 MQTT 协议时，资源很紧张，发布消息很慢；传感器只是发布数据，也要跑 MQTT 协议吗？

最初，MQTT 协议被设计用于在计算资源和网络资源有限的环境下运行，它在大多数环境下运行都很稳定，不过 MQTT 协议需要建立一个 TCP 长连接，并需要在固定的时间间隔发送心跳包，对于一些使用电池供电的小型设备而言，能耗还是比较明显的。对于一些采集设备的终端而言，其大部分时间是往上发布数据，建立一个可以用于反控的 TCP 连接，可能有些多余。

如果你的应用场景和上面描述的类似，那么还可以选择 CoAP（Constrained Application Protocol），协议的详细内容可以查看 CoAP 的 RFC 文档，本章就不逐条解读协议规范了。

我们可以用一句话来概括 CoAP：CoAP 是一个建立在 UDP 之上的弱化版的 HTTP。这就很好理解了，如果设备只需要上传数据，那么完全可以调用服务器的 HTTP 接口。如果运行 HTTP 对你的设备来说功耗太大，那么使用 CoAP 就可以解决这个问题。

13.1 CoAP 简介

与 MQTT 协议的 Client-Broker-Client 模型不同，CoAP 和 Web 都是 C/S 架构的，设备是 Client，接收设备、发送数据的是 Server。所以 CoAP 也被称为"The Web of Things Protocol（物联网协议）"。

13.1.1 CoAP 的消息模型

一条 CoAP 消息由以下三部分组成。
- 二进制头（Header）。
- 消息选项（Options）。
- 负载（Payload）。

CoAP 的消息设计得非常紧凑，消息的最小长度为 4 个字节，每个消息都有一个唯一的 ID，便于消息的追踪和去重。

CoAP 的消息可分为两种：一种是需要被确认的消息 CON（Confirmable message），一种是不需要确认的消息 NON（Non-confirmable message）。

1. CON

CON 是一种可靠消息，当接受方收到 CON 消息时，需要回复发送方，如果发送方没有收到接受方的回复，则不停地重新发送消息。

当 Server 正常处理完 CON 消息时，应该向 Client 回复 ACK，ACK 中包含了与 CON 消息一样的 ID，如图 13-1 所示。

如果 Server 无法处理 Client 的 CON 消息，可以向 Client 回复 RST 消息，Client 收到 RST 消息之后，将不再等待 ACK，如图 13-2 所示。

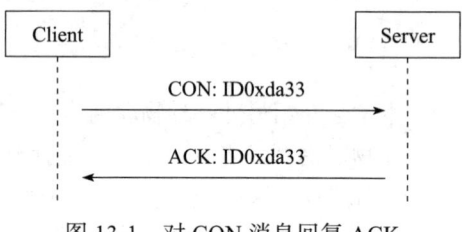

图 13-1　对 CON 消息回复 ACK

2. NON

NON 是一种不可靠消息，这种消息不需要接收方的回复，如图 13-3 所示。

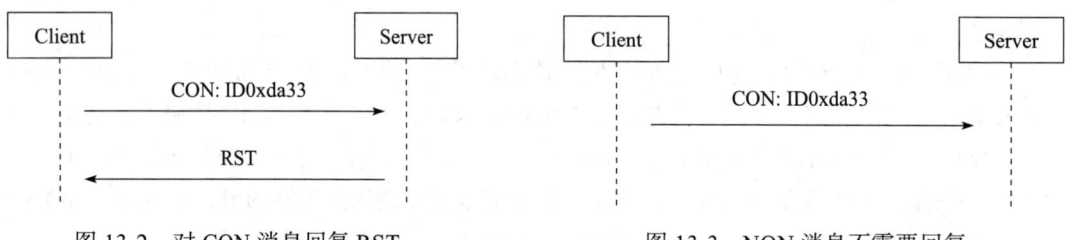

图 13-2　对 CON 消息回复 RST　　　　图 13-3　NON 消息不需要回复

通常可以用这种消息传输类似于传感器读数之类的数据。

13.1.2 CoAP 的请求/响应机制

CoAP 的请求/响应是建立在前面讲到的 CON 和 NON 的基础上的，CoAP 的请求和 HTTP 的请求非常相似，包含 GET、POST、PUT、DELETE 4 种方法和请求的 URL。图 13-4 展示了一个典型的 CoAP 的请求/响应流程。

请求也可以用 NON 消息发送，如果请求是用 NON 发送的，那么 Server 端也会用 NON 来回复 Client，如图 13-5 所示。

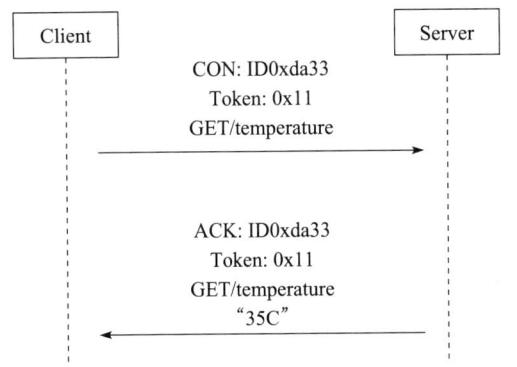

图 13-4 典型的 CoAP 的请求 / 响应流程

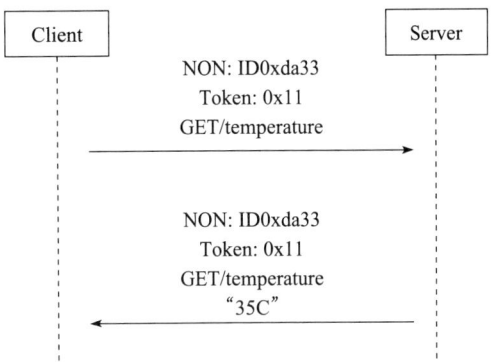

图 13-5 使用 NON 消息的请求 / 响应流程

大家可能已经注意到，请求和回复中都带了一个 Token 字段，Token 的作用是匹配请求和响应。

如果 Server 没有办法在收到 Client 请求时立刻响应，它可以先回复一个空的 ACK 消息，当 Server 准备好对 Client 进行响应时，再向 Client 发送一个包含同样 Token 字段的 CON 消息，这类似于一种异步应答机制，如图 13-6 所示。

13.1.3　CoAP OBSERVE

OBSERVE 是 CoAP 的一个扩展，Client 可以向 Server 请求"观察"一个资源，当这个资源的状态发生变化时，Server 将通知 Client 该资源的当前状态。利用这个机制，我们可以实现类似于 MQTT 协议的 Subscribe 机制，对设备进行反控。

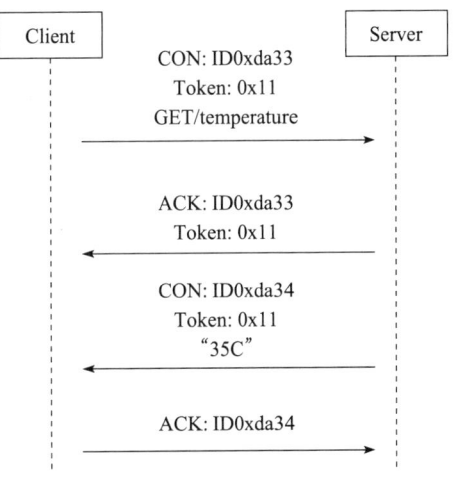

图 13-6 "异步"的 CoAP 的请求 / 响应流程

Client 可以指定"观察"时长，当超过这个时长后，Server 将不再就资源的状态变化向 Client 发送通知。

在 NAT 转换后，尤其是在 3G/4G 的网络下，从 Server 到 Client 的 UDP 传输是很不可靠的，所以不建议单纯用 CoAP 做数据收集之外的事情，比如设备控制等。

13.1.4　CoAP HTTP 网关

由于 CoAP 和 HTTP 有很大的相似性，因此通常可以用一个网关（Gateway）将 CoAP 转换成 HTTP，以便接入已有的基于 Web 的系统，如图 13-7 所示。

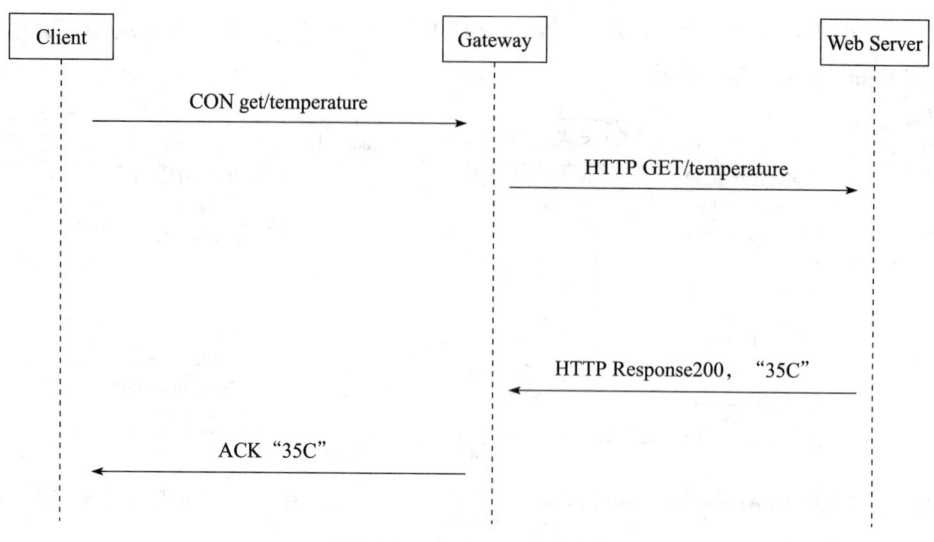

图 13-7　CoAP HTTP 网关

Client 通过 CON 命令发送的请求被 Gateway 转换成 HTTP GET 请求并发给 Web Server，Web Server 的 HTTP Response 被 Gateway 转换成 CoAP 的 ACK 并发送给 Client。

本节我们学习了 CoAP 的内容和特性，可以看到，CoAP 是一个轻量的、类似于 HTTP 的协议，在 13.2 节中，我们将会把 CoAP 集成到 IotHub 中。

13.2　集成 CoAP 到 IotHub

本节中，我们会将 CoAP 集成到 IotHub，IotHub 的 CoAP 包含以下功能：
- 允许设备用 CoAP 接入，并上传数据和状态。
- DeviceSDK 仍然需要向设备应用屏蔽底层的协议细节。
- CoAP 设备使用与 MQTT 设备相同的认证和权限系统。

由于我只建议用 CoAP 实现数据上传功能，因此这里只实现了上行数据处理的功能。

13.2.1　EMQX 的 CoAP 网关

EMQX 提供了一个 CoAP 插件，可用于 CoAP 的接入，这个插件其实是一个 CoAP 网关，与 13.1.4 节中提到的 CoAP HTTP 网关类似，不过它会把 CoAP 请求按照一定规则转换成 MQTT 的数据包，如图 13-8 所示。

我们可以在 EMQX Dashboard 中配置和使用 CoAP 网关，进入"插件扩展"→"网关"，单击"设置"按钮，设置 CoAP 网关，如图 13-9 所示。

我们需要将连接模式设为 true，这样才会对 CoAP 的接入进行认证和授权，同时将订阅和发布的 QoS 都设为 qos1，如图 13-10 所示。

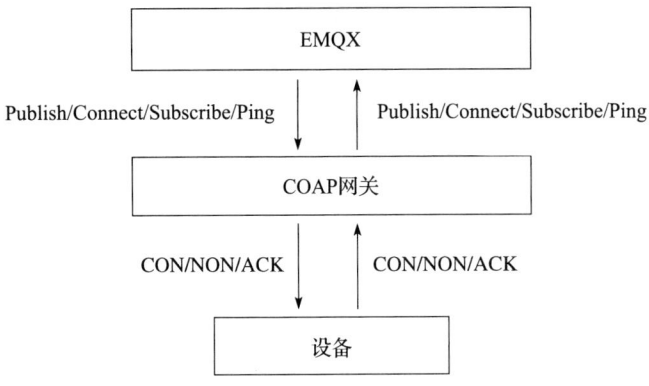

图 13-8　EMQX 的 CoAP 网关

图 13-9　设置 CoAP 网关

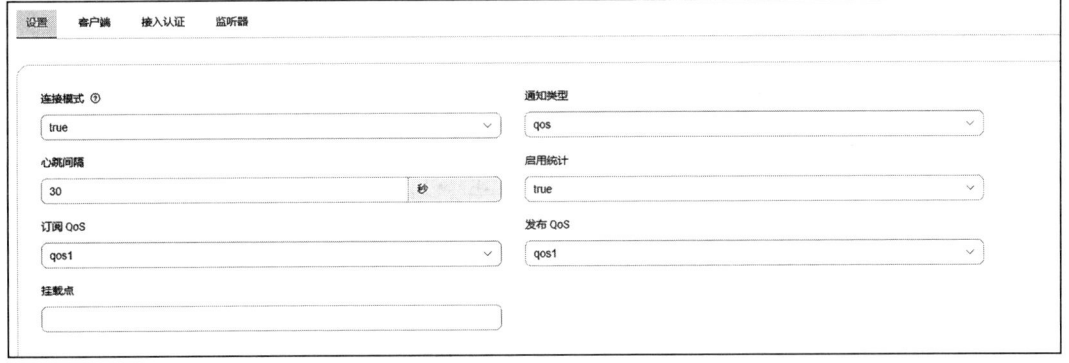

图 13-10　更新 CoAP 网关配置

CoAP 网关启用后，默认的监听端口是 5683，如图 13-11 所示。

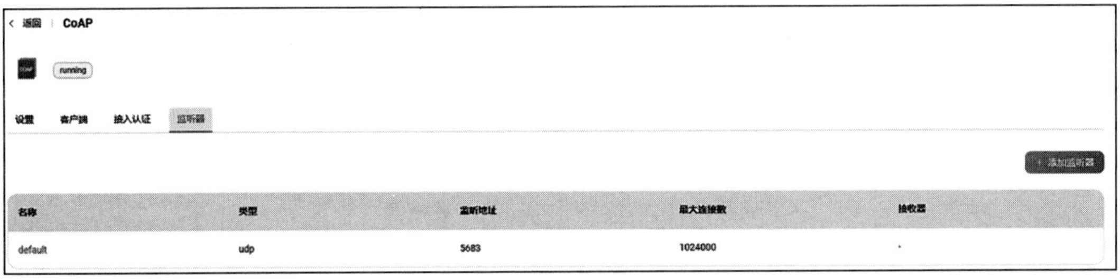

图 13-11　查看 CoAP 网关

接下来需要设置 CoAP 的接入认证，进入"插件扩展"→"网关"→"CoAP"→"设置"→"接入认证"，单击"添加认证"按钮，如图 13-12 所示。

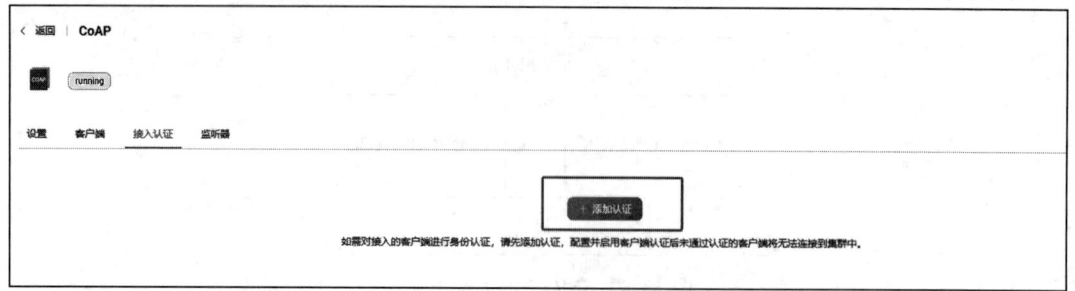

图 13-12　配置 CoAP 网关认证方式

认证方式选择 Password-Based，如图 13-13 所示。

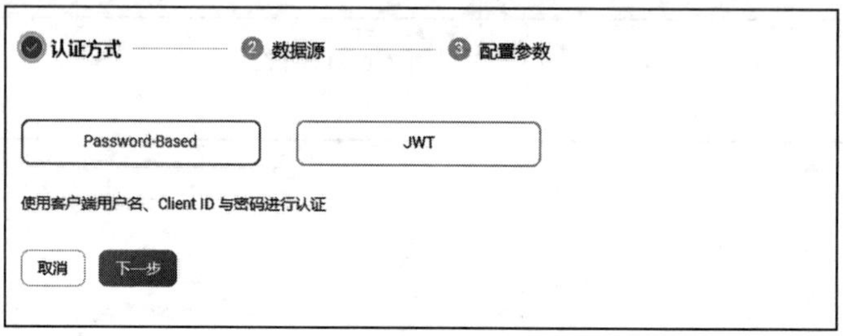

图 13-13　选择 Password-Based 认证方式

数据源选择 MongoDB，如图 13-14 所示。

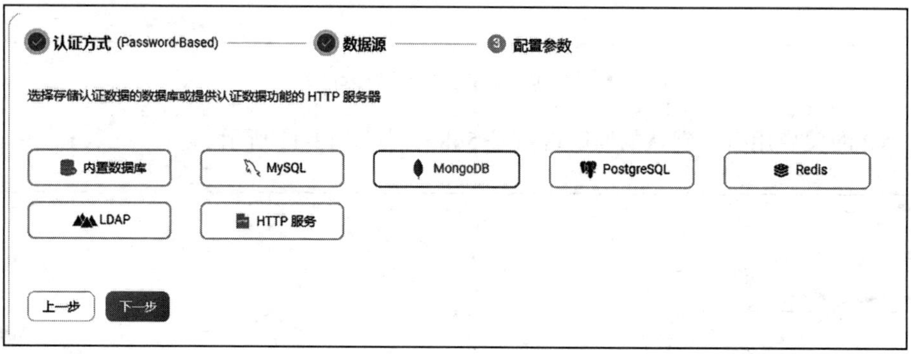

图 13-14　选择 MongoDB 数据源

接下来配置 MongoDB 认证的各项参数，如图 13-15 所示。

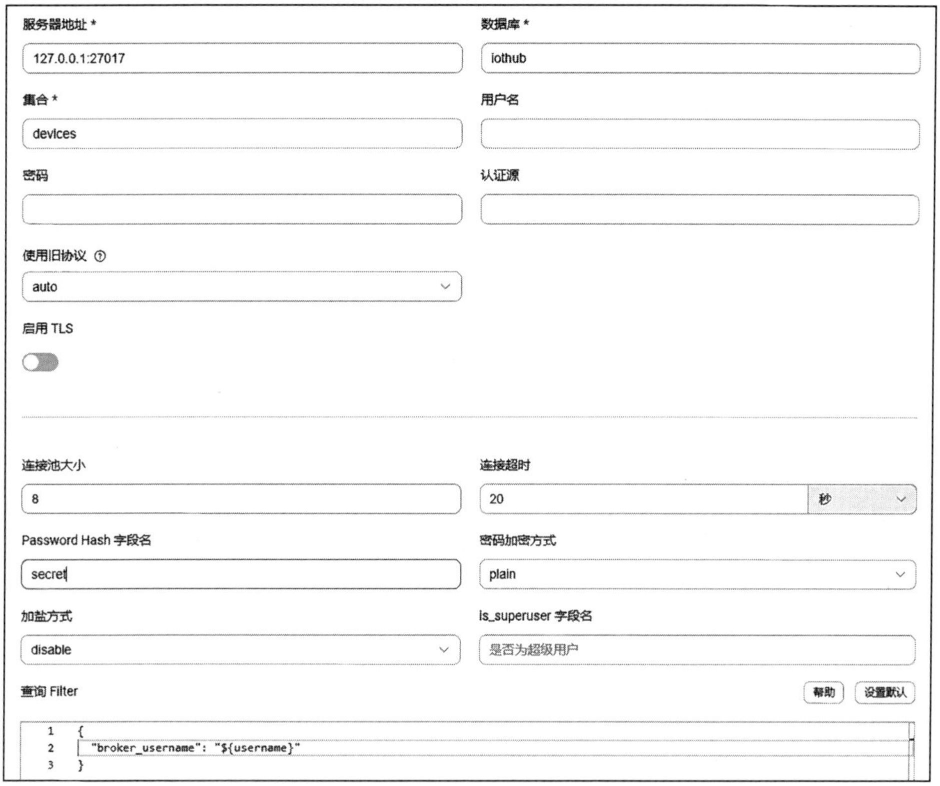

图 13-15　配置 MongoDB 认证

13.2.2　设备发起连接

EMQX 的 CoAP 网关要求设备按照以下方式发起 CoAP 请求来模拟连接：

方法：POST。

路径：mqtt/connection。

参数：URL Query 中需要包含三个参数，分别为 clientid、username、password，对应 MQTT 协议中的相应字段，其中 clientid 是必填项，其余的是可选项。

如果请求成功，消息体会包含本次连接的 Token，在后续的请求中，都必须包含这个 Token。

接下来我们可以使用 Node.js 的 CoAP Client 库 node-coap，然后在 DeviceSDK 中新建一个 IotCoAPDevice 类作为 CoAP 设备接入的入口。

然后我们按照上面的流程来实现 CoAP 设备的连接功能：

```
1. //IotHub_Server/sdk/iot_coap_device.js
2. connect() {
3.         const self = this;
4.         let req = coap.request({
```

```
5.            hostname: this.serverAddress,
6.            port: this.serverPort,
7.            method: "POST",
8.            pathname: `mqtt/connection`,
9.            query: `clientid=${this.clientIdentifier}&username=${this.username}&password=${this.secret}`
10.       })
11.       req.end()
12.       req.on("response", (response) => {
13.           if (response.code === "2.01") {
14.               self.token = response.payload
15.               self.emit("online")
16.           } else {
17.               self.emit("connect_error", response.code, response.payload)
18.           }
19.       })
20.   }
```

在代码的 13 行，我们根据返回码是不是 2.01 来判断请求是否成功，如果成功的话则将 Token 保存下来。

然后我们写一段代码来测试：

```
1. //IotHub_Server/samples/coap_device_test.js
2. var CoAPDevice = require("../sdk/iot_coap_device")
3. var path = require('path');
4. require('dotenv').config()
5.
6. var device = new CoAPDevice({
7.     productName: process.env.PRODUCT_NAME,
8.     deviceName: process.env.DEVICE_NAME,
9.     secret: process.env.SECRET,
10.    clientID: path.basename(__filename, ".js"),
11. })
12.
13. device.on("online", () => {
14.     console.log("device is online")
15. })
16.
17. device.on("connect_error", (code, error) => {
18.     console.log(`connect error, ${code}:${error}`)
19. })
20.
21. device.connect()
```

运行上面的代码，我们会得到以下输出：

```
device is online
```

我们可以在"EMQX Dashboard"→"插件扩展"→"网关"→"CoAP"→"客户端"中查看当前的连接，如图 13-16 所示。

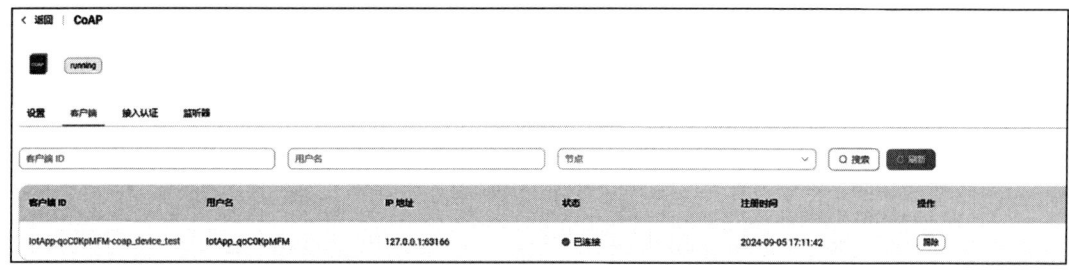

图 13-16　查看当前的连接

有意思的是，测试代码退出以后，这个连接仍然存在，那是因为 CoAP 是基于 UDP 的协议，所谓的连接实际上是网关模拟出来的，只有进行显式的断开连接或心跳超时时，连接才会断开。

之前我们设置的心跳时间是 30 秒，我们等待 1 分钟后再查看当前连接，就会发现连接已经没有了。

13.2.3　设备上报数据

EMQX 的 CoAP 网关要求设备按照以下方式发起 CoAP 请求来模拟发布消息：

方法：POST。

路径：ps/{topic}，topic 是要发布的主题名，如果要发布到 test/topic1，那么路径就是 ps/test/topic1。

参数：URL Query 中需要包含以下参数。

- clientid：连接模式下为必填参数，无连接模式下为可选参数。
- token：仅用于连接模式，必填参数。
- retain：是否作为保留消息进行发布，布尔类型，可选参数，默认为 false。
- qos：消息 QoS，用于标识该消息的 QoS 等级。
- expiry：消息超期时间，单位为秒；默认为 0，表示永不超期。

我们按照上面的标准来实现 CoAP 设备的发布消息功能：

```
1.  //IotHub_Server/sdk/iot_coap_device.js
2.  publish(topic, payload) {
3.      var req = coap.request({
4.          hostname: this.serverAddress,
5.          port: this.serverPort,
6.          method: "POST",
7.          pathname: `ps/${topic}`,
8.          query: `clientid=${this.clientIdentifier}&token=${this.token}&qos=1`
9.      })
10.
11.     req.end(Buffer.from(payload))
12.     req.on("response", (response) => {
```

```
13.         console.log(`publish code ${response.code}, ${response.payload}`)
14.     })
15. }
```

然后调用这个函数来实现设备的数据上报功能：

```
1. //IotHub_Server/sdk/iot_coap_device.js
2. uploadData(data, type) {
3.     var topic = `upload_data/${this.productName}/${this.deviceName}/${type}/${new ObjectId().toHexString()}`
4.     this.publish(topic, data)
5. }
```

在测试代码里调用这个方法：

```
1. //IotHub_Server/samples/coap_device_test.js
2. device.on("online", () => {
3.     console.log("device is online")
4.     device.uploadData("this is a test", "test")
5. })
```

重新运行测试代码，可以得到以下输出：

```
device is online
publish code 2.04,
```

我们可以到 MongoDB 里面查询集合 messages，找到刚刚发布的数据。

13.2.4 设备发送心跳

为了保持这个模拟连接的存在，设备需要在预设的心跳周期内发送心跳包或者有 Publish 的动作，这里我们仅做简单处理，定时发送心跳包就可以了。

EMQX 的 CoAP 网关要求设备按照以下方式发起 CoAP 请求来模拟心跳包：

方法：PUT。

路径：mqtt/connection。

参数：URL Query 中需要包含两个必填参数，分别为 clientid 和 token。

我们按照上面的标准来实现心跳函数：

```
1. //IotHub_Server/samples/coap_device_test.js
2. heartbeat(){
3.     var req = coap.request({
4.         hostname: this.serverAddress,
5.         port: this.serverPort,
6.         method: "put",
7.         pathname: "mqtt/connection",
8.         query: `clientid=${this.clientIdentifier}&token=${this.token}`
9.     })
10.    req.end()
```

```
11.    req.on("response", (response) => {
12.      console.log(`heartbeat code ${response.code}, ${response.payload}`)
13.    })
14.  }
```

然后在连接成功时开始定时发送心跳：

```
1. //IotHub_Server/samples/iot_coap_device.js
2. req.on("response", (response) => {
3.     if (response.code === "2.01") {
4.       self.token = response.payload
5.       self.emit("online")
6.       self.timer = setInterval(() => {
7.         self.heartbeat()
8.       }, 10 * 1000)
9.     } else {
10.       self.emit("connect_error", response.code, response.payload)
11.     }
12. })
```

在代码的第 6 行，我们保存了定时器的 ID，这样后面关闭连接时也可以关闭定时器。运行之前的测试程序，可以得到以下输出：

```
device is online
publish code 2.04,
heartbeat code 2.04,
heartbeat code 2.04,
heartbeat code 2.04,
heartbeat code 2.04,
```

我们等 1 分钟后再到 EMQX Dashboard 查看当前连接，发现连接是一直保持的。

13.2.5 设备主动断开连接

EMQX 的 CoAP 网关要求设备按照以下方式发起 CoAP 请求来断开连接：

方法：DELETE。
路径：mqtt/connection。
参数：URL Query 中需要包含两个必填参数，分别为 clientid 和 token。
我们按照上面的标准来实现断开连接的功能：

```
1. //IotHub_Server/samples/iot_coap_device.js
2. disconnect(){
3.     const self = this
4.     var req = coap.request({
5.       hostname: this.serverAddress,
6.       port: this.serverPort,
7.       method: "delete",
8.       pathname: "mqtt/connection",
```

```
 9.         query: `clientid=${this.clientIdentifier}&token=${this.token}`
10.     })
11.     req.end()
12.     req.on("response", (response) => {
13.       console.log(`disconnect code ${response.code}, ${response.payload}`)
14.       clearTimeout(self.timer)
15.     })
16. }
```

然后修改测试代码,在 15 秒后断开连接:

```
1. //IotHub_Server/samples/coap_device_test.js
2. setTimeout(()=>{
3.   device.disconnect()
4. }, 15 * 1000)
```

再次运行测试代码,可以获得以下输出:

```
device is online
publish code 2.04,
heartbeat code 2.04,
disconnect code 2.02,
```

再到 EMQX Dashboard 查看当前连接,可以发现连接已经不存在了。

 其实我们还应该在 Publish 或者心跳时检查返回码是不是 4.01 来判断连接是否还存在,如果不存在,则应该重新连接,这里为了演示,省略了这个过程,如果是生产环境,则需要在代码中加上这个过程。

13.3 本章小结

本章我们学习了 CoAP,并配置了 EMQX Broker 使其支持 CoAP,然后用现有的 IotHub 的设备体系支持 CoAP 设备的接入和数据上传。至此,IotHub 的所有功能和代码就介绍完了。

第 14 章　Chapter 14

使用其他语言扩展 EMQX

在第 12 章中，我们用 Erlang 开发了一个插件 WebHook 来扩展 EMQX，实现了我们想要的功能，这种方法很好也很完美。但是对于很多开发者来说，Erlang 语言、OTP 及其生态圈的学习曲线是比较陡的，特别是在开发周期比较紧张的情况下，从头开始学习 Erlang，开发调试 Erlang 插件的成本还是比较高的。那么有没有什么办法可以让开发者使用自己熟悉的语言来扩展 EMQX，省去中间的学习成本呢？

答案是有的，EMQX 提供了一个基于 gRPC 的钩子，gRPC 定义了 EMQX 插件系统里面所有的钩子，我们只需要使用自己熟悉的语言实现对应的服务，就可以达到和通过开发插件来扩展 EMQX 一样的效果了。

14.1　EMQX 的 gRPC 钩子

EMQX 的 gRPC 钩子由 emqx-exhook 插件进行支持，它的设计原理是 EMQX 作为 gRPC 客户端，按需将 EMQX 的钩子事件发布到用户实现的 gRPC 服务端。emqx-exhook 架构如图 14-1 所示。

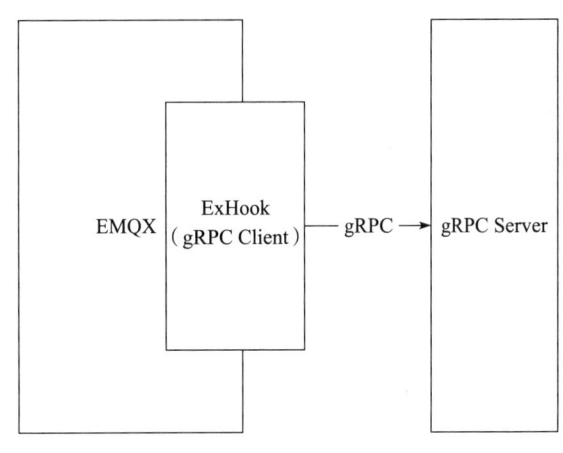

图 14-1　emqx-exhook 架构

14.2 gRPC 简介

gRPC 是由 Google 发布的一个开源 RPC 框架，被广泛应用于微服务系统中，作为上下游系统的通信协议。它有两个特点，使用 HTTP/2 协议传输，使用 Protocol Buffer 定义服务。

相较于 HTTP 1.1 协议，HTTP/2 协议的数据传输性能提高了很多：
- 使用用于数据传输的二进制帧协议。
- 使用多路复用来支持在同一连接上发送多个并行的请求。
- 双向全双工通信，用于同时发送客户端请求和服务器响应。
- 内置流式处理，支持对大型数据集进行异步流式处理的请求和响应。
- 使用 Header 压缩来减少网络传输的数据量。

Protocol Buffer 也是 Google 开发的，用于序列化、结构化数据的工具，它是跨平台多语言的。gRPC 的服务由 Protocol Buffer 的基于文本的 .proto 文件定义，包括服务的方法名、输入参数和输出参数。每一条请求和响应都被序列化为 Protocol Buffer 的二进制格式，其处理速度比我们在 RESTful API 开发中常用的 JSON 格式的序列的处理速度快 8 倍，序列化后的数据长度缩短了 60%～80%。

 如果想了解更多关于 gRPC 的内容，可以访问 https://grpc.io/。

14.3 基于 EMQX 的 gRPC 钩子实现插件功能

接下来我们将基于这个 gRPC 钩子来实现一个新的插件，该插件被命名为 emqx_rabbitmq_node_plugin，它的功能和第 12 章中开发的 emqx_rabbitmq_plugin 的功能一样——将相应事件的数据写入 RabbitMQ，这样我们就可以透明地在这两个插件之间进行切换了。

这里我们依旧使用 Node.js 作为开发语言。

14.3.1 ExHook 的服务定义

实现接收 ExHook 钩子事件的 gRPC 服务的第一步是找到定义服务的 proto 文件，这个文件是随着 EMQX 的代码一起发布的，以本书使用的 EMQX 5.7.2 版本为例，我们可以切换到对应的代码分支来获取相应版本的 proto 文件：

```
emqx$ git checkout v5.7.2
```

我们可以在 emqx\apps\emqx_exhook\priv\protos\exhook.proto 中找到服务的定义，具体如下所示：

```
1.  service HookProvider {
2.
3.    rpc OnProviderLoaded(ProviderLoadedRequest) returns (LoadedResponse) {};
4.
5.    rpc OnProviderUnloaded(ProviderUnloadedRequest) returns (EmptySuccess) {};
6.
7.    rpc OnClientConnect(ClientConnectRequest) returns (EmptySuccess) {};
8.
9.    rpc OnClientConnack(ClientConnackRequest) returns (EmptySuccess) {};
10.
11.   rpc OnClientConnected(ClientConnectedRequest) returns (EmptySuccess) {};
12.
13.   rpc OnClientDisconnected(ClientDisconnectedRequest) returns (EmptySuccess) {};
14.
15.   rpc OnClientAuthenticate(ClientAuthenticateRequest) returns (ValuedResponse) {};
16.
17.   rpc OnClientAuthorize(ClientAuthorizeRequest) returns (ValuedResponse) {};
18.
19.   rpc OnClientSubscribe(ClientSubscribeRequest) returns (EmptySuccess) {};
20.
21.   rpc OnClientUnsubscribe(ClientUnsubscribeRequest) returns (EmptySuccess) {};
22.
23.   rpc OnSessionCreated(SessionCreatedRequest) returns (EmptySuccess) {};
24.
25.   rpc OnSessionSubscribed(SessionSubscribedRequest) returns (EmptySuccess) {};
26.
27.   rpc OnSessionUnsubscribed(SessionUnsubscribedRequest) returns (EmptySuccess) {};
28.
29.   rpc OnSessionResumed(SessionResumedRequest) returns (EmptySuccess) {};
30.
31.   rpc OnSessionDiscarded(SessionDiscardedRequest) returns (EmptySuccess) {};
32.
33.   rpc OnSessionTakenover(SessionTakenoverRequest) returns (EmptySuccess) {};
34.
35.   rpc OnSessionTerminated(SessionTerminatedRequest) returns (EmptySuccess) {};
36.
37.   rpc OnMessagePublish(MessagePublishRequest) returns (ValuedResponse) {};
38.
39.   rpc OnMessageDelivered(MessageDeliveredRequest) returns (EmptySuccess) {};
40.
41.   rpc OnMessageDropped(MessageDroppedRequest) returns (EmptySuccess) {};
42.
43.   rpc OnMessageAcked(MessageAckedRequest) returns (EmptySuccess) {};
44. }
```

可以看到这些服务的接口和 EMQX 的钩子事件是一一对应的。

我们需要实现的服务接口分别为：

- OnClientConnected：客户端已连接。
- OnClientDisconnected：客户端已断开连接。

- OnMessagePublish：客户端发布消息。

同时，我们还需要实现 OnProviderLoaded 接口，这个接口告诉 ExHook 我们要挂载哪些钩子，ExHook 只有在我们挂载的钩子事情被触发时，才会调用相应的 gRPC 接口把数据送给 gRPC Server。

14.3.2 代码结构

以下是 emqx_rabbitmq_node_plugin 的代码结构：

```
.
├── package-lock.json
├── package.json
├── proto
│   └── exhook.proto
├── rabbitmq_helper.js
├── server.js
└── .env
```

其中，proto 目录下存放了 ExHook 的服务定义，用于在稍后的代码中加载。rabbitmq_helper.js 封装了用 BSON 序列化数据并发布到 RabbitMQ 的功能。server.js 是实现服务接口并启动 gRPC 服务器的入口。.env 文件保存配置的环境变量，比如 RabbitMQ Server 的 URI 等。

首先我们需要加载 proto 文件：

```
1.  const grpc = require("@grpc/grpc-js");
2.  const PROTO_PATH = "./proto/exhook.proto";
3.  var protoLoader = require("@grpc/proto-loader");
4.  const options = {
5.    keepCase: true,
6.    longs: String,
7.    enums: String,
8.    defaults: true,
9.    oneofs: true,
10. };
11. var packageDefinition = protoLoader.loadSync(PROTO_PATH, options);
12. const exhookProto = grpc.loadPackageDefinition(packageDefinition);
```

接着启动 gRPC Server，并建立到 RabbitMQ Server 的连接。

```
1.  const server = new grpc.Server();
2.  const RabbitmqHelper = require("./rabbitmq_helper")
3.  rabbitmqHelper.connect();
4.  server.bindAsync(
5.    "0.0.0.0:9000",
6.    grpc.ServerCredentials.createInsecure(),
7.    (error, port) => {
8.      if (error != null) {
```

```
 9.        console.log(`error start server ${error}`)
10.     } else {
11.        console.log(`Server running at ${port}`);
12.     }
13.   }
14. );
```

gRPC Server 监听的端口为 9000。接下来我们只需要按照服务定义实现服务接口就可以了。

14.3.3　OnProviderLoaded 接口

首先我们来看看 OnProviderLoaded 接口的定义：

```
rpc OnProviderLoaded(ProviderLoadedRequest) returns (LoadedResponse) {};
```

这个接口会在 ExHook 连接到我们的 gRPC 的时候被调用，用以确定 ExHook 需要挂载哪些钩子事件，只有这些钩子事件被触发时，才会调用相应的服务接口，实现按需调用。

这个接口的输入参数的定义为：

```
 1. message ProviderLoadedRequest {
 2.
 3.    BrokerInfo broker = 1;
 4.
 5.    RequestMeta meta = 2;
 6. }
 7.
 8. message BrokerInfo {
 9.
10.    string version = 1;
11.
12.    string sysdescr = 2;
13.
14.    int64 uptime = 3;
15.
16.    string datetime = 4;
17. }
18.
19. message RequestMeta {
20.
21.    string node = 1;
22.
23.    string version = 2;
24.
25.    string sysdescr = 3;
26.
27.    string cluster_name = 4;
28. }
```

内容是 Broker 的相关信息。

这个接口的输出参数的定义为：

```
1.  message LoadedResponse {
2.
3.    repeated HookSpec hooks = 1;
4.  }
5.
6.  message HookSpec {
7.
8.    // The registered hooks name
9.    //
10.   // Available value:
11.   //   "client.connect",      "client.connack"
12.   //   "client.connected",    "client.disconnected"
13.   //   "client.authenticate", "client.authorize"
14.   //   "client.subscribe",    "client.unsubscribe"
15.   //
16.   //   "session.created",     "session.subscribed"
17.   //   "session.unsubscribed", "session.resumed"
18.   //   "session.discarded",   "session.takenover"
19.   //   "session.terminated"
20.   //
21.   //   "message.publish",    "message.delivered"
22.   //   "message.acked",      "message.dropped"
23.   string name = 1;
24.
25.   // The topic filters for message hooks
26.   repeated string topics = 2;
27. }
```

它的内容是需要挂载的钩子事件列表，对我们而言，需要挂载的钩子事件为 client.connected、client.disconnected、message.publish，所以这个接口的实现如下：

```
server.addService(exhookProto.emqx.exhook.v2.HookProvider.service, {
  OnProviderLoaded: (call, callback) => {
    let hooks = [{name: "client.connected"}, {name: "client.disconnected"}, {name: "message.publish"}]
    console.log(`provider loaded`)
    callback(null, {hooks});
  },
}
```

14.3.4　OnClientConnected 接口

首先我们来看看 OnClientConnected 接口的定义：

```
rpc OnClientConnected(ClientConnectedRequest) returns (EmptySuccess) {};
```

该接口会在客户端成功连接到 Broker 后被触发。

这个接口的输入参数的定义为：

```
1.  message ClientConnectedRequest {
2.
3.    ClientInfo clientinfo = 1;
4.
5.    RequestMeta meta = 2;
6.  }
7.
8.  message ClientInfo {
9.
10.   string node = 1;
11.
12.   string clientid = 2;
13.
14.   string username = 3;
15.
16.   string password = 4;
17.
18.   string peerhost = 5;
19.
20.   uint32 sockport = 6;
21.
22.   string protocol = 7;
23.
24.   string mountpoint = 8;
25.
26.   bool   is_superuser = 9;
27.
28.   bool   anonymous = 10;
29.
30.   // common name of client TLS cert
31.   string cn = 11;
32.
33.   // subject of client TLS cert
34.   string dn = 12;
35.
36.   uint32 peerport = 13;
37. }
```

内容为已连接的客户端的信息，我们需要提取其中的一部分发布到 RabbitMQ 中。该接口的输出参数的定义为空：

```
message EmptySuccess { }
```

所以这个接口的实现如下：

```
1. server.addService(exhookProto.emqx.exhook.v2.HookProvider.service, {
2.   OnClientConnected: (call, callback) => {
3.     rabbitmqHelper.publish({
```

```
  4.         client_id: call.request.clientinfo.clientid,
  5.         username: call.request.clientinfo.username,
  6.         ipaddress: call.request.clientinfo.peerhost,
  7.         connected_at: Date.now()
  8.     }, "client.connected")
  9.     callback(null, {});
 10.   }
 11. });
```

14.3.5　OnClientDisconnected 接口

首先我们来看看 OnClientDisconnected 接口的定义：

```
rpc OnClientDisconnected(ClientDisconnectedRequest) returns (EmptySuccess) {};
```

该接口会在客户端断开连接后被触发。

这个接口的输入参数的定义为：

```
1. message ClientDisconnectedRequest {
2.
3.     ClientInfo clientinfo = 1;
4.
5.     string reason = 2;
6.
7.     RequestMeta meta = 3;
8. }
```

内容为断开连接的客户端的信息，我们需要提取其中的一部分发布到 RabbitMQ 中。

该接口的输出参数的定义为空：

```
message EmptySuccess { }
```

所以这个接口的实现如下：

```
  1. server.addService(exhookProto.emqx.exhook.v2.HookProvider.service, {
  2.   OnClientDisconnected: (call, callback) => {
  3.     rabbitmqHelper.publish({
  4.         client_id: call.request.clientinfo.clientid,
  5.         username: call.request.clientinfo.username,
  6.         ipaddress: call.request.clientinfo.peerhost,
  7.         disconnected_at: Date.now(),
  8.         reason: call.request.reason
  9.     }, "client.disconnected")
 10.     callback(null, {});
 11.   }
 12. });
```

14.3.6　OnMessagePublish 接口

首先我们来看看 OnMessagePublish 接口的定义：

```
rpc OnMessagePublish(MessagePublishRequest) returns (ValuedResponse) {};
```

该接口会在收到 Client 的 Publish 消息后被触发。

这个接口的输入参数的定义为：

```
 1. message Message {
 2.
 3.     string node = 1;
 4.
 5.     string id = 2;
 6.
 7.     uint32 qos = 3;
 8.
 9.     string from = 4;
10.
11.     string topic = 5;
12.
13.     bytes  payload = 6;
14.
15.     uint64 timestamp = 7;
16.
17.     // The key of header can be:
18.     //  - username:
19.     //     * Readonly
20.     //     * The username of sender client
21.     //     * Value type: utf8 string
22.     //  - protocol:
23.     //     * Readonly
24.     //     * The protocol name of sender client
25.     //     * Value type: string enum with "mqtt", "mqtt-sn", ...
26.     //  - peerhost:
27.     //     * Readonly
28.     //     * The peerhost of sender client
29.     //     * Value type: ip address string
30.     //  - allow_publish:
31.     //     * Writable
32.     //     * Whether to allow the message to be published by emqx
33.     //     * Value type: string enum with "true", "false", default is "true"
34.     //
35.     // Notes: All header may be missing, which means that the message does not
36.     //  carry these headers. We can guarantee that clients coming from MQTT,
37.     //  MQTT-SN, CoAP, LwM2M and other natively supported protocol clients will
38.     //  carry these headers, but there is no guarantee that messages published
39.     //  by other means will do, e.g. messages published by HTTP-API
40.     map<string, string> headers = 8;
41. }
```

内容为 Publish 消息的数据，我们需要提取其中的一部分发布到 RabbitMQ 中。

该接口的输出参数的定义为：

```
1.  message ValuedResponse {
2.
3.      // The responded value type
4.      //  - contiune: Use the responded value and execute the next hook
5.      //  - ignore: Ignore the responded value
6.      //  - stop_and_return: Use the responded value and stop the chain executing
7.      enum ResponsedType {
8.
9.          CONTINUE = 0;
10.
11.         IGNORE = 1;
12.
13.         STOP_AND_RETURN = 2;
14.     }
15.
16.     ResponsedType type = 1;
17.
18.     oneof value {
19.
20.         // Boolean result, used on the 'client.authenticate', 'client.authorize' hooks
21.         bool bool_result = 3;
22.
23.         // Message result, used on the 'message.*' hooks
24.         Message message = 4;
25.     }
26. }
```

这个输出参数是后续处理链的输入参数，用于指示后续的处理链应该如何处理，我们这里应该将 type 设置为 0，表示继续执行后续的处理链；因为我们不需要修改消息的内容，所以我们应把输入参数里的 message 原封不动地放入输出参数中，那么这个接口的实现如下：

```
1.  server.addService(exhookProto.emqx.exhook.v2.HookProvider.service, {
2.      OnMessagePublish: (call, callback) => {
3.          rabbitmqHelper.publish({
4.              client_id: call.request.message.from,
5.              username: call.request.message.headers["username"],
6.              topic: call.request.message.topic,
7.              qos: call.request.message.qos,
8.              payload: call.request.message.payload,
9.              published_at: call.request.message.timestamp
10.         }, "message.publish")
11.         callback(null, {type: 0, message: call.request.message});
12.     }
13. });
```

14.4 启用 emqx_rabbitmq_node_plugin

完成我们所需要的服务接口以后，我们可以运行 node server.js 来启动 gRPC 服务：

```
node server.js
Server running at 9000
rabbitmq connected: amqp://127.0.0.1:5672
```

然后就是配置 ExHook，让它连接到我们的 gRPC 服务了。

进入 EMQX Dashboard 的"管理"→"插件扩展"→"ExHook"，单击"添加"按钮，添加一个 gRPC 服务，如图 14-2 所示。

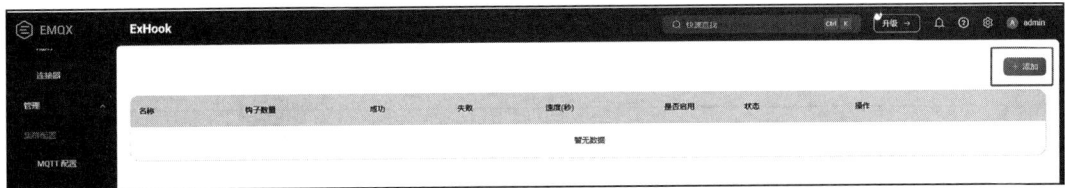

图 14-2　添加 ExHook

然后输入 gRPC 服务的 IP 地址和端口，单击"创建"按钮，如图 14-3 所示。

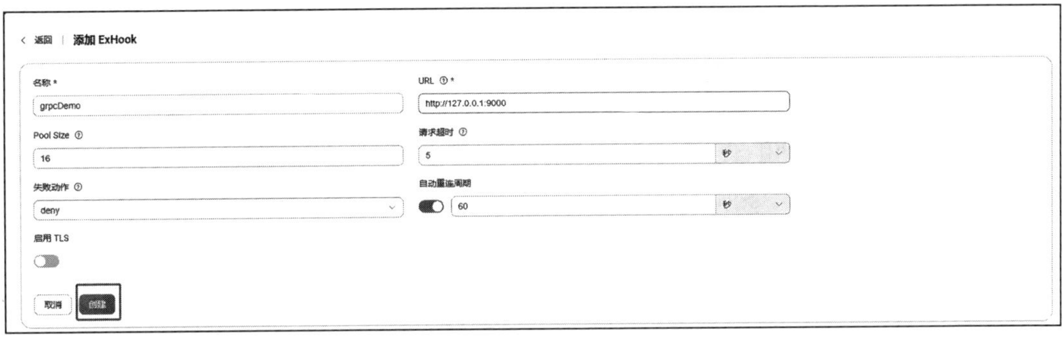

图 14-3　创建 ExHook

我们将"是否启用"设置为启用，ExHook 将尝试连接我们的 gRPC 服务。如果连接成功，状态会变成已连接，如图 14-4 所示。

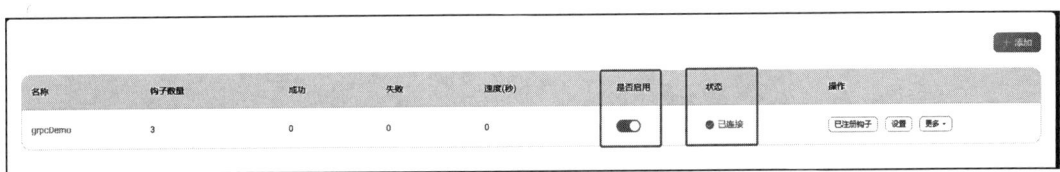

图 14-4　启用 ExHook

我们可以查看已注册的钩子，结果和我们预设的一样，如图 14-5 所示。

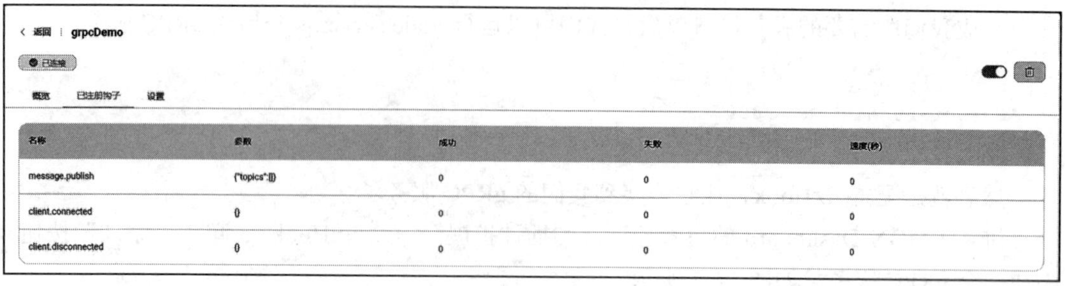

图 14-5　查看已注册的钩子

这个时候如果运行之前的测试代码，你会发现 IotHub 依然可以正常工作。

> **注意**　如果你之前安装并启用了前文的 emqx_rabbitmq_plugin，你需要暂停或者卸载这个插件。

14.5　本章小结

在本章中，我们用 Node.js 扩展了 EMQX，实现了和第 12 章中完全一样的功能。所以对开发者来说，如果熟悉 Erlang、OTP 及其生态圈，可以自己开发插件来扩展，因为插件的代码是运行在 EMQX 进程内的，可以调用 EMQX 内部的方法，其性能和定制性是最高的。

如果开发者希望使用自己熟悉的语言和框架来扩展 EMQX，也可以使用 ExHook 的 gRPC 钩子来进行开发。

本章的代码可以在 https://github.com/sufish/emqx_rabbitmq_node_plugin 找到。

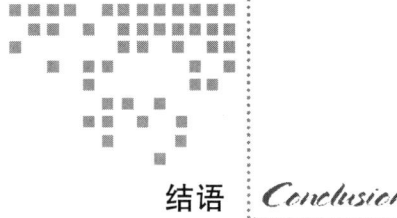

结语 Conclusion

我们学到了什么

如果你耐着性子从开头看到这里,那么祝贺你,比你更熟悉 MQTT 协议的技术人员应该不多了,你现在应该已经准备好构建一个属于自己的物联网平台了。

在本书中,我们不仅学习了 MQTT 协议的规范以及各种特性,还从零搭建了一个支持 MQTT/CoAP 协议的物联网平台。

1. MQTT 协议的规范和特性

我们详细学习了 MQTT 3.1.1 的规范和全部特性,并结合代码进行了演示,你可以将本书作为 MQTT 协议的参考指南,在工作和学习中遇到相关问题时进行查阅。

同时,我们也详细学习了 MQTT 5.0 的相关特性,现在支持 MQTT 5.0 的 Broker 也比较多,在合适的条件下,可以考虑在实际项目中使用 MQTT 5.0。

2. 从 Client-Broker-Client 到 Client-Server

我们通过抽象,将 MQTT 协议的 Client-Broker-Client 模式转换成了 Client-Server 模式。对设备而言,它通过调用 DeviceSDK,不用再关心底层的数据传输细节,只需要向服务器发送数据和处理服务器下发的数据即可。对于业务系统而言,它通过调用 IotHub 提供的 API,不需要再建立到 Broker 的连接,只处理设备上报的数据和下发数据到设备即可。至于数据是用 MQTT 协议还是 CoAP 以及 MQTT Broker 在哪里等问题,对 Client-Server 模式来说都是透明的。我们主要是通过以下两点来完成这个抽象的。

（1）主题规划

在 IotHub 中，我们定义了一系列主题，用于描述消息内容的元数据字段。这是很关键的一点，如果我们把消息的描述放入 Payload，那么 IotHub 的业务逻辑就和设备应用代码的逻辑耦合到了一起。要记住，在 MQTT 协议或者任何类似队列的系统里，用 Payload 判断消息的类型都是 anti-pattern。在这样的系统里，用主题名或者队列名进行消息类型的判断，同一种类型的消息应该使用同样的主题名或者队列名。

IotHub 利用 EMQX 的钩子机制，在处理上行数据时，设备发布的 MQTT 协议消息中的主题实际上是没有任何真实的 MQTT Client 订阅的，EMQX Broker 不再通过主题名将消息路由给其他的 Client，而是将消息交给 IotHub Server 进行处理，这样就更像一个 Client-Server 模式的服务器，而不是 Broker 了。

在处理下行数据时，主题名除了描述消息内容外，还必须有路由的功能。

（2）作为中间件的 IotHub

像 IotHub 这样的物联网平台的一个很重要的设计思路是：作为业务系统和设备之间的中间件，IotHub 可通过复用业务逻辑来简化和加快物联网应用的开发；屏蔽业务系统和设备应用代码底层的协议细节，并提供一些常用的基础功能，如 OTA 升级、指令下发、数据上报、设备认证与管理、设备分组、影子设备、NTP 服务等。

这样一来，基于 IotHub 开发一套物联网应用时，就只需要关注业务逻辑的实现。如果你的公司要开发新的物联网应用，都可以基于 IotHub 来实现，业务系统可以复用 IotHub 的 Server API，设备端也可以直接复用 DeviceSDK 代码，如果设备换了硬件平台，只需将 DeviceSDK 移植到相应的语言上。

3. EMQX 的高级功能

本书使用了 EMQX 的相关功能，这些功能是 MQTT 协议中没有指定的，它们简化了 IotHub 的开发，扩展了 IotHub 的功能。

灵活的 Client 认证：EMQX 提供了多种认证机制，本书使用的是 MongDB 和 JWT，你也可以根据自己的需求更换为其他认证方式，多种认证方式可以组成认证链。如果自带的认证方式无法满足你的需求，你还可以通过编写插件来进行扩展。

> 建议保留 JWT 认证方式。

基于插件的钩子功能：通过钩子机制，IotHub Server 不再需要通过订阅的方式获取设备的消息，除了自带的 WebHook，我们也学习了如何编写插件，并实现了一个基于 RabbitMQ 的钩子插件。除此之外，我们还学习了如果利用 gRPC 钩子来使用非 Erlang 语言实现同样的功能。

设备管理：通过使用 EMQX 提供的 API，我们可以在不建立 MQTT 协议连接的前提下发布数据，同时也可以对设备的连接进行管理，强制关闭设备连接。

自动订阅：通过使用自动订阅，我们简化了设备端的代码，并且减少了设备端需要发送的 Subscribe 消息。

当然，使用设备端订阅时，在设备每次上线的时候订阅相应主题也是可行的，不过要注意，这样做有两个缺点：

第一，大多数时候，设备上线时发送的 SUBSCRIBE 数据包都是多余的。

第二，重复订阅主题对 Retained 消息的处理是有干扰的，每次订阅的时候都会收到主题上的 Retained 消息，这与 Retained 消息设计的初衷是相悖的。

如果这两个缺点对你来说没有什么影响，那你可以根据你的需求选择和使用设备端订阅。

4. 不只是 MQTT

MQTT 协议是目前最流行的物联网协议，但它并不是在任何情况下都是最优的。IotHub 除了支持 MQTT 协议外，还支持 CoAP。

5. 离用于生产环境还有多远

（1）完成剩下的 70% 代码

一般来说，在一个软件项目中，只有 30% 的代码是用来完成业务功能的，而其他 70% 的代码都在做错误处理。在本书中，因为篇幅有限，我基本跳过了这 70% 的错误处理代码，把内容集中在了功能设计和实现上。所以，要在生产环境中使用这套代码，还需要补上错误处理部分。

Node.js 并不是我常用和熟悉的语言，我的初衷是选择一种流行的、简单的语言表达 IotHub 的设计思路，所以代码实现可能不是最优的。但是，IotHub 的架构和功能的设计思路应该都表达清楚了，你可以根据实际情况，把 IotHub 移植到你熟悉的语言上，并对功能进行裁剪或扩展。

DeviceSDK 也需要根据你的实际情况移植到对应的语言上，毕竟使用 Node.js 的物联网终端还是比较少的。

（2）横向扩展

如果要在生产环境中部署 IotHub，还需要考虑其横向扩展性，IotHub 在设计之初就考虑到了这点，它的每一个组成模块都是可以横向扩展的。

EMQX 可以组成集群，下图是一个双节点 EMQX 集群的推荐部署方式。

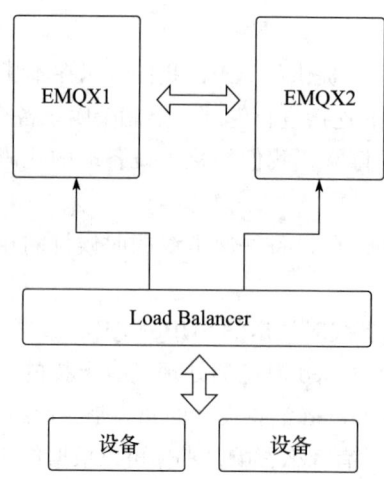

双节点 EMQX 集群的推荐部署方式

- Monitor：Monitor 使用的是共享订阅模式，所以可以启动多个 Monitor 进程实现负载均衡。
- Event_Handler：RabbitMQ 是支持多消费者的，因此可以启动多个 Event_Handler 进程实现负载均衡。
- Server API：可以像横向扩展任意 Web 服务的方式那样进行扩展。
- Redis：可以组成 Redis 集群。
- MongoDB：可以组成 MongoDB 复制集。
- InfluxDB：可以组成 InfluxDB 集群。
- RabbitMQ：可以组成 RabbitMQ 集群。

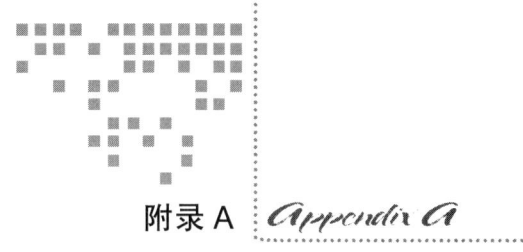

附录 A

如何运行 Maque IotHub

A.1 安装依赖软件

首先,确保你的电脑已安装并运行以下软件。
- MongoDB
- Redis
- InfluxDB
- RabbitMQ

以上软件可以使用默认配置运行。

A.2 IotHub 的代码

IotHub 的代码都托管在 GitHub 上:
- IotHubServer:https://github.com/sufish/IotHub_Server。
- IotHub DeviceSDK:https://github.com/sufish/IotHub_Device。
- emqx_rabbitmq_plugin:https://github.com/sufish/emqx_rabbitmq_plugin。
- emqx_rabbitmq_node_plugin:https://github.com/sufish/emqx_rabbitmq_node_plugin。

A.3 安装运行 EMQX

可以查看 https://docs.emqx.com/zh/emqx/latest/deploy/install-open-source.html 以获取 EMQX

的安装代码，然后按照上面的步骤在你的系统上安装 EMQX 开源版，本书的代码和配置都是基于 EMQX 5.7.2 版本的。

A.4 配置 EMQX

请按照各章节中的指示来配置 EMQX。

A.5 选择 EMQX 钩子

有 3 种 EMQX 钩子可以选择：
- EMQX 自带的 WebHook。
- emqx_rabbitmq_plugin 插件。
- 基于 gRPC 的 emqx_rabbitmq_node_plugin。

三种钩子只能选其一，请按照对应章节的内容进行安装和配置。

A.6 运行 IotHub Server

运行代码：

```
gitclone https://github.com/sufish/IotHub_ServerV2
cd IotHub_ServerV2
npm install
cp .env sample.env
```

根据你的环境和配置修改 .env 文件。最后运行 nf start。注意，这里需要事先运行 npm install -g foreman。

A.7 使用 DeviceSDK

运行代码：

```
git clone https://github.com/sufish/IotHub_DeviceV2
cd IotHub_DeviceV2
npm install
cd samples
cp.env.sample.env
```

根据你的环境和配置修改 .env 文件。环境变量配置好后，运行 IotHub_Server/samples 和 IotHub_Device/samples 里面的示例代码，具体请查看各节内容。